高等学校计算机精品课程系列教材

Visual C++实用教程

张荣梅 梁晓林 赵宝琴 编著

中国铁道出版社
CHINA RAILWAY PUBLISHING HOUSE

内 容 简 介

本书从应用程序开发的不同阶段出发，分别系统地介绍了使用 Visual C++ 6.0 开发应用程序的基本知识，较复杂的和高级的编程技巧等，内容主要包括 Visual C++ 6.0 开发环境概述、面向对象程序设计基础、Windows 编程基础与 MFC 概述、对话框与控件、菜单、工具栏和状态栏、图形设备接口与绘图、数据库编程、文件的存取、MIS 系统开发案例等。每章安排了教学目标、教学内容、习题、实验指导（基本实验与拓展实验），目的是培养学生的实际开发应用能力。

本书有机地融入了大量的最新引例以及操作性较强的实例，力求提高教材的可读性和实用性，使读者能够牢固地掌握 Visual C++ 6.0 的各种编程技巧。

本书适用于高等院校本科学生，同时也可作为编程语言初学者的学习教程和具有一定经验的 Visual C++ 6.0 用户使用的参考用书。

图书在版编目（CIP）数据

Visual C++实用教程/张荣梅，梁晓林，赵宝琴编著.
北京：中国铁道出版社，2008.9（2016.7重印）
（高等学校计算机精品课程系列教材）
ISBN 978-7-113-09001-2

I.V… II.①张… ②梁… ③赵… III.C 语言－程序设计－
高等学校－教材 IV.TP312

中国版本图书馆 CIP 数据核字（2008）第 135362 号

书　　　名：Visual C++实用教程
作　　　者：张荣梅　梁晓林　赵宝琴　编著

策划编辑：秦绪好
责任编辑：王占清　　　　　　　　编辑部电话：（010）63583215
封面设计：付　巍　　　　　　　　封面制作：白　雪
编辑助理：李庆祥　　　　　　　　责任印制：李　佳

出版发行：中国铁道出版社（北京市西城区右安门西街 8 号　　　邮政编码：100054）
印　　刷：北京京华虎彩印刷有限公司
版　　次：2008 年 9 月第 1 版　　2016 年 7 月第 2 次印刷
开　　本：787mm×1092mm　1/16　印张：21.75　字数：508 千
书　　号：ISBN 978-7-113-09001-2
定　　价：43.00 元

Visual C++是一个功能强大的可视化的面向对象的软件开发工具。自 1993 年 Microsoft 公司推出 Visual C++ 1.0 后，随着其新版本的不断问世，Visual C++已成为专业程序员进行软件开发的常用工具。Visual C++ 6.0 提供了一个高效的 Windows 编程环境，将程序和资源的编辑、编译、调试和运行融为一体，具有优越的性能和强大的功能。

随着教学改革的深入，本科计算机教学对教材建设提出了新的要求。为适应我国当前应用型本科教育教学改革和教材建设的迫切需要，培养以就业为导向的具备职业化特征的高级应用型人才，我们在总结日常计算机教学与应用程序开发体会的基础上编写了本教程。在书本中有机地融入了大量最新的引例以及操作性较强的实例，力求提高教材的可读性和实用性，强化实际操作的训练，力求做到"教师易教，学生乐学，技能实用"，使读者能够牢固地掌握 Visual C++ 6.0 的各种编程技巧。

全书分为九章，下表给出了本书各章之间的联系和读者对象示意。

第 1 章 Visual C++开发环境	基础篇	实验一 认识 Visual C++
第 2 章 面向对象程序设计基础		实验二 学生成绩单管理系统
第 3 章 Windows 编程基础		实验三 创建 Win32 应用程序
第 4 章 对话框与控件	应 用 开发篇	实验四 模式对话框与非模式对话框、简单计算器的设计等
第 5 章 菜单、工具栏和状态栏		实验五 为对话框添加菜单、工具栏和状态栏
第 6 章 图形设备接口与绘图		实验六 常用 GDI 对象的使用
第 7 章 数据库编程		实验七 学生基本信息的管理
第 8 章 保存和恢复工作——文件的存取		实验八 类的串行化方法和过程
第 9 章 教职工信息管理系统		实验九 MIS 系统的开发课程设计

本书是总结了近几年来的 Visual C++程序设计课程教学经验和实际项目开发技巧而编写而成的，每章的安排为教学目标、教学内容、习题、实验指导（基本实验与拓展实验），目的是培养学生的实际开发应用能力。内容包括：

第 1 章 Visual C++开发环境。着重介绍 Visual C++开发环境及其为开发应用程序所提供的一些主要工具。介绍 Visual C++项目的开发步骤。

第 2 章 面向对象程序设计基础。主要讲述面向对象的基本概念，类和对象的定义和使用，让读者掌握面向对象的编程机制。

第 3 章 Windows 编程基础。本章主要讨论消息驱动模型、Win32 API 应用程序的基本组成，介绍 MFC 类库中类的层次结构和一些常用类，着重介绍 MFC 消息处理机制和自定义消息的编程过程。

第 4 章 对话框与控件。介绍对话框应用程序的编程思路，及常用控件、通用对话框、消息框的使用方法及技巧。

第 5 章　菜单、工具栏和状态栏。本章将通过一个单文档应用程序，重点介绍菜单、工具栏和状态栏的简单用法及编程控制。

第 6 章　图形设备接口与绘图。本章讨论设备环境和图形设备接口（GDI）、窗口模式、颜色的设置，重点介绍添加背景位图、绘图图形、输出文本等技术技巧。

第 7 章　数据库编程。本章重点介绍基于 ODBC 的应用程序与基于 ADO 的应用程序的开发方法与技巧。

第 8 章　保存和恢复工作——文件的存取。本章主要介绍如何用文档序列化技术以及 CFile 类方便地实现文件的存取。

第 9 章　教职工信息管理系统。利用软件工程的理论，进行 MIS 系统开发，即设计并实现某高校教职工信息管理系统。让读者掌握一个软件开发的全过程，研究背景、需求分析、系统总体设计、数据库设计、系统的详细设计与实现、系统打包与发布等技术与技巧。

本书由张荣梅、梁晓林、赵宝琴编著。书中第 4、5、7、9 章由张荣梅执笔，第 1、3、6 章由梁晓林执笔，第 2、8、9 章由赵宝琴执笔。参加本书大纲讨论及编写工作的还有李福亮等。

我们在编写本书的过程中，努力跟随本学科的新发展、新技术；并把它们归入到教材中来，力求反映当代新技术，以保持本书的先进性和实用性。但由于学识有限，必有许多不足之处，望学术同仁不吝赐教。此外，在本书写作时，还参考了大量的文献资料，在此也一并向这些文献资料的作者深表感谢。

编　者

2008 年 6 月

目 录

第 1 章　Visual C++开发环境 1

  1.1　工作平台概述 1

  1.2　菜单栏 2

      1.2.1　File 菜单 2

      1.2.2　Edit 菜单 2

      1.2.3　View 菜单 3

      1.2.4　Insert 菜单 3

      1.2.5　Project 菜单 4

      1.2.6　Build 菜单 4

      1.2.7　Tools 菜单 5

      1.2.8　Window 菜单 5

  1.3　工具栏 6

      1.3.1　工具栏的显示与隐藏 6

      1.3.2　工具栏的浮动与停泊 7

  1.4　项目和项目工作区 8

      1.4.1　项目基本概念 8

      1.4.2　ClassView 9

      1.4.3　ResourceView 10

      1.4.4　FileView 10

  1.5　资源 10

      1.5.1　资源与资源标识 11

      1.5.2　资源基本操作 12

      1.5.3　资源文件的管理 13

  1.6　开发环境的初步实践 14

      1.6.1　用 AppWizard 创建 14

      1.6.2　理解程序框架 15

      1.6.3　布局对话框模板 15

      1.6.4　为对话框类添加成员函数并添加代码 16

      1.6.5　编译运行 16

  习题一 16

  实验指导一 17

第 2 章　面向对象程序设计基础 21

  2.1　面向对象的基本概念 21

      2.1.1　类和对象 21

2.1.2 封装 22

2.1.3 继承 22

2.1.4 多态性 23

2.2 类和对象的定义 23

2.2.1 类的定义 23

2.2.2 构造函数 25

2.2.3 析构函数 26

2.2.4 对象的定义和使用 27

2.2.5 静态类成员 29

2.3 继承性与派生类 31

2.3.1 派生类的定义 31

2.3.2 派生类的构造函数与析构函数 33

2.3.3 多继承 34

2.4 多态性 38

2.4.1 编译时的多态性和运行时的多态性 38

2.4.2 编译时的多态性 39

2.4.3 虚函数 40

2.5 友元 46

2.5.1 友元函数 46

2.5.2 友元类 47

2.6 模板 48

2.6.1 函数模板 49

2.6.2 类模板 51

习题二 54

实验指导二 55

第 3 章 Windows 编程基础 63

3.1 事件驱动与 Windows 消息系统 63

3.1.1 事件驱动程序设计 63

3.1.2 Windows 消息 64

3.1.3 Windows 消息系统 64

3.2 Windows 窗口 67

3.2.1 Windows 的窗口 67

3.2.2 定义窗口类的结构 67

3.2.3 窗口类的注册与窗口建立 69

3.3 Win32 程序开发流程 70

3.3.1 Win32 程序开发过程 70

3.3.2 窗口主函数 WinMain() 71

3.3.3 窗口函数 WndProc 72

3.3.4 Windows 中的数据类型 ·· 74

3.4 MFC 概述 ··· 74

3.4.1 MFC 简介 ·· 74

3.4.2 MFC 中类的层次结构和常用类 ··· 74

3.5 MFC 应用程序框架结构 ··· 80

3.5.1 单文档应用程序的建立 ·· 80

3.5.2 理解 MFC AppWizard 创建的程序框架 ·· 83

3.5.3 MFC 应用程序的启动流程 ·· 85

3.6 MFC 消息处理 ·· 87

3.6.1 消息和消息处理函数 ··· 87

3.6.2 消息映射 ·· 88

3.6.3 使用 ClassWizard 管理消息和命令 ··· 91

3.6.4 鼠标和键盘消息 ·· 93

3.6.5 自定义消息 ·· 96

习题三 ··· 98

实验指导三 ·· 98

第 4 章 对话框与控件 ··· 102

4.1 对话框 ·· 102

4.1.1 对话框概述 ··· 102

4.1.2 对话框编辑器 ·· 104

4.1.3 对话框编程 ··· 107

4.1.4 控件的创建与使用 ··· 111

4.1.5 访问控件 ··· 113

4.2 静态控件 ··· 113

4.2.1 静态控件概述 ·· 113

4.2.2 静态控件属性 ·· 114

4.3 编辑控件 ··· 115

4.3.1 概述 ·· 115

4.3.2 属性和风格 ··· 115

4.3.3 基本操作 ··· 116

4.3.4 编辑控件的通知消息 ·· 116

4.4 按钮类（CButton）控件 ·· 117

4.4.1 按钮类控件概述 ··· 117

4.4.2 按钮类的消息 ·· 118

4.4.3 示例 ·· 118

4.5 列表框（CListBox）控件 ··· 123

4.5.1 概述 ·· 123

4.5.2 属性 ·· 123

4.5.3 列表框的基本操作 124

4.5.4 列表框的通知消息 125

4.5.5 示例 125

4.6 列表视图（CListCtrl）控件 128

4.6.1 概述 128

4.6.2 风格及类型属性 129

4.6.3 列表控件常见的操作 129

4.6.4 消息 130

4.6.5 示例 130

4.7 组合框（CComboBox）控件 134

4.7.1 概述 134

4.7.2 风格及类型属性 134

4.7.3 组合框常见的操作 135

4.7.4 消息 135

4.7.5 示例 136

4.8 滚动类控件 138

4.8.1 概述 138

4.8.2 属性 138

4.8.3 操作 140

4.8.4 消息 WM_HSCROLL 和 WM_VSCROLL 142

4.8.5 示例 142

4.9 通用对话框和消息对话框 148

4.9.1 通用对话框 148

4.9.2 消息对话框 153

4.9.3 示例 154

习题四 154

实验指导四 155

第 5 章 菜单、工具栏和状态栏 164

5.1 菜单 164

5.1.1 菜单概述 164

5.1.2 用编辑器设计菜单 165

5.1.3 菜单类 CMenu 170

5.1.4 快捷菜单的设计与使用 173

5.1.5 示例 176

5.2 工具栏 180

5.2.1 CToolBar 类 180

5.2.2 工具栏编辑器 183

5.2.3 工具栏与菜单结合 184

5.3 状态栏 185
    5.3.1 CStatusBar 类 185
    5.3.2 CStatusBar 类的使用方法 186
    5.3.3 状态栏的常用操作 187
    5.3.4 示例 188
习题五 190
实验指导五 191

第6章 图形设备接口与绘图 195
6.1 设备环境和设备环境类 195
    6.1.1 设备环境 195
    6.1.2 设备环境类 195
    6.1.3 获取设备环境 196
6.2 GDl 绘图对象 197
    6.2.1 GDI 对象分类 197
    6.2.2 CPen 类 198
    6.2.3 CBrush 类 200
    6.2.4 CFont 类 201
    6.2.5 CBitmap 类 203
    6.2.6 CRgn 类 205
6.3 CDC 中的绘图操作 207
    6.3.1 设置绘图模式 207
    6.3.2 绘图函数 208
    6.3.3 输出文本 209
6.4 绘制时钟 210
习题六 214
实验指导六 214

第7章 数据库编程 218
7.1 数据库的访问和 ODBC 218
    7.1.1 数据库和 DBMS 218
    7.1.2 开放式数据库接口 ODBC 218
    7.1.3 MFC ODBC 概述 219
7.2 使用 ODBC 219
    7.2.1 CDatabase 类的用法 219
    7.2.2 CRecordset 类的用法 222
    7.2.3 CRecordView 类 228
    7.2.4 CDBException 类 228
    7.2.5 了解 SQL 228
7.3 使用 ODBC 创建数据库应用程序示例 232

7.3.1　准备数据库，创建数据源 ……………………………………… 233

7.3.2　创建 MFC AppWizard 应用程序 ……………………………… 235

7.4　ADO 数据库开发技术 ……………………………………………………… 247

7.4.1　ADO 对象模型 …………………………………………………… 247

7.4.2　_bstr_t 和_variant_t 类 ………………………………………… 248

7.4.3　引入 ADO 库 ……………………………………………………… 248

7.4.4　连接到数据库 ……………………………………………………… 248

7.4.5　查询记录 …………………………………………………………… 249

7.4.6　添加记录 …………………………………………………………… 251

7.4.7　修改记录 …………………………………………………………… 252

7.4.8　删除记录 …………………………………………………………… 253

7.5　ADO 数据绑定技术 ………………………………………………………… 253

7.5.1　IADORecordBinding 接口简介 ………………………………… 253

7.5.2　绑定单元简介 ……………………………………………………… 254

7.5.3　创建数据绑定类 …………………………………………………… 255

7.5.4　查询记录 …………………………………………………………… 256

7.5.5　添加记录 …………………………………………………………… 257

7.5.6　修改记录 …………………………………………………………… 257

7.6　开发 ADO 应用程序示例 …………………………………………………… 258

7.6.1　用 ADO Data 控件开发数据库应用程序 ……………………… 258

7.6.2　使用 ADO 对象开发数据库应用程序 ………………………… 261

习题七 ……………………………………………………………………………… 266

实验指导七 ………………………………………………………………………… 267

第 8 章　保存和恢复工作——文件的存取 ……………………………………… 277

8.1　文档串行化 …………………………………………………………………… 277

8.1.1　CArchive、CFile 类与 Serialize 函数 ………………………… 277

8.1.2　使对象可串行化 …………………………………………………… 278

8.2　串行化实例 …………………………………………………………………… 279

8.2.1　创建应用程序外壳 ………………………………………………… 279

8.2.2　设计应用程序界面 ………………………………………………… 280

8.2.3　创建可串行化的类 ………………………………………………… 281

8.2.4　在文档类中建立支持 ……………………………………………… 283

8.2.5　为视图类增加定位和编辑支持 …………………………………… 288

8.3　CFile 类 ……………………………………………………………………… 291

8.3.1　CFile 类的成员函数 ……………………………………………… 291

8.3.2　CFile 类的主要操作 ……………………………………………… 294

8.4　使用 CFile 类实现学生信息管理 ………………………………………… 296

8.4.1　设计应用程序窗口 ………………………………………………… 296

8.4.2 定义学生数据结构 297

8.4.3 实现各项功能 298

习题八 302

实验指导八 303

第9章　教职工信息管理系统 304

9.1 系统分析与设计 304

9.1.1 系统功能分析 304

9.1.2 系统功能设计 304

9.2 数据库设计 305

9.2.1 数据库需求分析 305

9.2.2 数据库逻辑结构设计与实现 306

9.3 系统实现 307

9.3.1 创建项目 307

9.3.2 映射记录集类 308

9.3.3 登录窗口设计 309

9.3.4 教职工基本信息管理模块设计 311

9.3.5 工资管理模块设计 320

9.3.6 教学管理模块设计 323

9.3.7 系统用户管理模块设计 324

9.4 应用程序发布 325

9.4.1 打包发布前的准备 325

9.4.2 使用 InstallShield for VC++工具打包发布 326

实验指导九 333

参考文献 334

第 1 章 Visual C++开发环境

Visual C++是Microsoft公司推出的目前使用极为广泛的基于Windows平台的可视化编程环境。Visual C++ 6.0是在以往版本不断更新的基础上形成的，由于其功能强大、灵活性好、完全可扩展，以及具有强有力的Internet支持，在各种C++语言开发工具中脱颖而出，成为目前较为流行的C++语言集成开发环境之一。Visual C++ 6.0分为标准版、专业版和企业版三种，但其基本功能是相同的，本书以企业版作为编程环境。本章着重介绍Visual C++开发环境及其为开发应用程序所提供的一些主要工具。

教学目标：

- 了解Visual C++开发环境及其为开发应用程序所提供的一些工具。
- 掌握菜单中的命令和相应的工具按钮。
- 掌握项目和项目工作区的作用。
- 掌握各种资源编辑器的使用。
- 掌握开发MFC应用程序的基本步骤。

1.1　工作平台概述

当Visual Studio 6.0启动以后，可以看到一个如图1-1所示的窗口。开发工作平台中每个区域都有其特定的用途。用户可以重新布置各个区域，来定制开发工作平台环境，使其适合自己的特殊开发需要。

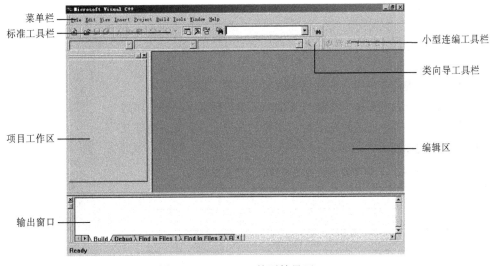

图1-1　Visual C++的开始界面

Visual C++开发环境界面由菜单栏、工具栏、项目工作区、编辑区、输出窗口以及状态栏等组成。

1.2 菜 单 栏

菜单栏包含了开发环境中几乎所有的命令，它为用户提供了文档操作、程序的编译、调试、窗口操作等一系列的功能。

1.2.1 File 菜单

File 菜单中的命令主要用来对文件和项目进行操作，例如新建、打开、保存、打印等。图 1-2 是 File 菜单中的各项命令，其功能描述如表 1-1 所示。

表 1-1 File 菜单中命令的快捷键及功能描述

菜单命令	快捷键	功 能 描 述
New	Ctrl+N	创建一个新项目文件
Open	Ctrl+O	打开已有的文件
Close		关闭当前被打开的文件
Open Workspace		打开一个已有的项目
Save Workspace		保存当前项目
Close Workspace		关闭当前项目
Save	Ctrl+S	保存当前文件
Save As		将当前文件用新文件名保存
Save All		保存所有打开的文件
Page Setup		文件打印的页面设置
Print	Ctrl+P	打印当前文件内容
Recent Files		选择打开最近的文件
Recent Workspace		选择打开最近的项目
Exit		退出 Visual C++ 6.0 开发环境

图 1-2 File 菜单

1.2.2 Edit 菜单

Edit 菜单中的命令供用户便捷地编辑文件内容，如进行删除、复制等操作，其中的大多数命令功能与 Windows 中的标准字处理程序的编辑命令一致。图 1-3 所示的是 Edit 菜单中的各项命令，其快捷键及它们的功能描述如表 1-2 所示。

表 1-2 Edit 菜单中命令的快捷键及功能描述

命 令	快 捷 键	功 能 描 述
Undo	Ctrl+Z	撤销上一次操作
Redo	Ctrl+Y	恢复被撤销的操作
Cut	Ctrl+X	将当前选定的内容剪切掉，并移至剪切板中
Copy	Ctrl+C	将当前选定的内容复制到剪切板中

图 1-3 Edit 菜单

续表

命　令	快　捷　键	功　能　描　述
Paste	Ctrl+V	将剪切板中的内容粘贴到光标当前位置处
Delete	Del	删除当前选定的对象或光标位置处的字符
Select All	Ctrl+A	选定当前活动窗口中的全部内容
Find	Ctrl+F	查找指定的字符串
Find in Files		在指定的多个文件（夹）中查找字符串
Replace	Ctrl+H	替换指定的字符串
Go to	Ctrl+G	将光标移到指定位置处
Bookmarks	Alt+F2	在光标当前位置处定义一个书签
Advanced		其他一些编辑操作，如将指定内容进行大小写转换
Breakpoints	Alt+F9	在程序中设置断点
List Members	Ctrl+Alt+T	显示"词语敏感器"的"成员列表"选项
Type Info	Ctrl+T	显示"词语敏感器"的"类型信息"选项
Parameter Info	Ctrl+Shift+Space	显示"词语敏感器"的"参数信息"选项
Complete Word	Ctrl+Space	显示"词语敏感器"的"词语自动完成"选项

1.2.3　View 菜单

View 菜单中的命令主要用来改变窗口和工具栏的显示方式，激活调试时所用的各个窗口等。图 1-4 所示的是 View 菜单中的各项命令，其功能描述如表 1-3 所示。

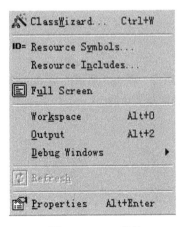

图 1-4　View 菜单

表 1-3　View 菜单中命令的快捷键及功能描述

命　令	快　捷　键	功　能　描　述
ClassWizard	Ctrl+W	弹出类编辑对话框
Resource Symbols		显示和编辑资源文件中的资源标识符（ID 号）
Resource Includes		修改资源包含文件
Full Screen		切换到全屏显示方式
Workspace	Alt+0	显示并激活项目工作区窗口
Output	Alt+2	显示并激活输出窗口
Debug Windows		刷新当前选定对象的内容
Refresh		编辑当前选定对象的属性
Properties	Alt+Enter	属性

1.2.4　Insert 菜单

Insert 菜单中的命令主要用于项目及资源的创建和添加，图 1-5 所示的是 Insert 菜单中所包含的各项命令。表 1-4 列出了 Insert 菜单的各项命令的快捷键及其功能。

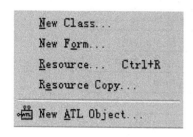

图 1-5   Insert 菜单

表 1-4   Insert 菜单中命令的快捷键及功能描述

命　令	快捷键	功 能 描 述
New Class		插入一个新类
New Form		插入一个新的表单类
Resource	Ctrl+R	插入指定类型的新资源
Resource Copy		创建一个不同语言的资源副本
File As Text		在光标位置处插入文本文件内容
New ATL Object		插入一个新的 ATL 对象

1.2.5   Project 菜单

Project 菜单的命令主要用于项目中添加源文件等，图 1-6 所示的是 Project 菜单中的各项命令。表 1-5 列出了 Project 菜单的各项命令的快捷键及其功能。

图 1-6   Project 菜单

表 1-5   Project 菜单中命令的快捷键及功能描述

命　令	快捷键	功 能 描 述
Set Active Project		激活指定的项目
Add To Project		将组件或外部的源文件添加在当前的项目中
Dependencies		编辑当前项目的依赖关系
Settings	Alt+F7	修改当前编译和高度项目的一些设置
Export Makefile		生成当前编译项目的（.MAK）文件
Insert Project into Workspace		将项目加入到项目工作区中

1.2.6   Build 菜单

Build 菜单中的命令主要用于应用程序的编译、连接、调试、运行，图 1-7 所示的是 Build 菜单所包含的各项命令。表 1-6 列出了 Build 菜单的各项命令的快捷键及其功能。

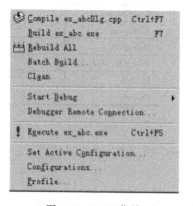

图 1-7   Build 菜单

表 1-6　Build 菜单中命令的快捷键及功能描述

命　　令	快捷键	功　能　描　述
Compile XXXX	Ctrl+F7	编译 C 或 C++源代码文件
Build XXXX.exe	F7	生成应用程序的 EXE 文件（编译、连接，又称编连）
Rebuild All		重新编连整个项目文件
Batch Build		成批编连多个项目文件
Clean		清除所有编连过程中产生的文件
Start Debug		调试的一些操作
Debugger Remote Connection		设置远程调试连接的各项环境设置
Execute XXXX.exe	Ctrl+F5	执行应用程序
Set Active Configuration		设置当前项目的配置
Configurations		设置、修改项目的配置
Profile		为当前应用程序设定各选项

1.2.7　Tools 菜单

Tools 菜单中的命令主要用于选择或制定开发环境中的一些实用工具，如图 1–8 所示，其中除了 Visual C++ 6.0 组件（如 Spy++等）外，其余的各项命令的快捷键和功能描述如表 1–7 所示。

图 1–8　Tools 菜单

表 1-7　Tools 菜单中命令的快捷键及功能描述

命　令	快捷键	功能描述
Source Browser	Alt+F12	浏览对指定对象的查询及其相关信息
Close Source Browser File		关闭浏览信息文件
Customize		定制菜单及工具栏
Options		改变开发环境的各种设置
Macro		进行宏操作
Record Quick Macro	Ctrl+Shift+R	录制新宏
Play Quick Macro	Ctrl+Shift+P	运行新录制的宏

1.2.8　Window 菜单

Window 菜单中的命令主要用于文档的操作，如排列文档窗口、打开或关闭一个文档窗口、重组或切分文档窗口等。图 1–9 所示的是 Window 菜单中的各项命令，其快捷键及功能描述如表 1–8 所示。

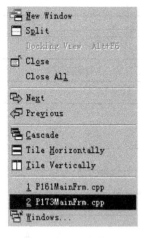

图 1-9 Window 菜单

表 1-8 Window 菜单中命令的快捷键及功能描述

命 令	快捷键	功 能 描 述
New Window		再打开一个文档窗口显示当前窗口内容
Split		文档窗口切分命令
Docking View	Alt+F6	浮动显示项目工作区窗口
Close		关闭当前文档窗口
Close All		关闭所有打开过的文档窗口
Next		激活并显示下一个文档窗口
Previous		激活并显示上一个文档窗口
Cascade		层铺所有的文档窗口
Tile Horizontally		多个文档窗口上下依次排列
Tile Vertically		多个文档窗口左右依次排列
Windows		文档窗口操作

需要说明的是：随着开发环境当前状态的改变，菜单栏以及菜单中的命令项也会随之变化。

1.3 工 具 栏

第一次运行 Visual C++时，开发环境（见图 1-1）显示的工具栏有：标准工具栏（Standard）、类向导工具栏（WizardBar）及小型编连工具栏（Bulid MinBar）。

- 标准工具栏。标准工具栏包括绝大多数标准工具：打开和保存文件、剪切、复制、粘贴，以及可能有用的其他各项命令。
- 类向导工具栏。类向导工具栏能执行许多类向导动作，而不用打开类向导。
- 小型连编工具栏。小型连编工具栏提供了常用的编译、连接操作命令。整个小型连编工具栏还允许用户在多种连编配置之间切换。

上述这些工具栏不仅可以显示或隐藏，而且还可以根据用户的需要对工具栏的按钮及其命令进行定制。

1.3.1 工具栏的显示与隐藏

Visual C++所拥有的工具栏要比前面介绍的工具栏多得多，用户可以根据不同的需要选择打开相应的工具栏，或隐藏当前不用的工具栏。

显示或隐藏工具栏可以使用 Customize 对话框和快捷菜单两种方式进行操作。

1. Customize 对话框方式

使用 Customize 对话框显示或隐藏工具栏的步骤如下：

① 选择 Tools→Customize 命令。

② 弹出 Customize 对话框，如图 1-10 所示。选择 Toolbars 选项卡，将显示出所有的工具栏名称，那些显示在开发环境上的工具栏名称前面将带有选中标记（√）。

③ 若要显示某工具栏，只需单击该工具栏名称，使得前面的复选框带有选中标记即可；同样的操作再进行一次，工具栏名称前面的复选框的选中标记将去除，该工具栏就会从开发环境中消失。

2. 快捷菜单方式

如果认为上述操作不够便捷，那么可在开发环境中任何工具栏处右击，则会弹出一个包含工具栏名称的快捷菜单，如图 1-11 所示。表 1-9 列出了工具栏快捷菜单中各项命令的功能。

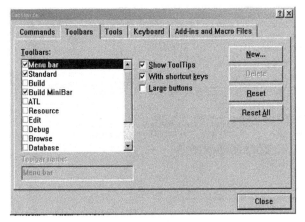

图 1-10　Customize 对话框　　　　　　　图 1-11　工具栏的快捷菜单

表 1-9　工具栏快捷菜单命令及其功能描述

命　　令	功　能　描　述
Output	显示或隐藏输出窗口
Workspace	显示或隐藏项目工作区窗口
Standard	显示或隐藏标准工具栏
Build	显示或隐藏编连工具栏
Build MiniBar	显示或隐藏小型编连工具栏
ATL	显示或隐藏 ATL 工具栏
Resource	显示或隐藏创建资源的工具栏
Edit	显示或隐藏编辑工具栏，它提供了书签、缩进量调整、显示或隐藏白字符等操作
Debug	显示或隐藏调试工具栏
Browse	显示或隐藏项目信息浏览工具栏
Database	显示或隐藏数据库工具栏
WizardBar	显示或隐藏类向导工具栏
Customize	弹出 Customize 对话框

注意：白字符是空格符、换行符和制表符等字符的统称。

1.3.2　工具栏的浮动与停泊

Visual C++ 6.0 的工具栏具有"浮动"与"停泊"功能。Visual C++ 6.0 启动后，系统默认将常用工具栏"停泊"在主窗口的顶部。若将鼠标指针指向工具栏的非按钮区域，可以将工具栏拖放到主窗口的四周或中央。如果拖放到窗口的中央处，则工具栏成为"浮动"的工具窗口。窗口的标题就是工具栏的类型名称。拖放工具栏窗口的边或角可以改变其形状。

例如，将鼠标指针指向标准工具栏的非按钮区域，将其拖至屏幕中央后观察变化。再将鼠标指针移至工具栏窗口的边界处，拖动窗口边界，观察大小的变化。图 1-12 是标准工具栏浮动的状态，其大小已被拖放过。

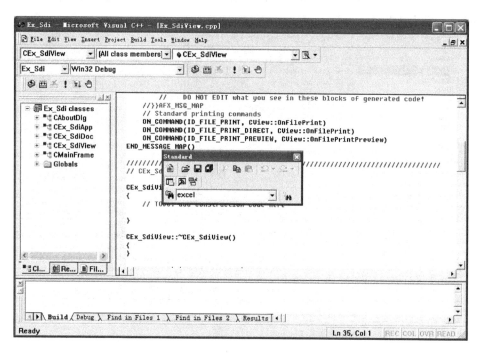

图 1-12　浮动的标准工具栏

当然，"浮动"和"停泊"两种状态可以进行切换。在"浮动"的工具窗口标题栏处双击或将其拖放到主窗口的四周，都能使其停泊在相应的位置处。在"停泊"工具栏的非按钮区域双击，可切换成"浮动"的工具窗口。

1.4　项目和项目工作区

一个 Windows 应用程序通常有许多源代码文件以及菜单、工具栏、对话框、图标等资源文件，这些文件都将纳入应用程序的项目中。通过对项目工作区的操作，可以显示、修改、添加、删除这些文件。项目工作区可以管理多个项目。

1.4.1　项目基本概念

在 Windows 环境下，大多数应用程序除了许多源代码文件外，还包含菜单、工具栏、对话框、图标等，Visual C++称它们为资源，这些资源通常用资源文件保存起来。另外，还要包含应用程序代码源文件连编时所需要的库文件、系统 DLL 文件等。有效组织这些文件并维护各源文件之间的依赖关系是应用程序首先要达到的目的，Visual C++中的项目就起这样的作用。实际上，项目作为工作区中的主要内容已加入集成开发环境中，不再需要用户来组织这些文件。只需要在开发环境中进行设置、编译、连接等操作，就可创建可执行的应用程序文件或 DLL 文件。

在 Visual C++中，项目中所有的源文件都是采用文件夹的方式进行管理的，它将项目名作为文件夹名，在此文件夹下包含源程序代码文件（.cpp, .h）、项目文件（.dsp）、项目工作区文件（.dsw）以及项目工作区配置文件（.opt），还有相应的 Debug（调试）、Release（发行）和 Res（资源）等子文件夹。例如用户创建的单文档应用程序项目名是 Ex_Sdi，则各文件的布局如图 1-13 所示。当然，不同类型的文件类型及数目会有所不同。

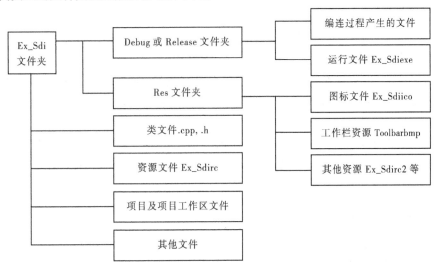

图 1-13　项目文件的布局

在开发环境中，Visual C++通过左边的项目工作区窗口对项目进行各种管理。项目工作区窗口包含三个页面，它们分别是 ClassView、ResourceView 和 FileView。

1.4.2　ClassView

项目工作区窗口的 ClassView 用于显示项目中的所有类的信息。假设打开的项目名为 Ex_Hello，单击项目工作区窗口底部的 ClassView，则会显示出一个标题为 Ex_Hello classes 的树状条目，在它的前面是一个图标和一个套在方框中的符号"＋"，单击符号或双击图标，Ex_Hello 中的所有类名将被显示，如 CAboutDlg、CEx_HelloApp、CEx_HelloDlg 等，如图 1-14 所示。

在 ClassView 页面中，每个类名前也有一个图标和一个套在方框中的符号"＋"，双击图标，则直接打开并显示类定义的头文件（如 CEx_HelloApp.h）；单击符号"＋"，则会显示该类中的成员函数和成员变量，双击成员函数前的图标，则在文档窗口中直接打开源文件并显示相应函数体代码。

这里，要注意一些图标所表示的含义。例如，在成员函数的图标中，使用紫色方块表示公共成员函数；使用紫色方块和一把钥匙表示私有成

图 1-14　ClassView

员函数；使用紫色方块和一把锁表示保护型成员函数；又如用蓝绿色图标表示成员变量等。

1.4.3 ResourceView

ResourceView 中包含项目中所有资源的层次列表。在 Visual C++中，每一个图片、字符串、工具栏、菜单、对话框、图标等非代码元素等都可以看作是一种资源。图 1-15 显示了一个典型的 ResourceView 页面，当然，每一种资源都有自己使用的图标。

1.4.4 FileView

FileView 可以将项目中的所有文件（C++源文件、头文件、资源文件、帮助文件等）分类显示，如图 1-16 所示。

图 1-15 ResoureView

每一类文件在 FileView 页面中都有自己的目录项，例如，所有的 C++源文件都在 Source Files 目录项中。用户不仅可以在目录项中移动文件，而且还可以创建新的目录项以及将一些特殊类型的文件放在该目录项中。

若创建一个新目录项，可在添加目录项的地方右击，弹出一个快捷菜单，从中选择 New Folder 命令，将出现如图 1-17 所示的对话框，只要输入目录项名称和相关的文件扩展名，单击 OK 按钮即可。

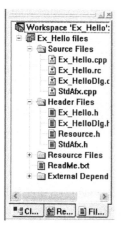

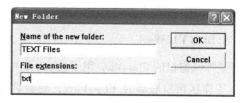

图 1-16 FileView

图 1-17 New Folder 对话框

1.5 资 源

Windows 应用程序常常包含众多图形元素，例如菜单、工具栏、对话框、图标等，在 Windows 环境下，每一个这样的元素都作为一种可以装入应用程序的资源来存放。例如，Visual C++将 Ex_Sdi 应用程序的资源都存放在 Ex_Sdi.rc 文件中。这种资源同源代码相分离的机制，能大大方便用户的操作。一方面，多个应用程序可以引用同一个资源的定义，减少后续程序的开发时间；另一方面，用户可以在不影响源代码的情况下修改资源，并能同时开发资源和源代码，缩短软件的修改过程，提高软件的可维护性。

1.5.1　资源与资源标识

Windows 应用程序中的资源一般先编辑，然后独立编译，最后与可执行模块连接，形成 EXE 文件或 DLL 文件。为了便于使用源代码文件或资源编辑过程中引用资源（或其他用户定义的对象），Visual C++ 6.0 给每个资源赋予相应的标识符来表示资源的名称，可以像变量一样进行赋值。

1. 资源的分类

在 Windows 环境下，Visual C++ 6.0 使用的资源可分为下列几类：

（1）快捷键列表

一系列组合键的集合，被应用程序用来引发一个动作。该列表一般与菜单命令相关联，用来代替鼠标操作。

（2）工具栏按钮

工具栏外观是以一系列具有相同尺寸的位图组成的，它通常与一些菜单命令相对应，用以提高用户的工作效率。

（3）光标

由 32×32 像素组成的位图，它指示鼠标在屏幕上的当前位置。在 Windows 应用程序中最普遍的是箭头光标。

（4）对话框

含有按钮、列表框、编辑框等各种控件的窗口。

（5）HTML

包含在 HTML 文件中的资源，用于设计一个 Web 网页。

（6）图标

代表应用程序显示在 Windows 桌面上的位图，它有 32×32 和 16×16 像素两种规格。

（7）菜单

用户通过菜单可以完成应用程序的大部分操作。

（8）字符串列表

应用程序使用的全局字符串列表。

（9）版本信息

包含应用程序的版本、用户注册码等相关信息。

2. 标识符

资源是由标识符来定义的，每当创建一个新的资源或资源对象时，系统会为其提供默认的名称，如 IDR_MAINFRAME 等。当然，用户也可重新命名，但要按一定的规则来进行，便于理解和记忆。作为 Visual C++用户，了解标识符的命名规则是很有必要的，一般的，命名标识符要遵循下列规则：

① 在标识符名称中允许使用字母 a～z、A～Z、0～9 以及下画线。

② 标识符名称不区分大小写字母，如 NEW_IDD 与 new_idd 是相同的标识符。

③ 不能以数字开头，如 8BIT 是不合法的标识符名。

④ 字符个数不得超过 247 个。

除了上述规则外，出于习惯，Visual C++还提供了一些常用的定义标识符名称的前缀供用户使用、参考，如表 1–10 所示。

表 1–10　常用标识符命名的前缀

标识符前缀	含　　义	标识符前缀	含　　义
IDR_	表示快捷键或菜单相关资源	IDM_	表示菜单
IDD_	表示对话框资源	ID_	表示命令
IDC_	表示光标资源或控件	IDS_	表示字符表中的字符串
IDI_	表示图标资源	IDP_	表示消息框中使用的字符串
IDB_	表示位图资源		

定义的标识符都保存在 resource.h 文件中，它的取值是由#define预处理器来决定的，凡是#define 允许的整数都可以用作标识符，例如 128，0xe300 等。但要注意，资源标识符的取值范围为 0～32 767，超过此范围系统会提示出错信息。另外，标识符之间不能互相赋值，也不能用宏参数为标识符赋值，但可以用表达式为其赋值。

1.5.2　资源基本操作

Visual C++ 6.0 为不同的 Windows 资源提供了相应的资源编辑器，方便用户设计和编辑资源。虽然，不同的资源编辑器操作各不相同，但下面的操作适用于所有资源编辑器，是一些公共的基本操作过程。

1．创建资源

创建一个新的资源可按下列步骤：

① 选择 Insert→Resource 命令；或者利用【Ctrl+R】快捷键打开 Insert Resource 对话框，如图 1–18 所示。其中，New 按钮用来创建一个由 Resource type 列表框中指定类型的新资源，Custom 按钮用来创建 Resource type 列表框中没有的新类型的资源，Import 按钮用于将外部已有的位图、图标、光标或其他定制的资源添加到当前应用程序中。

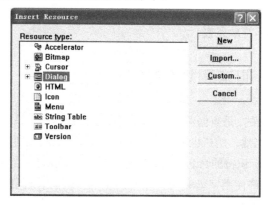

图 1–18　Insert Resource　对话框

② 从 Resource type 列表框中选择一种资源类型，而后单击 New 按钮。

③ 在项目工作区窗口的 ResourceView 页面中可以看到刚才选中的资源的默认标识符，而且相应的资源编辑器自动打开。

2．打开资源

如果需要对已有资源进行查看或修改，可以首先切换到项目工作区窗口的 ResourceView 页面，然后选中要打开的资源，双击或者按【Enter】键，这时相应的资源编辑器也会相应自动打开。

3．删除、复制资源

如果要删除一个已有的资源，可以首先切换到项目工作区窗口的 ResourceView 页面，然后选中要打开的资源，按【Del】键，或者利用 Edit 菜单下的 Delete 命令可实现删除。

复制资源的过程与删除类似，选中要打开的资源，按住【Ctrl】键不放并拖动，或利用 Edit 菜单中的 Copy 和 Paste 命令进行操作，即它同其他软件的复制过程相同。

4．保存资源

当设计好或修改好一个资源后，用 File 菜单的 Save 命令，或利用【Ctrl+S】快捷键将其保存在当前资源文件中。

5．资源编辑器

前面提到的所有 Windows 资源都可以用 Visual C++所提供的资源编辑器来编辑，包括修改、定制等。Visual C++针对不同的资源提供了不同的资源编辑器，如对话框编辑器、菜单编辑器。只要打开某一资源，就会自动进入相应的资源编辑器。

1.5.3　资源文件的管理

资源文件一经创建，其中所包含的资源也就随之而定，与资源相对应的标识符被保存在 resource.h 头文件中。当其中的资源非常多时，查起来可能不太方便，此时，就有必要根据自己的需要调整资源文件中包含的所有资源的布局。

一般而言，在一个资源文件.rc（Ex_Sdi.rc）中所保存的所有资源已经满足需要了，尽管如此，Visual C++仍然允许用多个文件来存放资源。例如，可把不需要 Visual C++编辑的资源保存在.rc2 文件中，并且当项目编译时才将此文件中的资源加入应用程序中。当然，这个过程已由 Visual C++自动安排好了，选择 View→Resource Includes 命令，打开 Resource Includes 对话框（见图 1-19）时，可以看到 Compile-time directives 列表框中已经含有 "include"res\Ex_Sdi.rc2"" 语句了。

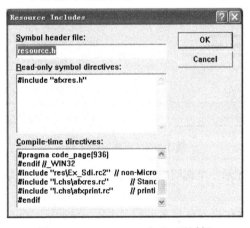

图 1-19　Resource Includes 对话框

1.6 开发环境的初步实践

前面介绍了许多关于开发环境的一些操作，这里以对话框应用程序为例，进一步了解开发环境的使用过程。

创建一个对话框应用程序通常按这样的步骤进行：选择 File→New 命令，然后用 AppWizard 创建对话框应用程序框架，添加代码，最后编译并运行。

1.6.1 用 AppWizard 创建

在 Visual C++ 6.0 中，应用程序向导 AppWizard 能帮助快速创建一些常用的应用程序类型框架，如一般 Windows 应用程序、DLL 程序、控制台应用程序、基于对话框程序、单文档及多文档程序等。这里，首先对对话框应用程序作简单说明，其他应用程序将在以后的章节中陆续介绍。

在 Visual C++ 6.0 中，用 AppWizard 创建一个对话框应用程序可以按下列步骤进行：

① 选择 File 菜单→New 命令，弹出"New"对话框。

② 选择 Projects 选项卡，并从列表框中选中 MFC AppWizard[exe] 选项。

③ 在 Project name 文本框中输入对话框应用程序项目名称，例如 Ex_Hello。第一次使用时最好确定该项目所在的文件夹，便于源文件的管理，用户既可以在 Location 文本框中直接输入文件夹名称，也可单击 Browser 按钮 选择一个已有的文件夹，如图 1-20 所示。

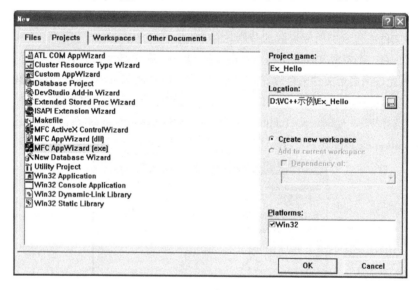

图 1-20　新建一个工程

④ 单击 OK 按钮，将显示一个询问应用类型的 MFC 应用程序向导，如图 1-21 所示。选中 Dialog based 单选按钮。

⑤ 单击 Finish 按钮，系统将会显示 AppWizard 的创建信息，如图 1-22 所示，单击 OK 按钮，系统将自动创建此应用程序。

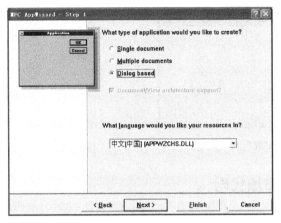

图 1-21　选择 MFC 应用程序类型

图 1-22　Ex_Hello 信息对话框

1.6.2　理解程序框架

在 1.6.1 节中，一个对话框应用程序 Ex_Hello 的框架结构已经创建好了，如图 1-23 所示。MFC 已经为应用程序创建了应用程序类 CEx_HelloApp 和对话框类 CEx_HelloDlg，以及对话框资源 IDD_EX_HELLO_DIALOG。

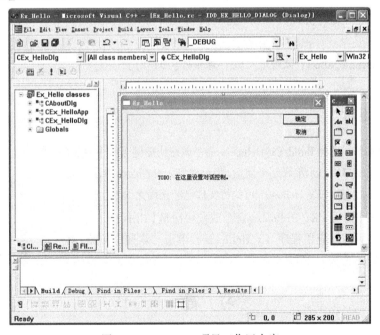

图 1-23　Ex_Hello 项目工作区内容

1.6.3　布局对话框模板

如图 1-24 所示，调整对话的大小，添加一个命令按钮，右击该按钮，在弹出的快捷菜单中选择 Properties 命令，弹出属性页对话框，设置标题为"欢迎"，ID 号采用默认值 IDC_BUTTON1。

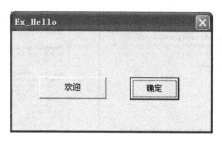

图 1-24　Ex_Hello 项目对话框布局

1.6.4　为对话框类添加成员函数并添加代码

双击"欢迎"按钮，弹出 Add Member Function 对话框，如图 1-25 所示，为该按钮添加一个单击消息的处理函数 OnButton1。单击 OK 按钮，进入函数编辑状态，添加如下代码：

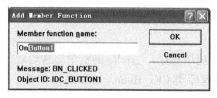

图 1-25　Add Member Function 对话框

```
void CEx_HelloDlg::OnButton1()
{
    // TODO: Add your control notification handler code here
    MessageBox("欢迎进入VC++课程的学习！");
}
```

1.6.5　编译运行

打开 Build 菜单，选择 Build Ex_Hello.exe 命令或按快捷键【F7】，系统开始对 Ex_Hello 进行编译、连接，同时在输出窗口中显示编译结果信息，当出现"Ex_Hello.exe-0 error(s),0 warning(s)"字样时，表示 Ex_Hello.exe 可执行文件已经正确无误地生成了。

选择 Build→Execute Ex_Hello.exe 命令或按快捷键【Ctrl+F5】就可以运行刚刚生成的对话框应用程序 Ex_Hello.exe，单击"欢迎"按钮，会弹出一个信息框，如图 1-26 所示。

图 1-26　欢迎信息框

习　题　一

1. 填空题

（1）项目管理器一般在集成开发环境的左侧。它展示一个工程的几个方面，它们分别是_____、_____和_____。

（2）项目工作区文件的扩展名为_____。

（3）应用程序向导 AppWizard 的作用是_____，通过_____可以增加消息映射和成员变量。

2．选择题

（1）工程文件的扩展名是＿＿＿＿＿＿。

    A．.exe　　　　　B．.dsp　　　　　C．.dsw　　　　　D．.cpp

（2）要使用应用程序向导 AppWizard 创建 C++源文件，应选择＿＿＿＿＿＿选项卡。

    A．Files　　　　B．Project　　　　C．Workspace　　　D．Other Documents

（3）设置断点的默认方式是＿＿＿＿＿＿。

    A．Location　　　B．Data　　　　C．Message　　　D．Breakpoint

3．简答题

（1）什么是项目？项目工作区有什么作用？

（2）什么是资源？Visual C++的资源分为哪几类？

（3）什么是资源标识符？它是如何定义的？

4．操作题

在例 Ex_Hello 中，若将结果显示为"How are you?"，则应如何修改？

实验指导一

【实验目的】

①　熟悉 Visual C++ 6.0 的开发环境（工具栏及各种窗口）。

②　显示和隐藏工具栏。

③　熟悉创建对话框应用项目和控制台应用项目的过程。

【实验准备】

创建文件夹"Visual C++实验"，在该文件夹下再创建一个文件夹"实验 1"，用来存放本章的实验项目，其他章节依此类推。以后实验所创建的工程都在相应的文件夹下，这样既便于管理，又容易查找。

【实验内容和步骤】

1．基本实验

课本中 1.6 节的内容。

2．拓展与提高

创建和连编控制台应用项目，操作步骤如下：

（1）启动 Visual C++ 6.0

选择"开始"→"程序"→Microsoft Visual Studio 6.0→Microsoft Visual C++ 6.0命令，打开 Visual C++ 6.0 主窗口。

（2）创建和编连控制台应用项目

在 Visual C++ 6.0 中，用应用程序向导创建和编连一个控制台应用程序，可按下列步骤进行：

① 选择 File→New 命令选项，弹出 New 对话框，如图 1-27 所示。

② 切换至 Projects 选项卡，从列表框中选中 Win32 Console Application 选项。

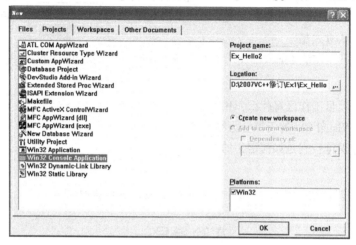

图 1-27　新建一个工程

③ 在 Project name 文本框中输入控制台应用程序项目名称 Ex_Hello2，并将其定位。

④ 单击 OK 按钮，显示 Win32 应用程序向导对话框。第一步是询问项目类型，如图 1-28 所示。

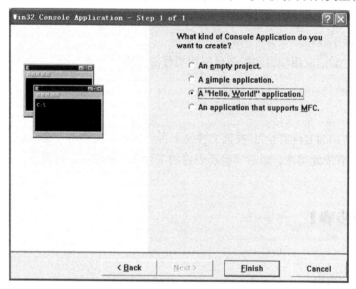

图 1-28　控制台应用程序的第 1 步

⑤ 选中 A "Hello, World!" application 单选按钮。单击 Finish 按钮，系统将显示向导创建的信息，单击 OK 按钮将自动创建此应用程序。

⑥ 默认时，项目工作区窗口显示的是 ClassView 页面，将所有内容展开，双击 main 项，在文档窗口中将 main 函数体中的"Hello World!\n"改为"I Like Visual C++ 6.0!\n"，如图 1-29 所示。

说明：在输入字符和汉字时，要切换到相应的输入方法中，除了字符串和注释可以使用汉字外，其余一律采用英文字符输入。代码中，stdafx.h 是每个应用程序所必有的预编译头文件，程序所用到的 Visual C++头文件包含均添加到这个文件中。

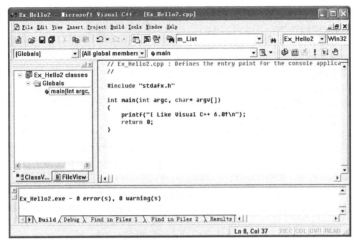

图 1-29　修改代码

⑦ 单击小型连编工具栏 上的 Build 按钮或直接按快捷键【F7】，系统开始对 Ex_Hello2 进行编译、连接，同时在输出窗口中观察出现的内容，当出现：

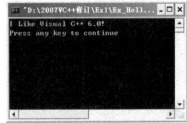

Ex_Hello2.exe - 0 error(s), 0 warning(s)

表示 Ex_Hello.exe 可执行文件已经正确无误地生成了。

⑧ 单击小型连编工具栏 上的 Eexcute Program 按钮或直接按快捷键【Ctrl+F5】，就可以运行刚刚生成的 Ex_Hello2.exe 了，如图 1-30 所示。

图 1-30　运行结果

（3）输入并编译一个新的 C++程序

① 选择 File→Close Workspace 命令，关闭原来的项目。

② 按上面的方法创建一个 Win32 Console Application 项目 Ex_Simple，在向导的第一步中选择 An empty project 类型。

③ 再次选择 File→New 命令，弹出 New 对话框，选择 File 选项卡，如图 1-31 所示。

④ 在文件类型列表框中选择 C++ Source File 选项，然后在 File 文本框中输入要创建的文件名 Ex_Simple，文件扩展名可以不必输入，系统会自动添加.cpp 扩展名（cpp 是 C Plus Plus 的缩写，即 C++的意思）。单击 OK 按钮，在打开的文档窗口中输入下列代码：

```cpp
/*程序 Ex_Simple，一个简单的 C++程序*/
//C++程序的基本结构
#include<iostream.h>
void main()
{
    double r,area;                   //声明变量
    cout<<"输入圆的半径: ";          //显示提示信息
    cin>>r;                          //从键盘上输入变量 r 的值
```

```
    area=3.14159*r*r;                                    //计算面积
    cout<<"圆的面积为: "<<area<<"\n";                    //输出面积
}
```

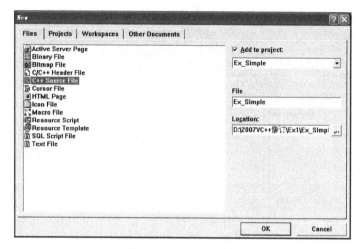

图 1-31　Files 选项卡

说明：此时在文档窗口中所有代码的颜色都发生改变，这是 Visual C++ 6.0 的文本编辑器所具有的语法颜色功能。绿色表示注释，蓝色表示关键词等。

⑤ 按快捷键【F7】，系统开始编译。编译无误后，再按快捷键【Ctrl+F5】就可以运行了。

说明：对于 C/C++语言工程项目的创建，凡没有特别说明，均采用此方法。

（4）退出 Visual C++ 6.0

退出 Visual C++ 6.0 有两种方式：一种是单击主窗口右上角的"关闭"按钮 ✕，另一种是选择 File→Exit 命令。

第2章 面向对象程序设计基础

在 Windows 程序设计中广泛使用面向对象的程序设计方法。面向对象程序设计是一种新的程序设计范型，其基本思想是使用对象、类、继承、封装、消息等基本概念来进行程序设计，本章主要讲述面向对象的基本概念，类和对象的定义和使用方法，面向对象的编程机制等，从而为后面利用 MFC 进行应用程序开发打好基础。

教学目标：

- 了解面向对象的基本概念。
- 熟练掌握类、对象、派生类的定义和使用。
- 掌握类的构造函数和析构函数的定义和特点。
- 能够利用虚函数实现多态性。
- 熟悉友元的特性，了解类模板及其应用。

2.1 面向对象的基本概念

传统的程序设计是面向过程的程序设计，其核心是功能的分解。在这种方法中，首先采用自顶向下，逐步细化的方法将问题分解成若干模块；然后再根据功能模块设计数据结构；最后，编写对数据进行操作的过程（procedure）或函数（function）。在面向过程的程序中，数据及施加在数据上的操作是分离的。在大型结构化程序中，一个数据结构可能被许多过程处理。数据结构的改变将导致相关模块的修改。程序可重用性差，开发和维护代价高。

与传统的面向过程的程序设计方法相比，面向对象的程序设计方法有两个优点：第一，程序的可维护性好。面向对象的程序易于阅读和理解，程序员只需了解必要的细节，因此降低了程序的复杂性；第二，对象可以重复使用，即重用性好，程序员可以根据需要将类保存起来，随时插入到应用程序中，无需作什么修改。

面向对象程序设计是一种新的程序设计范型，其基本思想是使用对象、类、继承、封装、消息等基本概念来进行程序设计。

2.1.1 类和对象

对象是现实世界中一个实际存在的事物（实体）。对象可以是有形的，也可以是无形的。对象既可以很简单，也可以很复杂，复杂的对象可以由若干简单对象来组成。每一个对象都有一个名字以区别于其他对象。常用一组属性来描述对象的静态特征，用一组方法来描述对象的行为。

在现实世界中，一组对象之间或多或少地存在着一些共同点。我们可以提取出它们的共同点而忽略其不同点，这样就形成了一个类。类是对一组具有相同属性和行为的对象的抽象。

类和对象之间是抽象和具体的关系。类是对多个具体对象进行综合抽象的结果；对象是类的具体实现或实例。

从程序设计的角度看：类是对象的模板，对象是类的实例。在对象的描述中，人们使用一组方法来描述对象的行为。方法是面向对象程序设计的一个术语，在 C++中一般称为成员函数。方法定义了一系列的计算步骤。

在面向对象的程序中，对象之间需要进行交互。对象通过它对外提供的服务在系统中发挥自己的作用。当系统中其他对象请求这个对象执行某个服务时，它就响应这个请求，完成指定的服务所应完成的职责。向对象发出的服务请求称作消息。消息具有三个组成部分：接收消息并提供服务的对象标识、所请求的方法和参数。在程序设计中，消息表现为函数调用。

2.1.2　封装

封装的目的是隐藏对象的内部的实现细节。对象通过其方法向外部提供服务，用来向外部提供服务的方法也称为外部接口。通过封装，可以将对象的外部接口与内部的实现细节分开。

在面向对象的程序设计中，当对象内部需要修改时，一般不需要改变外部接口，而只需要对其成员函数的实现细节作修改，因此大大减少了因为内部的修改而对外部造成的影响。同时，对象以外的部分不能随意存取对象的内部数据（属性），从而有效地避免了外部错误对它的"交叉感染"，使软件错误局部化，减小了查错和排错的难度。

封装的结果实际上隐藏了复杂性，并提供了代码重用性，减轻了开发软件系统的难度。

2.1.3　继承

继承表达的是类之间的关系。这种关系使得某类对象可以继承另外一类对象的特征和能力。

对象既具有共同性，也具有特殊性。运用抽象的原则舍弃对象的特殊性，抽取其共同性，则得到一个适应一批对象的类。如果在这个类的范围内考虑定义这个类时舍弃的某些特殊性，则在这个类中只有一部分对象具有这些特殊性，而这些对象具有共同的特征，就得到一个新的类。它是前一个类的子集，称为前一个类的特殊类，而前一个类称为这个新类的一般类。特殊类的对象拥有其一般类的全部属性与服务（操作），称作特殊类对一般类的继承。

在面向对象程序设计中，和一般类/特殊类等价的术语还可以是超类（父类）/子类、基类/派生类。本书统一使用术语基类和派生类。

继承具有重要的实际意义，它简化了人们对事物的认识和描述。人们只需要发现和描述子类所独有的那些特征。子类对象的特征由两部分组成：一是从基类继承的特征；二是派生类（子类）所独有的那些特征。在软件开发过程中，不需要把它的基类已经定义过的属性和操作重复地书写一遍。这减轻了软件开发工作的强度。除此之外，继承还表现为通过增强一致性来减少模块间的接口和界面。

继承机制为程序员提供了一种组织、构造和重用的手段。从继承来源分，可以分为单继承和多继承。单继承是指每个派生类只直接继承一个基类的特征；多继承是指派生类可以直接继承多个基类的特征。

2.1.4 多态性

在面向对象的程序设计中，多态性是指不同的对象收到相同的消息时产生多种不同的行为方式。换句话说，对象的多态性是指在一般类中定义的属性和操作被特殊类继承后，可以具有不同的数据类型或表现出不同的行为。这使得同一个属性或操作名在一般类及其各个特殊类中具有不同的语义。

多态性增加了程序的灵活性。C++支持两种多态性，编译时的多态性和运行时的多态性。编译时的多态性通过函数的重载来实现，运行时的多态性通过虚函数来实现。

2.2 类和对象的定义

2.2.1 类的定义

C++中的类就是一种用户自己定义的数据类型，和其他数据类型不同的是，组成这种类型的不仅可以有数据，而且可以有对数据进行操作的函数。

C++中定义类的一般格式如下：

```
class<类名>
{
    友元
    private:
        [<私有数据和函数>]
    protected:
        [<保护数据和函数>]
    public:
        [<公有数据和函数>]
};
```

其中：

① 类名通常是以大写的 C 字母开始的标识符，C 用来表示类（class），以与对象、函数及其他数据类型相区别。类中定义的数据和函数是类的成员，分别称为数据成员和成员函数，数据成员描述了对象的属性，而成员函数描述的是对象的行为。

② 类中的关键字 public、protected 和 private 称为成员访问说明符，声明了类中的成员和程序其他部分的关系，即类成员的访问属性。

对于 public 类成员来说，它们是公有的，能被本类外面的程序访问。类向外界提供的接口（或服务）通常声明为 public 成员。

对于 private 类成员来说，它们是私有的，只能被该类中的成员函数及友元函数使用，而不能被类外的程序访问。数据成员、工具函数（用于支持类中其他函数的操作）通常声明为 private 成员。

对于 protected 类成员来说，除了可以被该类的成员函数和友元函数访问外，还可以被该类的派生类的成员函数和友元函数访问。通常，将要在派生类中使用的数据成员声明为 protected 成员。

③ 在 C++中，通常将类的声明放在.h 文件中，而将成员函数的实现放在与.h 文件同名的.cpp文件中。在使用类的每个文件中包含头文件（通过#include 命令）。

【例 2.1】圆类的定义。

本例将定义一个圆类，圆的属性(数据成员)是半径，成员函数包括计算圆的面积和周长，类的属性一般为私有的，但可以定义访问私有属性的公有操作（Set()和 Get()）。

```cpp
//Circle.h 文件，类 CCircle 的定义
const double PI=3.14159;              //定义圆周率为符号常量
class CCircle                         //定义类
{
    public:
        CCircle()                     //构造函数
        {radius=1;}
        virtual ~CCircle(){}          //析构函数
        inline double Area()const;    //计算圆的面积
        double Circumference()const;  //计算圆的周长
        double GetRadius()const       //取得圆的半径
        {return radius;}
        void SetRadius(double r)       //为半径设置新值
        {radius=r>0?r:1;}
    private:
        double radius;                //数据成员
};
inline double CCircle::Area()const   //计算圆的面积
{
    return PI*radius*radius;
}
//Circle.cpp 文件，类 CCircle 的成员函数的实现
#include "Circle.h"
double CCircle::Circumference()const  //计算圆的周长
{
    return 2*PI*radius;
}
```

对类定义的几点说明：

① 类的数据成员一般为私有访问属性。数据成员的类型可以是任意的，但是不允许直接对数据成员进行初始化赋值，数据成员的初始化必须在构造函数中实现。

② 类的成员函数的定义可以使用以下两种形式：

● 在类声明中，给出成员函数的原型，而成员函数体在类的外面定义。这时，必须由作用域运算符"::"来通知编译系统该函数所属的类。例 2.1 中的成员函数 Circumference() 和 Area()即为此种定义方法。

● 将成员函数定义为内联函数。在类中实现内联函数有两种方法。

第一种方法是成员函数在类的内部定义，此时无须使用 inline 关键字，成员函数自动为内联函数。例 2.1 中的成员函数 GetRadius()和 SetRadius()即为此种定义方法。

另一种方法是成员函数在类内声明，在类外定义。但在类外定义时，要加关键字 inline。但是内联函数的定义必须与类声明放在同一.h 文件中。例 2.1 中的成员函数 Area()即为类外定义的内联函数。

③ const 成员函数（只读成员函数）。如果成员函数不修改数据成员的值，最好将其定义为只读成员函数，在程序中如果不小心修改了这个成员函数中的对象，则编译器会产生一个语法错误信息。

const 成员函数的定义方法是：在函数的原型和定义中，在函数参数表和函数定义的左花括号之间加入 const 关键字。例 2.1 中的成员函数 Circumference()、Area() 和 GetRadius() 都是 const 成员函数。

④ 类的成员函数允许重载，允许带缺省参数值。

2.2.2　构造函数

在 C++ 中使用构造函数和析构函数来自动完成对成员变量的初始化或清除工作。在声明类对象时，自动调用构造函数来完成对象的初始化工作；当对象的生命周期结束时，自动调用析构函数来完成最后的清理工作。

1. 构造函数

构造函数是一种特殊的成员函数，它主要用于为对象分配存储空间，对数据成员进行初始化。构造函数具有一些特殊的性质：

① 构造函数的名字必须与类同名。

② 构造函数没有返回值类型，它可以带参数，也可以不带参数。

③ 声明类对象时，系统自动调用构造函数。

④ 构造函数可以重载，从而提供初始化类对象的不同方法。

⑤ 若在声明类时没有提供构造函数，编译器会自动生成一个默认的构造函数，形如，类名(){}。这种构造函数的函数体为空，不进行任何初始化，因此，生成对象时，不能保证对象处于正确状态。

下面为例 2.1 中的 CCircle 类定义两个重载构造函数。

```
class CCircle
{
public:
    CCircle()                //无参（缺省）构造函数
    {radius=1; }
    CCircle(double r);       //带参构造函数，通过参数为半径设置不同的值
    …
private:
    double radius;
};
CCircle::CCircle(double r)   //带参构造函数定义
{
    radius=r>0?r:1;
}
```

说明：也可以将上述两个构造函数合二为一，定义成一个带缺省值的构造函数。示例代码如下：

```
CCircle(double r=1);         //带缺省值的构造函数原型
CCircle::CCircle(double r)   //带缺省值的构造函数定义
{
    radius=r>0?r:1;
}
```

2. 复制构造函数（拷贝构造函数）

复制构造函数是一种特殊的构造函数，其参数只有一个，为本类的对象的引用。复制构造函数的目的是生成一个对象的拷贝。复制构造函数的定义格式如下：

```
class 类名{
public:
    类名(const 类名&对象名);   //复制构造函数
    …
};
```

下面为例 2.1 中的 CCircle 类定义一个复制构造函数。

```
CCircle (const CCircle &c)
{
    radius=c.radius;
}
```

在下面三种情况下，系统将自动调用复制构造函数：

（1）当用类的一个对象去初始化该类的另一个对象时，系统自动调用复制构造函数实现对象的拷贝赋值。例如：

```
CCircle c1;                  //调用无参构造函数
CCircle c2(c1);             //调用复制构造函数
```

（2）若函数的形参为类对象按值传递时，实参赋值给形参，将自动调用复制构造函数。例如：

```
void fun1(CCircle c)
{cout<<c.GetRadius ()<<endl;}
void main()
{
    CCircle c1(2,2,10);
    fun1(c1);               //调用复制构造函数
}
```

（3）当函数的返回值是类对象时，系统自动调用复制构造函数。例如：

```
CCircle  fun2()
{
    CCircle c2(10);
    return c2;              //调用复制构造函数
}
void main ()
{
    CCircle c3;
    c3=fun2();
}
```

对于任何一个类，如果程序员没有定义复制构造函数，系统会自动生成一个复制构造函数，这种复制构造函数在执行时，只是进行成员的简单赋值，如上例所示。这对于含有指针成员的类是非常危险的，因此当类中含有指针成员时，必须自己定义复制构造函数。

2.2.3 析构函数

析构函数是另一种特殊的 C++成员函数。析构函数的作用是释放类变量（对象）所占的内存空间。析构函数的特点：

① 析构函数名由"～"和类名组成。

② 析构函数没有任何参数，也不返回任何值。

③ 析构函数不能重载，一个类只可能有一个析构函数。

④ 如果在类定义时没有定义析构函数，则系统会自动生成一个缺省的析构函数。

在下列两种情况下析构函数会被自动调用：

① 当对象定义在一个函数体中，该函数调用结束后，自动调用析构函数。

② 用 new 生成的动态对象，当使用 delete 删除时，自动调用析构函数。

说明：通常在析构函数删除类的指针成员所指向的动态存储空间，当类中没有指针成员时，则无需定义析构函数。只有类中含有指针成员时，才有必要定义析构函数。

下面是为例 2.1 中的 CCircle 类定义的析构函数：

```
virtual ~CCircle();        //析构函数原型
~Circle(){}               //析构函数定义
```

2.2.4　对象的定义和使用

1．对象的定义

一个类定义后，就可以定义该类的对象，格式如下：

```
<类名><对象名表>;
```

其中，类名是用户已定义过的类的标识符，对象名可以有一个或多个，同时定义多个对象时要用逗号分隔。被定义的对象既可以是一个普通对象，也可以是一个指针对象或引用对象，还可以定义对象数组。例如：

```
CCircle c1;         //定义普通对象 c1，调用无参构造函数，将属性 radius 初始化为缺省值 1
CCircle c2(3);      //定义普通对象 c2，调用带参构造函数，将属性 radius 初始化为 3
CCircle *pCircle;   //定义指针对象 pCircle，此时并没有生成新对象，所以不调用任何构造函数
pCircle=new CCircle(5);  //生成动态对象，调用带参构造函数，将属性 radius 初始化为 5
CCircle  circleArray[2]; //定义对象数组 circleArray，每个元素都调用无参构造函数
                         //将属性 radius 初始化为缺省值 1
```

2．对象的使用

定义了对象之后，就可以使用对象调用类的公有成员来完成所需要的功能。可以使用两种运算符："."和"->"。如果通过普通对象和引用对象访问类的成员使用"."，形如"对象名.成员名"；如果通过指针对象访问类的成员则使用"->"，形如"对象指针名->成员名"。示例如下：

```
c1. Area();              //普通对象
pCircle->Area()          //指针对象
```

3．this 指针

通过一个类可以实例化多个对象，每个对象的状态可以不同，即每个对象有自己的数据成员副本，但成员函数的代码却只有一份，供所有对象共享。当不同的对象调用同一成员函数时，成员函数如何区别不同的对象，从而进行正确的数据操作呢？

原来在 C++中为每个非静态成员函数提供了一个名字为 this 的指针，当进行成员函数调用时，系统自动将调用此成员函数的对象的地址作为一个隐含的参数传递给 this 指针，即让 this 指针指向调用此成员函数的对象，从而使成员函数知道该对哪个对象进行操作。使用 this 指针，保证了每个对象可以拥有不同的数据成员，但处理这些数据成员的代码可以被所有的对象共享。从外部看来，每个对象都拥有自己的成员函数。

this 指针是一种隐含的指针，它隐含于每个类的非静态成员函数中，成员函数可以通过 this 指针访问它所属的对象。

示例：在类中通过 this 指针区分同名的成员变量和局部变量。

```
class Ccircle
{
    public:
```

```
        void SetRadius(double radius) //为半径设置新值
        {
            this->radius=radius;
        }
        …
    private:
            double radius;              //数据成员
};
```

【例 2.2】类的应用举例。

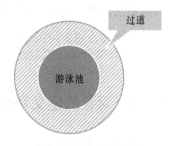

图 2-1　游泳池问题

一圆型游泳池如图 2-1 所示，现需要在其周围建一圆型过道（阴影部分），并在其四周围上栅栏。栅栏价格为 35 元/m，过道造价为 20 元/m²，过道宽度为 3 m，游泳池半径由键盘输入。试编程计算并输出过道和栅栏的造价。

分析：游泳池是圆形的，过道面积是两个圆的面积之差，而栅栏的长度是圆的周长，因此可以抽象出一个圆类。由于在本应用中只涉及圆的面积和周长的计算，所以定义的圆类如下：

```
//Circle.h 文件
const double PI=3.14159;
class CCircle
{
public:
        CCircle(double r=1);
        double Circumference();      //计算圆的周长
        double Area();               //计算圆的面积
        virtual ~CCircle(){}
private:
        double radius;
    };

//Circle.cpp 文件
#include "Circle.h"
CCircle::CCircle(double r)
{radius=r>0?r:1;}
double CCircle::Area()
{return PI*radius*radius;}
double CCircle::Circumference()
{return 2*PI*radius;}

//Ex2_2Main.cpp 文件
#include<iostream.h>
#include"Circle.h"
const double FencePrice=35;          //栅栏单价
const double ConcretePrice=20;       //过道单价
void main()
{
    double radius, FenceCost, ConcreteCost;
    cout<<"请输入游泳池的半径:";
    cin>>radius;
    CCircle Pool(radius);            //声明 Circle 对象
    CCircle PoolRim(radius+3);
```

```
    //计算栅栏造价并输出
    FenceCost=PoolRim.Circumference()*FencePrice;
    cout <<"栅栏造价是：¥"<<FenceCost<<endl;
    //计算过道造价并输出
    ConcreteCost=(PoolRim.Area()-Pool.Area())*ConcretePrice;
    cout <<"过道造价是：¥"<<ConcreteCost<<endl;
}
```

2.2.5　静态类成员

类的每个对象有自己的所有数据成员的副本，有时类的所有对象应共享数据的一个副本，这时可以使用静态数据成员。如果类的数据成员或成员函数使用关键字 static 进行修饰，这样的成员称为静态数据成员或静态成员函数，统称为静态类成员。静态类成员可以声明为 public、private 或 protected。

1．静态数据成员

静态数据成员表示的是类范围中所有对象共享的信息，相当于局部于类中的全局变量，为该类的所有对象共享。因为静态数据成员只有一个数据副本，所以可以节省存储空间。

静态数据成员的声明：

```
class CTest{
public:
    static int x;    //声明静态数据成员
};
```

静态数据成员为该类的所有对象共享，它们被存储于一个公用内存中。静态数据成员必须在文件作用域内进行初始化，而且只能初始化一次。例如：

```
int CTest::x = 0;
```

除静态数据成员的初始化之外，静态成员遵循类的其他成员所遵循的访问限制。

由于数据隐藏的需要，静态数据成员通常被声明为私有的，而通过定义公有的静态成员函数来访问静态数据成员。

2．静态成员函数

静态成员函数是用关键字 static 进行修饰的成员函数。静态成员函数与一般的成员函数有以下不同之处：

① 可以不指向某个具体的对象，而与类名连用。

② 没有 this 指针，因为静态数据成员和静态成员函数是独立于类对象而存在的。即使在类还没有实例化任何对象时，静态数据成员和成员函数就已经存在并可使用。

静态成员函数可以访问静态数据成员，也可以访问非静态数据成员，但访问非静态数据成员时，必须通过对象名或对象指针访问。

静态成员可以被继承，这时，基类对象和派生类的对象共享该静态成员。

3．静态类成员的访问

在类作用域内，任何成员函数都可以直接访问静态成员。而在类作用域外，只能访问 public 静态成员，访问方法有以下两种：

① 与一般的成员访问相同，使用对象名或对象指针，形如：对象名.成员名或对象名–>成员名。

② 可以使用类名和作用域运算符 "::" 对其进行访问，格式为：类名::成员名。建议使用这种方法。

4．静态类成员的使用

为例 2.1 中定义的 CCircle 类添加一个私有属性的静态数据成员 NumOfObject，用来记录程序中已生成的对象的个数。由于对象生成时自动调用构造函数，因此实现对象个数增加的代码应放在构造函数中，而对象删除时自动调用析构函数，所以实现对象个数减少的代码应放在析构函数中。再定义一个公有属性的静态成员函数 GetNumOfObject，用来返回 NumOfObject 的值。

```cpp
//Circle.h 文件
class CCircle
{
    public:
        CCircle()                        //无参构造函数
        {
            radius=1;
            NumOfObject++;
        }
        CCircle(double r);               //带参构造函数
        CCircle(const CCircle&c);        //复制构造函数
        static int GetNumOfObject()      //静态成员函数
        {return NumOfObject;}
        …
    private:
        double radius;
        static int NumOfObject; //静态数据成员，记录程序中生成的对象的个数
};
//Circle.cpp 文件
int CCircle::NumOfObject=0;          //静态数据成员的初始化，该语句应放在文件作用域内
CCircle::CCircle(double r)
{
    SetRadius(r);
    NumOfObject++;
}
CCircle::CCircle(const CCircle &c)
{
    radius=c.radius;
    NumOfObject++;
}
CCircle::~CCircle()
{NumOfObject--;}
```

下面是一个主函数，说明了静态成员的使用。

```cpp
//Ex2_1Main.cpp
#include<iostream.h>
#include "Circle.h"
void main()
{
    cout<<"当前对象个数:"<<CCircle::GetNumOfObject()<<endl; //通过类名访问
    CCircle c1(10);
    cout<<"当前对象个数:"<<c1.GetNumOfObject()<<endl;        //通过对象访问
    CCircle*pCircle=new CCircle(20);
```

```
cout<<"当前对象个数:"<<pCircle->GetNumOfObject()<<endl; //通过指针访问
delete pCircle;
cout<<"当前对象个数:"<<CCircle::GetNumOfObject()<<endl;
}
```

2.3 继承性与派生类

继承是面向对象语言的一个重要机制，通过继承可以在一个一般类的基础上建立新类。被继承的类称为基类，在基类上建立的新类称为派生类。如果一个类只有一个直接基类则称为单继承，否则称为多继承。通过类的继承，可以提高程序的可重用性和可维护性。

2.3.1 派生类的定义

从一个基类定义一个派生类可按下列格式：

```
class<派生类名>:[<继承方式>]<基类名>
{
    [<派生类的成员>]
};
```

其中，继承方式有 3 种：public（公有）、private（私有）、protected（保护），若继承方式没有指定，则被缺省指定为 public 方式。继承方式决定了基类成员在派生类中的访问权限。表 2-1 列出了每个继承方式对派生类的影响。

表 2-1 继承方式对派生类的影响

继承方式	说　明
public（公有）	基类的 public 和 protected 成员被派生类继承后，保持原来的访问属性不变
private（私有）	基类的 public 和 protected 成员被派生类继承后，变成派生类的 private 成员
protected（保护）	基类的 public 和 protected 成员被派生类继承后，变成派生类的 protected 成员

注意：无论何种继承方式，基类的 private 成员都不能被派生类直接访问。

由于 private 继承不利于进一步派生，而 protected 继承是 C++中的新生事物，使用并不多，所以最常用的继承方式是 public 继承。在 public 继承中，所有派生类的对象都可以作为其基类的对象来处理，基类的属性和行为表述了基类对象和派生类对象的共性，派生类则是对其基类的具体化。

基类和派生类的关系是相对的，有直接派生关系的两个类分别称为直接基类和直接派生类，没有直接派生关系的两个类分别称为间接基类（祖先类）和间接派生类。

通过继承，派生类自动拥有其所有基类的成员。对不适合于派生类的基类成员，可以在派生类中重新加以定义。在派生类中定义的成员可以和基类的成员同名，在派生类中引用该成员时，会自动选择在派生类中新定义的成员。要在派生类中访问其基类的同名成员，必须使用作用域运算符 "::"，形如：基类名::成员名。

【例 2.3】类的派生示例。点、圆、圆柱体的定义。

首先定义一个 CPoint 类，然后由 CPoint 类派生一个 CCircle 类，再由 CCircle 类派生一个 CCylinder 类。

（1）定义基类 CPoint

```
//Point.h 文件
#include<iostream.h>
class Cpoint                     //基类 CPoint
{
    public:
        CPoint(double xx=0,double yy=0);
        virtual ~CPoint();
        double GetX(){return X;}
        double GetY(){return Y;}
        double area(){return 0.0;}
    private:
        double X,Y;
};
CPoint::CPoint(double xx,double yy)
{
    X=xx;Y=yy;
    cout<<"CPoint 类构造函数被调用\n";
}
CPoint::~CPoint()
{
    cout<<"CPoint 类的析构函数被调用\n";
}
```

（2）定义派生类 CCircle

```
//Circle.h 文件
#include"Point.h"
const double PI=3.14159;
class CCircle:public CPoint
{
    public:
        CCircle(double x=0,double y=0,double r=1);//派生类构造函数
        virtual ~CCircle();
        double GetRadius()
        { return radius;}
        double area()                            //重新定义基类中的成员
        { return PI*radius*radius;}
    private:                                     //新增私有数据成员
        double radius;
};
CCircle::CCircle(double x,double y,double r)      //派生类构造函数
    :CPoint(x,y)                                 //初始化基类的数据成员
{
    radius=r>0?r:1;
    cout<<"CCircle 类构造函数被调用\n";
}
CCircle::~CCircle()
{cout<<"CCircle 类的析构函数被调用\n";}
```

（3）定义派生类 CCylinder

```
//Cylinder.h 文件
#include"Circle.h"
class CCylinder:public CCircle
{
```

```
public:
        CCylinder(double x=0,double y=0,double r=1,doubl   e h=1);
        //派生类构造函数
    virtual ~CCylinder();
    double GetHeight()
    {return height;}
    double area()                          //重新定义基类中的成员
    {
        return 2*CCircle::area()+2*PI*GetRadius()*height;
                                    //访问基类的同名成员
    }
private:                                   //新增私有数据成员
    double height;
};
CCylinder::CCylinder(double x,double y,double r,double h)  //派生类构造函数
    :CCircle(x,y,r)                        //初始化基类的数据成员
{
height=h>0?h:1;
cout<<"CCylinder 类构造函数被调用\n";
}
CCylinder::~CCylinder()
{
    cout<<"CCylinder 类的析构函数被调用\n";
}
```

2.3.2 派生类的构造函数与析构函数

基类都有显式或隐式的构造函数和析构函数，它们完成类对象的初始化和清除工作。当创建派生类对象时除了对派生类中新增的成员初始化外，还必须对基类的成员进行初始化，由于派生类不继承基类的构造函数和析构函数，所以对基类的成员的初始化必须通过显式（利用成员初始化值语法）或隐式调用基类的构造函数来完成。同样，当派生类对象的生命周期结束时，也会自动调用基类的析构函数来完成基类成员的清理工作。

1. 派生类构造函数的定义

在定义派生类的构造函数时，要利用成员初始化值语法显式调用直接基类的构造函数对基类成员进行初始化，即在派生类的构造函数的参数表后面加上"：基类名(实参表)"。如果在类中含有对象成员，则对象成员也要用成员初始化值语法进行初始化，形如：对象名(实参表)。需要多个成员初始化值时，可以将其放在冒号后面以逗号分隔的列表中。例如在例 2.3 中，派生类 CCylinder 的构造函数的定义为：

```
CCylinder(double x, double y, double r, double h)    //派生类构造函数
    : CCircle(x,y,r)                       //初始化基类成员
{   height=h>0?h:1;
    cout<<"CCylinder 类构造函数被调用\n";
}
```

2. 派生类构造函数和析构函数的执行顺序

在创建派生类的对象时，派生类的构造函数总是先调用其基类的构造函数来完成基类成员的初始化，如果程序员没有为派生类定义构造函数，那么就由派生类的默认构造函数调用基类的默

认构造函数来完成基类成员的初始化。

如果在基类和派生类中都包含其他类的对象（即有对象成员），则在创建派生类的对象时，首先执行基类的对象成员的构造函数，接着执行基类的构造函数，然后执行派生类的对象成员的构造函数，最后才执行派生类的构造函数。

当派生类对象的生命周期结束时，析构函数的执行顺序和构造函数的执行顺序正好相反。

下面的代码使用例 2.3 中定义的类来演示构造函数和析构函数的调用顺序，以及基类和派生类中同名成员的访问。

```
//Ex2_3Main.cpp 文件
#include <iostream.h>
#include "Cylinder.h"
void main()
{
    CCylinder cy1(2,3,20,10);          //通过派生类对象访问基类公有成员
    cout<<cy1.GetX()<<" " <<cy1.GetY()<<" "
        <<cy1.GetRadius()<<"   "<<cy1.GetHeight()<<endl;
                                       //访问基类和派生类中的同名成员
    cout<< cy1.area()<<" "<< cy1.CCircle::area()<<" "<< cy1. CPoint::
    area()<< endl;
}
```

输出结果为：

```
CPoint 类构造函数被调用
CCircle 类构造函数被调用
CCylinder 类构造函数被调用
2   3   20   10
3769.91   1256.64   0
CCylinder 类的析构函数被调用
CCircle 类的析构函数被调用
CPoint 类的析构函数被调用
```

分析：当执行语句 CCylinder cy1(2, 3, 20, 10);时，首先执行基类 CCircle 的构造函数，而 CCircle 类的构造函数执行时，又先执行 CPoint 类的构造函数，最后才执行派生类 CCylinder 的构造函数，所以分别输出：

```
CPoint 类构造函数被调用
CCircle 类构造函数被调用
CCylinder 类构造函数被调用
```

而在 CCylinder 类对象 cy1 的生命周期结束时，析构函数的执行顺序和构造函数的执行顺序正好相反，分别输出为：

```
CCylinder 类的析构函数被调用
CCircle 类的析构函数被调用
CPoint 类的析构函数被调用
```

2.3.3 多继承

在单继承中，一个派生类只能有一个直接基类。如果一个派生类有多个直接基类，则称为多继承。多继承意味着一个派生类可以继承多个基类的成员，这种强大的功能支持了软件的重用性，但可能会引起大量的二义性（歧义性）问题。

1. 多继承的定义格式

定义多继承的派生类与定义单继承的派生类相似,唯一差别是需要列出多个基类名。一般形式为:

```
class<派生类名>:[<继承方式>]<基类名>,[<继承方式>]<基类名>,…
{
    [<派生类的成员>]
};
```

其中,继承方式的使用与单继承完全相同。

【例2.4】使用多继承。首先定义两个类 CBase1 和 CBase2,然后定义类 CDerived,该类从 CBase1 和 CBase2 通过多继承而来。

(1)定义基类 CBase1

```
//Base1.h 文件
class CBase1
{
    public:
        CBase1(int x=0) {value=x;}
        int GetValue()const {return value;}
    protected:
        int value;       //保护成员, 能被派生类直接访问
};
```

(2)定义基类 CBase2

```
//Base2.h 文件
class CBase2
{
    public:
        CBase2(int y=0)
        {value=y;}
        int GetValue()const
        {return value;}
    protected:
        int value;       //保护成员, 能被派生类直接访问
};
```

(3)定义派生类 CDerived

```
//derived.h 文件
#include "Base1.h"
#include "Base2.h"
class CDerived : public CBase1, public CBase2
{
    public:
        CDerived(int x=0,inty=0,int v=0)
            : CBase1(x),CBase2(y)              //基类成员的初始化
        {value=v;}
        int GetData()
        {return CBase1::value+CBase2::value;}  //访问不同基类的同名成员
        int GetValue()const {return value;}
    private:
        int value;
};
```

(4)编写主函数, 演示多继承派生类的使用

```
//Ex2_4Main.cpp
#include<iostream.h>
```

```
#include"derived.h"
void main()
{
    CDerived d(10,20,500);
    cout<<"CBase1 的 value 值:"<< d.CBase1::GetValue ()      //访问基类的同名成员
    <<"\nCBase2 的 value 值:"<< d.CBase2::GetValue ()      //访问基类的同名成员
    <<"\nCDerived 的 value 值:"<< d.GetValue ()          //访问派生类的同名成员
    <<"\nCBase1 与 CBase2 的 value 值之和:"<<d.GetData()<<endl;
}
```

2．多继承派生类对象的初始化

多继承派生类对象的初始化与单继承类似，利用成员初始化值语法显式调用所有直接基类的构造函数对派生类中的基类成员进行初始化，这些构造函数之间用逗号隔开。例如在例 2.4 中，派生类 CDerived 的构造函数定义为：

```
CDerived(int x=0,int y=0,int v=0)
    :CBase1(x),CBase2(y)      //基类数据成员的初始化
{   value=v;}
```

对基类成员的初始化通过：CBase1(x), CBase2(y)来完成。基类构造函数的调用顺序取决于派生类定义中指定的继承顺序，与成员初始化值列表中的顺序无关。

3．二义性问题

对于多继承，不同基类中可能含有同名成员，这些成员都会被派生类继承，为了避免二义性，在派生类中使用不同基类的同名成员时，必须用基类名加以限定，形如"基类名::同名成员名"，以明确指出所使用的成员是从哪个基类继承来的。例如在例 2.4 中，两个基类具有相同的数据成员 value 和成员函数 GetValue()，在派生类中访问 value 时，需指明其所属基类，如 CBase1::value（使用从 CBase1 类继承来 value 的值）或 CBase2::value（使用从 CBase2 类继承来 value 的值）。通过派生类对象访问基类的同名公有成员时，也需指明其所属基类，如 d.CBase1::GetValue()或 d.CBase2::GetValue ()，分别调用 CBase1 类和 CBase2 类的成员函数 GetValue ()输出各自的 value 值。

另一种情况是，派生类的直接基类中没有同名成员，但是其直接基类是从同一个基类派生而来的，这时虽然表面上在派生类中没有同名成员，实际上却因公共基类使得派生类中含有同名成员，因此也会产生二义性。为了消除这种二义性，也必须使用基类名限定所访问的同名成员。

4．虚基类

为解决多继承中因公共基类而产生的二义性问题，C++语言提供了虚基类机制。将公共基类声明为虚基类以后，它在派生类中只产生一个实例，这样在派生类中使用公共基类的成员时，就不会产生二义性问题。

声明虚基类的一般格式为：

```
class<派生类名>:virtual[<继承方式>]<基类名>
{
    [<派生类的成员>]
};
```

其中，保留字 virtual 和继承方式的相对位置无关紧要，但要放在基类名之前，并且 virtual 只对紧跟其后的基类名起作用。

【例 2.5】使用虚基类。首先定义一个基类 CBase，然后由 CBase 类派生两个新类 CDerived1 和 CDerived2，最后由 CDerived1 类和 CDerived2 类多继承产生 CDD 类。

（1）定义 CBase 类

```
//Base.h 文件
class CBase{
    public:
        CBase(int i){a=i;}
    protected:
        int a;
};
```

（2）定义 CDerived1 类

```
//Derived1.h 文件
#include "Base.h"
class CDerived1: virtual public CBase{
    public:
        CDerived1(int p1,int p2):CBase(p1)
        {d1=p2;}
    protected:
        int d1;
};
```

（3）定义 CDerived2 类

```
//Derived2.h 文件
#include"Base.h"
class CDerived2:virtual public CBase{
    public:
        CDerived2(int x1,int x2):CBase(x1)
        {d2=x2;}
    protected:
        int d2;
};
```

（4）定义 CDD 类

```
//DD.h 文件
#include"Derived1.h"
#include"Derived2.h"
class CDD:CDerived1,CDerived2{
    public:
        CDD(int i1,int i2,int i3,int i4)
        :CDerived1(i1,i2),CDerived2(i3,i4),CBase(i1)
        {}
        void printDD() const
        {   //可以直接访问虚基类中的成员，不会产生二义性
            cout<<"CDD 类中的 a 值:"<<a<<endl;
            //访问从 Derived1 中继承来的虚基类的成员
            cout<<"CDD 类中的 CDerived1::a 值:"<<CDerived1::a<<endl;
            //访问从 Derived2 中继承来的虚基类的成员
            cout<<"CDD 类中的 CDerived2::a 值:"<<CDerived2::a<<endl;
            cout<<"CDD 类中的 d1 值:"<<d1<<endl
                <<"CDD 类中的 d2 值:"<<d2<<endl;
        }
};
```

（5）编写测试程序

```
//Ex2_5Main.cpp
#include<iostream.h>
#include"DD.h"
void main()
```

```
{ CDD dd(10,15,20,25);
  dd.printDD();
  cout<<endl;
}
```

输出结果:

```
CDD 类中的 a 值:10
CDD 类中的 Derived1::a 值:10
CDD 类中的 Derived2::a 值:10
CDD 类中的 d1 值:15
CDD 类中的 d2 值:25
```

从输出结果可以看出,将公共基类 CBase 声明为虚基类以后,在派生类 CDD 中只包含三个数据成员:a,d1 和 d2。即使用虚基类以后,在派生类中从公共基类继承来的成员只有一份拷贝,所以不会再产生二义性问题,并且还可以从任何一条继承路径访问该虚基类的成员,它们具有相同的值。

在使用虚基类时应注意以下问题:

① 从虚基类派生出的所有派生类(直接派生类和间接派生类),都要调用虚基类的构造函数,以初始化虚基类中的数据成员。

② 基类构造函数的调用顺序是,先调用虚基类的构造函数,然后再调用非虚基类的构造函数,与成员初始化值列表中的顺序无关。

③ 虚基类的构造函数只调用一次。虚基类的数据成员由最新派生出来的派生类负责初始化,并且只被初始化一次。

由于使用虚基类以后,在派生类中从虚基类继承来的成员只有一份拷贝,所以能节省内存空间。但是,使用虚基类增加了系统的时间开销,非必要时不要过多地使用虚基类。

多继承是个强大的功能,但会增加系统的复杂性。使用多继承的系统需要更加认真的设计。在程序中使用多继承应慎重,能用单继承时应尽量使用单继承。

2.4 多 态 性

通过继承机制,可以建立一个类族,形成类的层次结构,在该层次结构的不同类中,可以定义同名的成员函数,这些函数在功能上是相似的,但对各自的类来说,其实现是不同的,因而不同类的对象在接收到同一函数调用时,所引起的行为是不同的。在面向对象的程序设计中,把不同类的对象收到相同的消息时产生多种不同的行为方式称为多态性。

2.4.1 编译时的多态性和运行时的多态性

在 C++中,多态性的实现与连编这一概念有关。将一个函数调用链接上相应于函数体的代码,这一过程称为函数连编(简称连编)。根据进行连编工作所处阶段的不同,可以分为静态连编和动态连编。

如果编译器根据源代码调用固定的函数标识符,然后由连接器接管这些标识符,并用物理地址代替它们,这称为静态连编。静态连编在编译阶段完成。静态连编的优点是执行速度快,运行时的开销仅仅是传递参数、执行函数体、清除栈等。不过,程序员必须预测在每一种情况下,在所有的函数调用中，将要使用哪些对象。这不仅具有局限性，有时也是不可能的。

如果编译器在编译时并不确切知道具体调用哪个函数，而是在运行时才能把函数调用与函数体联系在一起，则称为动态连编。动态连编具有灵活性高，易于扩充和维护等优点，但运行效率较低。

静态连编所支持的多态性称为编译时的多态性，通过函数重载来实现。动态连编所支持的多态性称为运行时的多态性，通过虚函数来实现。

2.4.2　编译时的多态性

在派生类中可以重新定义基类的成员，这样在类的层次结构中，不同的类可以拥有函数原型完全相同的成员。但对各自的类来说，其实现又是不同的。因此，当不同类的对象在接收到同一函数调用时，执行的效果是不一样的。

【例 2.6】编译时的多态性。首先定义了 CPoint 类，然后由 CPoint 类派生出 CCircle 类，在 CPoint 类和 CCircle 类中都定义了 area()成员函数，但是它们的实现代码不同。

```cpp
//Ex2_6Main.cpp 文件
#include<iostream.h>
class CPoint {                          //类 CPoint 的定义
    public:
        CPoint(double i=0,double j=0)
        {x=i,y=j;}
        double area()                   //返回点的面积 (0.0)
        {return 0.0;}
    private:
        double x,y;                     //点的坐标
};

const double pi=3.14159;
class CCircle:public CPoint{            //类 CCircle 的定义
    public:
        CCircle(double i=0,double j=0,double r=1):CPoint(i,j)
        {radius=r>0?r:1;}
        double area()                   //返回圆的面积
        {return pi*radius*radius;}
        double GetRadius()
        {return radius;}
    private:
        double radius;
};
void main()
{
    CPoint p;
    cout<<"点的面积为"<<p.area()<<endl;
    CCircle c(1,1,10);
    cout<<"半径为"<<c.GetRadius()<<"的圆的面积为"<<c.area()<<endl;
    CPoint *pp;
    pp=&c;                              //基类指针指向派生类的对象
    cout<<"半径为"<<c.GetRadius()<<"的圆的面积为"<<pp->area()<<endl;
}
```

输出结果：
> 点的面积为:0
> 半径为 10 的圆的面积为:314.159
> 半径为 10 的圆的面积为 0

从输出结果可以看出，通过对象名可以直接调用相应类的成员函数，得到不同的执行结果。但是当用基类指针 pp 指向派生类的对象 c 时，通过该指针对成员函数的调用 pp->area()，实际上调用的是基类中的函数实现，所以输出结果为 0。

因为在 public 继承中，所有派生类的对象都可以作为其基类的对象来处理，所以可以用基类指针指向其任何派生类的对象。当通过基类指针对普通成员函数进行调用时，不管它实际指向的是基类对象还是指向派生类的对象，都调用在基类中定义的成员函数。也就是说，通过指针对普通成员函数的调用，仅仅由声明指针的类型决定，而与指针当时实际指向什么对象无关。其原因在于对普通成员函数的调用，是在编译时通过静态连编决定的。如果希望在程序运行过程中根据指针实际指向的对象类型，去调用相应类中的函数，则必须使用动态连编。

2.4.3 虚函数

在 C++中，运行时的多态性由动态连编支持，通过虚函数实现。使用关键字 virtual 修饰的成员函数称为虚函数。

1. 声明虚函数

声明虚函数的一般格式为：
```
class<类名>{
public:
    virtual<返回类型><函数名>(<参数表>);          //虚函数的声明
};
<返回类型><类名>::<函数名>(<参数表>)              //虚函数的定义
{...}
```
在声明虚函数时应该注意的问题：

① 应该在类层次结构中需要多态性的最高层类内声明虚函数。

② 派生类中与基类虚函数原型完全相同的成员函数，即使在声明时没有加上关键字 virtual 也会自动成为虚函数。所谓原型完全相同，就是函数名、返回类型、参数个数、参数类型和顺序都完全相同。但是为了提高程序的清晰性，建议在派生类中也要明确地声明虚函数。

③ 不能把静态成员函数、构造函数和全局函数声明为虚函数。

④ 析构函数可以声明为虚函数。将基类的析构函数声明为虚析构函数后，就会使其所有派生类的析构函数自动成为虚析构函数（即使它们与基类析构函数名不同）。这样，当 delete 运算符用于指向派生类对象的基类指针时，系统会调用相应类的析构函数。如果一个类拥有虚函数，即使该类不需要虚析构函数也给它提供一个虚析构函数，这样能够使该类的派生类包含正确调用的析构函数。

⑤ 不允许在派生类中定义与基类虚函数名字及参数特征都相同,仅仅返回类型不同的成员函数。

⑥ 不要在派生类中定义与基类虚函数名字相同但参数特征不同的成员函数，系统把这样的函数看作是一般的函数重载，在这种情况下函数将失去虚特性。

⑦ 通过声明虚函数来使用 C++提供的多态性机制时，派生类应该从它的基类公有派生。

2．使用虚函数

当用户在类的层次结构中声明了虚函数以后，并不一定就能实现运行时的多态性，必须合理调用虚函数才能实现动态连编。只有在程序中使用基类类型的指针或引用调用虚函数时，系统才以动态连编方式实现对虚函数的调用，才能获得运行时的多态性。如果使用对象名调用虚函数，系统仍然以静态连编方式完成对虚函数的调用，也就是说，用哪个类说明的对象，就调用在哪个类中定义的虚函数。

为了实现动态连编而获得运行时的多态性，通常都用指向第一次定义虚函数的基类对象的指针或引用来调用虚函数。

示例：虚函数的使用。

改写例 2.6 的程序，将成员函数 area() 定义为虚函数，实现运行时的多态性。

```cpp
//Ex2_6Main.cpp 文件
#include<iostream.h>
class CPoint {
    public:
        CPoint(double i=0,double j=0)
        {x=i,y=j;}
        virtual double area()        //点的面积 (0.0)
        {return 0.0;}
    private:
        double x,y;                  //点的坐标
};

const double pi=3.14159;
class CCircle:public CPoint{
public:
    CCircle(double i=0,double j=0,double r=1):CPoint(i,j)
    {radius=r>0?r:1;}
    virtual double area()        //圆的面积
    {return pi*radius*radius;}
    double GetRadius()
    {return radius;}
private:
    double radius;
};
void main()
{
    CPoint p;
    cout<<"点的面积为 "<<p.area()<<endl;
    CCircle c1(1,1,10);
    p=c1;
    //将派生类的对象赋给基类对象后，p.area() 仍然调用基类中定义的虚函数
    cout<<"半径为"<<c1.GetRadius()<<"的圆的面积为"<<p.area()<<endl;
    CPoint *pp;
    pp=&c1;        //基类指针指向派生类的对象，可以获得运行时的多态性
    cout<<"半径为"<<c1.GetRadius()<<"的圆的面积为"<<pp->area()<<endl;
    CPoint &pRef=c1;
    //基类的引用引用派生类的对象，也可以获得运行时的多态性
    cout<<"半径为"<<c1.GetRadius()<<"的圆的面积为"<<pRef.area()<<endl;
}
```

输出结果：

```
点的面积为 0
半径为 10 的圆的面积为 0
半径为 10 的圆的面积为 314.159
半径为 10 的圆的面积为 314.159
```

从输出结果可以看出：

① 当用对象名调用虚函数时，系统仍然以静态连编方式完成对虚函数的调用，因此尽管赋值语句"p=c1;"已经把派生类的对象 c1 赋给了基类的对象 p，但是语句 p.area()仍然调用基类 CPoint 中定义的虚函数，所以输出为 0。

② 当用基类类型的指针指向派生类对象时，系统以动态连编方式完成对虚函数的调用，所以执行了语句 "pp=&c1;"后，p.area()调用的是派生类 CCircle 中定义的虚函数。

③ 当用基类类型的引用对象引用派生类对象时，系统也以动态连编方式完成对虚函数的调用，所以执行了语句 "CPoint &pRef=c2;"后，pRef.area()调用的也是派生类 Circle 中定义的虚函数。

3．纯虚函数

在许多情况下，定义不实例化任何对象的类是很有用处的，这种类称为"抽象类"。因为抽象类要作为基类被其他类继承，所以通常也把它称为"抽象基类"。抽象基类不能用来声明对象。抽象类的唯一用途是为其他类提供合适的基类，其他类可以从它这里继承接口和（或）继承实现。能够建立实例化对象的类称为具体类。

如果将带有虚函数的类中的一个或者多个虚函数声明为纯虚函数，则这个类就成为抽象类。纯虚函数是在声明时"初始化值"为 0 的函数。声明纯虚函数的一般格式为：

```
class<类名>{
public:
    virtual<返回类型><函数名>(<参数表>)=0;
};
```

纯虚函数不需要进行定义，它只是为其所有派生类提供一个与其一致的接口。如果某个类是从一个带有纯虚函数的类派生出来的，并且在该派生类中没有提供该纯虚函数的定义，则该纯虚函数在派生类中仍然是纯虚函数，因而该派生类也是一个抽象类。

不能声明抽象类的对象，但是可以声明抽象类的指针和引用。不允许从具体类派生出抽象类。

一个类层次结构中可以不包含任何抽象类，但是，很多良好的面向对象的系统，其类层次结构的顶部是一个抽象基类。在有些情况中，类层次结构的顶部有好几层都是抽象类。形状类的层次结构就是一个典型的例子，可以在该层次结构的顶部建立抽象基类 Shape，在往下的一层中还可以再建立两个抽象基类，即二维形状类和三维形状类，再往下就可以开始定义二维形状的具体类如圆形类和正方形类，以及三维形状的具体类如球类和立方体类等。

一个类可以从基类继承接口和（或）实现。为继承接口而设计的类层次结构倾向于在较低层具有某些功能，在基类中指定一个或几个函数，类层次中每个类的对象都要一样调用，但各个派生类提供自己对该函数的实现方法；而为继承实现而设计的类层次结构则倾向于在较高层具有某些功能，每个派生类继承基类中定义的一个或几个成员函数，在派生类中使用基类的定义。

【例 2.7】虚函数和纯虚函数的使用。

在本例中，首先定义了抽象基类 CShape，在该类中有两个纯虚函数 printShapeName 和 print，还包含两个虚函数 area 和 volume，它们都有默认的实现（返回 0 值）。由 CShape 类通过单继承依次派生新类 CPoint、CCircle、CCylinder。由于点的面积和体积是 0，所以类 CPoint（点）从类 CShape 中继承了这两个虚函数的实现。类 CCircle（圆）从类 CPoint 中继承了函数 volume 的实现，但本身提供了函数 area 的实现。类 CCylinder（圆柱体）对函数 area 和 volume 都提供了自己的实现。

（1）定义抽象基类 CShape

```cpp
//Shape.h 文件内容
class CShape {
    public:
        virtual double area() const{return 0.0;}
        virtual double volume() const{return 0.0;}
        virtual void printShapeName() const=0;    //纯虚函数
        virtual void print() const=0;             //纯虚函数
};
```

（2）定义派生类 CPoint

```cpp
//Point.h 文件内容
class CPoint:public CShape {
    public:
        CPoint(int=0,int=0);
        virtual void printShapeName() const {cout<<"点:";}
        virtual void print() const;
    private:
        int x,y;    //点的坐标
};
//Point.cpp 文件内容
#include <iostream.h>
CPoint::CPoint(int a,int b)
{x=a;y=b;}
void CPoint::print() const
{cout <<'['<<x<<","<<y<<']';}
```

（3）定义派生类 CCircle

```cpp
//Circle.h 文件内容
class CCircle:public CPoint {
    public:
        CCircle(doubler=0.0,int x=0,int y=0);
        double GetRadius() const;
        virtual double area() const;
        virtual void printShapeName() const{cout<<"圆:";}
        virtual void print() const;
    private:
        double radius;                          //圆的半径
};
//Circle.cpp 文件内容
CCircle::CCircle(double r,int a,int b)
    :CPoint(a,b)                                //调用基类的构造函数
{radius=r>0?r:0;}
double CCircle::GetRadius() const{return radius;}
double CCircle::area() const
{return 3.14159*radius*radius;}
void CCircle::print() const
{
    CPoint::print();
    cout <<";半径="<<radius;
}
```

（4）定义派生类 CCylinder

```
//Cylinder.h 文件内容
class CCylinder:public CCircle{
    public:
        CCylinder(double h=0.0,double r=0.0,int x=0,int y=0);
        virtual double area() const;
        virtual double volume() const;
        virtual void printShapeName() const{cout<<"圆柱体:";}
        virtual void print() const;
    private:
        double height;              //圆柱体的高
};
//Cylinder.cpp 文件内容
CCylinder::CCylinder(double h,double r,int x,int y)
    :CCircle(r,x,y)             //调用基类的构造函数
{height=h>0?h:0;}
double CCylinder::area() const    //圆柱体的表面积
{return 2*CCircle::area()+2*3.14159*GetRadius()*height;}
double CCylinder::volume()const
{return CCircle::area()*height;}
void CCylinder::print() const
{CCircle::print();
    cout <<"; 高="<<height;
}
```

（5）定义测试程序

```
//Ex2_7Main.cpp 文件内容
#include <iostream.h>
#include <iomanip.h>
#include "cylinder.h"
void virtualViaPointer(const CShape*);
void main()
{
    cout <<setiosflags(ios::fixed|ios::showpoint)<<setprecision(2);
    CPoint point(1,1);
    CCircle circle(5.0,2,2);
    CCylinder cylinder(20,10.0,3,3);
    point.printShapeName();          //静态连编
    point.print();                   //静态连编
    cout<<'\n';
    circle.printShapeName();         //静态连编
    circle.print();                  //静态连编
    cout<<'\n';
    cylinder.printShapeName();       //静态连编
    cylinder.print();                //静态连编
    cout<<"\n\n";
    CShape *arrayOfShapes[3];        //声明基类 Shape 的指针数组
    arrayOfShapes[0]=&point;
    arrayOfShapes[1]=&circle;
    arrayOfShapes[2]=&cylinder;
    cout <<"通过基类的指针调用虚函数:\n";
    for (int i=0;i<3;i++)
        virtualViaPointer(arrayOfShapes[i]);
}
//通过基类的指针调用虚函数, 使用动态连编
```

```
void virtualViaPointer(const CShape *baseClassPtr)
{
    baseClassPtr->printShapeName();
    baseClassPtr->print();
    cout <<"\n 面积="<<baseClassPtr->area()
        <<"\n 体积="<<baseClassPtr->volume()<<"\n\n";
}
```

输出结果：

　　点:[1,1]
　　圆:[2,2];半径=5.00
　　圆柱体:[3,3];半径=10.00;高=20.00

　　通过基类的指针调用虚函数：
　　点:[1,1]
　　面积=0.00
　　体积=0.00

　　圆:[2,2];半径=5.00
　　面积=78.54
　　体积=0.00

　　圆柱体:[3,3];半径=10.00;高=20.00
　　面积=1884.95
　　体积=6283.18

　　通过基类的引用调用虚函数：
　　点:[1,1]
　　面积=0.00
　　体积=0.00

　　圆:[2,2];半径=5.00
　　面积=78.54
　　体积=0.00

　　圆柱体:[3,3];半径=10.00;高=20.00
　　面积=1884.95
　　体积=6283.18

从例 2.7 可以看出：

在抽象基类中可以不包含任何数据成员，当然也可以包含非虚函数。

① 对于在抽象基类中声明的纯虚函数，必须在派生类（具体类）中定义其实现，如本例中的两个纯虚函数 printShapeName 和 print，在每个派生类中都定义了各自的实现。

② 对于在基类中声明的虚函数，只有在派生类中有不同的实现方法时，才需要在派生类中重新定义。如本例中的两个虚函数 area 和 volume，在派生类 CPoint 中都没有重新定义，因为点没有面积和体积（均为 0）。但在派生类 CCircle 中，因为圆有面积而没有体积，所以只对虚函数 area 进行了重载，而函数 volume 从类 CPoint 中继承。在派生类 CCylinder 中，因为圆柱体的面积和体积与圆的不同，所以这两个虚函数都需要在类中重新定义。

③ 利用虚函数机制，可以在程序中声明元素类型为基类指针（本例中为 CShape *类型）的数组，并使用该数组来统一处理不同的派生类对象。这样不仅程序很简洁，而且对异质对象（例如，不同图形）的处理方法非常一致，从而进一步提高了程序的可读性，同时也便于程序的修改和维护。

2.5 友　　元

类的重要特性是对数据实现了封装和隐藏，在类中定义的私有成员和保护成员只能通过类的公有成员函数来访问。这样能大大提高程序的质量，特别是能够提高软件的可维护性。但是在某些情况下，封装也会带来一些不便。如果在程序中为了访问对象的私有数据成员而频繁调用公有成员函数时，将会带来较大开销，从而降低程序的执行效率，影响程序的性能。为此，C++中引入了友元机制，友元机制是对封装机制的补充，利用这种机制，一个类可以赋予某些函数访问它的私有成员的特权。能够访问一个类的私有部分而又不是该类成员函数的函数，称为该类的友元函数。声明了一个类的友元函数，就可以用这个函数直接访问该类的私有数据，从而减少了开销。但是，这样做并不是使数据成为公有的或全局的，未经授权的其他函数仍然不能直接访问这些私有数据。因此，使用一个友元函数并没有彻底丧失安全性，慎重、合理地使用友元机制并不会使软件的可维护性大幅度降低。

2.5.1　友元函数

能够访问一个类的私有部分而又不是该类成员函数的函数，称为该类的友元函数。将一个函数声明为类的友元，就是在类定义中该函数的原型前面加上关键字 friend。如下所示：

```
class A{
    friend void setX(A &,int);
    …
};
```

以上声明了一个类 A，在类 A 中声明函数 setX 是本类的一个友元函数。

友元函数虽然在类内声明，但它不是该类的成员函数，所以友元函数没有 this 指针。并且友元关系的声明与成员访问说明符 private、protected 和 public 无关，因此友元函数声明可以放在类定义中的任何地方，通常将类中所有友元函数的声明放在类的首部之后，不要在其前面加上任何成员访问说明符。

【例 2.8】使用友元函数计算两点间的距离。

```
//Ex2_8Main.cpp 文件
#include<iostream.h>
#include<math.h>
class CPoint{
    friend double distance(CPoint &,CPoint &);  //声明友元函数
    public:
    CPoint(double x=0,double y=0)
    {X=x;Y=y;}
    double GetX() {return X;}
    double GetY() {return Y;}
    private:
    double X,Y;
};
double distance(CPoint &a, CPoint &b)
//在友元函数中可以直接访问对象的私有成员
{   double dx,dy;
    dx=a.X-b.X;
    dy=a.Y-b.Y;
```

```
    return sqrt(dx*dx+dy*dy);
}
void main()
{
    CPoint p1(3.0,5.5),p2(4.0,6.0);
    cout<<"两点之间的距离为:"<<distance(p1,p2)<<endl;
}
```

输出结果：两点之间的距离为: 1.11803

由例 2.8 可见，友元函数其实就是一个普通的函数，仅有的不同是：它在类中声明，可以访问该类的对象的私有成员。

一个类的成员函数也可以声明为另一个类的友元函数，在声明这种友元关系时要在函数名前面加上它所属的类名和作用域运算符 "::"。例如，把类 C1 的成员函数 func 声明为类 C2 的友元函数：

```
class C1 {
    …
    void func(…);
    …
};
class C2 {
    friend void C1::func(…);        //声明友元成员
    …
};
void C1::func(…)                    //定义友元成员
{…}
```

这样，类 C1 的成员 func()就可以直接访问类 C2 的对象的私有数据了。

2.5.2　友元类

如果一个类的所有成员函数都可以访问另一个类的私有成员，则可以把这个类声明为另一个类的友元类。例如，把类 C1 声明为类 C2 的友元类：

```
class C2{
    friend class C1;
        …
};
```

这样，类 C1 的所有成员函数都是类 C2 的友元函数，即类 C1 的所有成员函数都可以访问类 C2 的私有成员。

当一个类要和另一个类协同工作时，需使用友元类。下面是一个使用友元类的例子。

【例 2.9】定义一个 CHand 类和一个 CMan 类，在 CHand 类中，将 CMan 类声明为自己的友元类，这样，在 CMan 类中就可以访问 CHand 类的私有数据和方法了。

```
//Ex2_9Main.cpp 文件
#include<iostream.h>
//定义 CHand 类
class CHand{
    friend class CMan;            //将 CMan 声明为自己的友元类
public:
    CHand();
private:
    int FingerNum;
```

```
        void write();
    };
    CHand::CHand()
    {FingerNum=5;}
    void CHand::write()
    {cout<<"Hand can write!\n";}
    //定义 CMan 类
    class CMan{
    public:
        int GetFingerNum();
        void HandWrite();
    private:
        CHand hand;
    };
    int CMan::GetFingerNum()
    {return hand.FingerNum;          //访问 CHand 中的私有数据
    }
    void CMan::HandWrite()
    {hand.write();                   //调用 CHand 中的私有方法
    }
    void main()
    {
        CMan man;
        cout<<man.GetFingerNum()<<endl;
        man.HandWrite();
    }
```

输出结果：
```
    5
    Hand can write!
```

对于友元类的几点说明：

① 友元关系不具有传递性。例如，A 是 B 的友元，B 是 C 的友元，则 A 不一定就是 C 的友元，除非做过显示声明。

② 友元关系不具有交换性。例如，A 是 B 的友元，则 B 不一定是 A 的友元。

③ 友元关系是不能继承的。例如，类 A 是类 B 的友元，类 C 从类 A 派生，则类 C 不一定是类 B 的友元。

④ 使用友元关系时应慎重，特别是友元类的使用更应慎重。如果一个类的多个成员函数都需要频繁使用另一个类的数据成员，则应该首先考虑把这个类作为另一个类的派生类，而不要轻易采用友元类。

2.6 模 板

模板是 C++实现软件重用的一种形式，是 C++最强大的特性之一。

在实际问题中常常会遇到这样一些情况，对于很多数据类型，需要提供一种逻辑功能完全相同的函数或类，而这些函数或类的实现算法也完全一样，其区别仅仅是所处理的数据类型不同。对于这类问题，C++提供了模板机制，用函数模板和类模板来完成这一功能。

利用模板，用户可以用一段代码指定一组相关函数（称为模板函数）或一组相关类（称为模板类）。这样能大幅度地节约程序代码，显著减少冗余信息，从而进一步提高面向对象程序的可重用性和可维护性。模板的功能很强，用户既可以定义类模板，也可以定义函数模板，还可以使用 C++标准模板库（STL）中已有的模板。

2.6.1　函数模板

在前面已介绍过 C++的函数重载功能，对于功能类似，但实现算法不同的函数，通常定义为重载函数，以提高程序的可读性和可理解性。但是如果几个函数的功能相同，实现算法也相同，只是所处理的数据的类型不同，则使用函数模板更简洁，更方便。

1. 函数模板的定义

函数模板的定义格式一般为：

```
template<class<数据类型参数表>>
函数模板定义体
```

其中：

① template 是 C++的保留字，表示后面定义的是一个模板，不论定义函数模板还是定义类模板，都必须以 template 开头。

② <数据类型参数表> 形如< class T1,class T2,...>，在这里 class 与 C++的类没有任何关系，只是表明后面跟的标识符 T1，T2 等是类型参数（形式参数），对应的类型实参可以是用户自定义的或系统预定义的数据类型。对类型参数的数目没有限制，但每个类型参数之前都必须使用 class。

③ 函数模板定义体与普通函数的定义相同，只不过其中的有些数据类型，例如返回值类型，形参的类型，局部变量的类型等，要使用类型参数表中的标识符 T1，T2 等表示。

下面的函数模板用来交换两个变量的值：

```
template<class T>
void swap (T x,T y)
{
    T temp=x;
    x=y;
    y=temp;
}
```

下面的函数模板使用了两个类型参数：

```
template <class T1,class T2>
void fun (T1 x,T2 y)
{
    cout<<sizeof(x)<<endl;
    cout<<sizeof(y)<<endl;
}
```

2. 函数模板的调用

在定义了函数模板以后，就可以调用它来完成需要的功能。

① 函数模板的调用格式有两种：

第一种格式与普通函数的调用格式相同，形如：函数模板名(实参表)，例如：

```
int a=10,b=15;swap(a,b);
fun(1,1.5);
```

第二种格式是显式给出类型实参（即具体的数据类型名），形如：函数模板名< 类型实参 >(实参表)，例如：

```
swap<int>(a,b);
fun<double,int>(1.5,1);
```

② 函数模板的调用过程与普通函数的调用过程不同。在调用函数模板时，首先要对函数模板进行实例化，把模板的类型参数 T1，T2 等用具体的数据类型去替换。函数模板实例化后会得到一个具体的函数，该函数称为模板函数。然后执行模板函数，完成所需要的功能。模板函数的执行过程与普通函数相同，也分成三步完成，即参数传递、执行函数体、返回。

【例 2.10】利用函数模板实现求两个数据的较大值。

```
#include<iostream.h>
template<class T>                    //定义函数模板，返回两个数据中的较大值
T max (T x,T y)
{return (x>y?x:y);}
void main()
{int m=10,n=20;
    cout<<"两个整数的较大值:"
        <<max(m,n)<<endl;            //调用模板函数 int max(int,int);
    double d1=15.5,d2=25.5;
    cout<<"两个实数的较大值:"
        <<max< double >(d1, d2)<<endl;  //调用模板函数 double max( double, double );
    char ch1='a',ch2='A';
    cout<<"两个字符的较大值:"
        <<max(ch1,ch2)<<endl;        //调用模板函数 char max(char,char);
}
```

输出结果：
```
两个整数的较大值:20
两个实数的较大值:25.5
两个字符的较大值:a
```

3．函数模板的特点

① 函数模板实际上代表了一组函数，而不是一个具体函数。所以，函数模板必须先实例化，才能完成具体函数的功能。

② 函数模板不具有隐式类型转换的能力。普通函数在进行调用时，如果实参的类型与形参的类型不同，则系统会自动对参数类型进行隐式转换，将实参的值转换为函数所需的类型（实际上是生成一个临时值使用），然后再进行函数调用。而函数模板不具有这种功能。例如，例 2-10 中，如果在 main 函数中加上一条语句：

```
cout<<"一个整数和一个实数的较大值："<<max(m,d1)<<endl;
```

则在编译时会出错，原因是实参 m 和 d1 的类型不同，编译器无法确定是用 int 去实例化类型参数 T，还是用 double 去实例化类型参数 T。在这种情况下，必须由程序员显式确定类型实参。如下所示，将上述语句改为：

```
cout<<"一个整数和一个实数的较大值："<<max<double>(m,d1)<<endl;
//显式确定类型实参为 double
```

或

```
cout<<"一个整数和一个实数的较大值："<<max<int>(m,d1)<<endl;
//显式确定类型实参为 int
```

4．重载函数模板

函数模板本身可以用多种方式重载，用户可以用一个函数模板重载另一个函数模板，只要这两个模板的名字相同，但参数不同。用户也可以用普通函数去重载一个同名的函数模板。例如，在例 2.10 中，如果使用函数模板 max 比较两个字符串，就会产生错误的结果，这是因为生成的模

板函数比较的是字符串的首地址（字符指针），而不是字符串本身。这时，就需要提供一个同名的普通函数来重载函数模板。

示例：重载函数模板

修改例 2.10 中的程序，加入以下黑体代码。

```
#include<iostream.h>
#include<string.h>
template<class T>                    //定义函数模板
T max(T x,T y)
{return(x>y?x:y);}
char *max(char *x,char *y)           //重载函数模板
{return strcmp(x,y)>0?x:y;}          //返回两个字符串的较大值

void main()
{int m=10,n=20;
    cout<<"两个整数的较大值:"<<max(m,n)<<endl;
    double d1=15.5,d2=25.5;
    cout<<"两个实数的较大值:"<<max(d1,d2)<<endl;
    cout<<"一个整数和一个实数的较大值:"<<max<double>(m, d1)<<endl;
    char str1[]="ABC",str2[]="xyz";
    cout<<"两个字符串的较大值:"<<max(str1,str2)<<endl;
}
```

输出结果：

```
两个整数的较大值: 20
两个实数的较大值: 25.5
一个整数和一个实数的较大值: 5.5
两个字符串的较大值: xyz
```

当在程序中遇到一个函数调用语句时，编译器通过匹配过程确定调用哪个函数。首先，编译器寻找最符合函数名和参数类型的函数，如果找到了就调用它。如果找不到，则编译器检查是否可以用函数模板产生符合函数名和参数类型的模板函数，如果找到了就调用它。如果前两步都找不到，则编译器试一试能否通过类型转换达到参数匹配，如果找到了就调用它。在匹配过程中，如果找不到函数或找到多个函数，就会产生编译错误。

2.6.2　类模板

在 C++ 中，不但可以设计函数模板，还可以设计类模板，用来表达具有相同处理方法的数据对象集。

1. 定义类模板

类模板的定义，通常包含两个方面的内容：

（1）定义类

定义类模板中的类的格式如下：

```
template<class<类型参数表>>
class <类名>{
    ...
};
```

其中，类型参数表的形式和要求与函数模板相同。类体的定义方法与普通类的定义方法相同，

只不过其中的有些数据类型，要用类型参数来表示。

（2）定义成员函数

类模板中的成员函数既可以在类体内定义，也可以在类体外定义。当在类体内定义时，其方法与普通类的成员函数的定义相同，只是返回值类型和参数类型可能要用类型参数标明。当类模板中的成员函数在类体外定义时，如果成员函数中用到类型参数，则要按函数模板格式进行定义，并且函数名前要用类模板名加以限定。类模板名即"类名<类型参数>"。

2. 使用类模板

类模板与函数模板一样，也是代表一组类。因此在使用类模板时首先要把它实例化为一个具体的类，这个具体的类称为模板类。把类模板实例化为模板类的格式如下：

　　　　类名<具体数据类型名>

然后，再用模板类声明对象并使用这些对象完成所需要的功能。

【例 2.11】使用类模板。

本例中首先定义了一个堆栈类模板 CStack，然后实例化了两个模板类 CStack<double>和 CStack<int>，并声明了两个对象 doubleStack(5)和 intStack，分别用来实现实数堆栈和整数堆栈。

```cpp
template<class T>                                    //定义类模板中的类
class CStack{
public:
    CStack(int=10);                                  //堆栈大小默认值为 10
    ~CStack(){delete [] stackPtr;}
    bool push(const T&);                             //入栈
    bool pop(T&);                                     //出栈
private:
    int size;                                        //堆栈最多能处理的元素个数
    int top;                                         //栈顶元素的位置
    T *stackPtr;                                     //指向堆栈的指针
    bool isEmpty() const{return top==-1;}            //工具函数，判栈空
    bool isFull() const{return top==size - 1;}       //工具函数，判栈满
};
//构造函数
template<class T>
CStack<T>::CStack(int s)
{
    size=s>0?s:10;
    top=-1;                                          //栈初始化为空
    stackPtr=new T[size];                            //申请动态栈空间
}
//入栈，成功返回 true, 否则返回 false
template<class T>
bool CStack<T>::push(const T &pushValue)
{
    if(!isFull()){
        stackPtr[++top]=pushValue;                   //在栈顶插入一个元素
        return true;
    }
    return false;
}
//出栈，成功返回 true, 否则返回 false
template<class T>
bool CStack<T>::pop(T &popValue)
```

```
{
    if(!isEmpty()){
        popValue=stackPtr[top--];      //从栈顶删除一个元素
        return true;
    }
    return false;
}
#include<iostream.h>
#include"tstack.h"
void main()
{
    CStack<double> doubleStack(5);
    double f=1.1;
    cout<<"向 doubleStack 中压人数据:1.1";
    doubleStack.push(f);
    cout<<"\n 从 doubleStack 中弹出数据:";
    doubleStack.pop(f);
    cout <<f<<endl;
    CStack<int>intStack;
    int i=1;
    cout<<"\n 向 intStack 中压人数据:1";
    intStack.push(i);
    cout<<"\n 从 intStack 中弹出数据:";
    intStack.pop(i);
    cout<<i<< endl;
}
```

输出结果：
```
向 doubleStack 中压人数据:1.1
从 doubleStack 中弹出数据:1.1
向 intStack 中压人数据:1
从 intStack 中弹出数据:1
```

3. 模板与继承

类模板和普通类一样也可以继承，既可以从类模板派生出类模板，也可以派生出普通类（非模板类）。

（1）从类模板派生出类模板

从类模板派生出新的类模板的格式与定义一般派生类的格式类似，只是在指明其基类时要用类模板名，如 CBase < T >。如下所示：

```
template<class T>
class CBase{
    …
};
template<class T>
class Cderived:public CBase<T>{
    …
};
```

（2）从类模板派生出普通类

从类模板派生出普通类的格式如下所示：

```
template<class T>
class CBase{
    …
};
```

```
       class Cderived:ublic CBase<int>{
           ...
       };
```

从类模板派生出普通类时，在派生类定义之前不需要模板声明语句 template < class T >，并且派生类的基类必须是类模板实例化后生成的模板类，例如：CBase < int >。

习　题　二

1. 填空题

（1）在 C++语言中，类中定义的数据和函数分别称为_____和_____。

（2）当类对象生存期结束时，系统将自动调用该类的_____函数。

（3）基类的成员在派生类中的访问权限由_____决定。

（4）对基类数据成员的初始化是通过执行派生类构造函数中的_____来实现的。

（5）假定类 CTest 中有一个静态整型成员 aa，在类外对它初始化为 0 时，所使用的语句为：_____。

（6）C++支持的两种多态性分别是_____多态性和_____多态性。

（7）用_____声明的函数称为虚函数。

（8）若需要把一个函数 "void Fun();" 定义为类 CTest 的友元函数，则应在类 CTest 的定义中加入一条语句：_____。

2. 选择题

（1）如果类中的所有成员在定义时都没有使用关键字 public、private 或 protected，则所有成员默认定义为（　　）。

　　A. public　　　　B. protected　　　　C. private　　　　D. static

（2）假定 CTest 为一个类，则执行 CTest x;语句时将自动调用该类的（　　）。

　　A. 有参构造函数　　　　　　　　　B. 无参构造函数

　　C. 拷贝构造函数　　　　　　　　　D. 赋值重载函数

（3）假定 CTest 是一个类，则执行语句 "CTest a,b(3),*p;" 时，自动调用该类构造函数的次数为（　　）。

　　A. 2　　　　　B. 3　　　　　C. 4　　　　　D. 5

（4）对于任意一个类，析构函数的个数最多为（　　）。

　　A. 0　　　　　B. 1　　　　　C. 2　　　　　D. 3

（5）实现运行时的多态性用（　　）。

　　A. 重载函数　　B. 构造函数　　　　C. 析构函数　　　　D. 虚函数

（6）一个类的友元函数或友元类能够通过成员操作符访问该类的（　　）。

　　A. 私有成员　　B. 保护成员　　　　C. 公有成员　　　　D. 所有成员

（7）以下不属于类的成员函数的是（　　）。

　　A. 静态成员函数　　B. 友元函数　　　　C. 构造函数　　　　D. 析构函数

3. 简答题

（1）什么是"对象"？类与对象的关系如何？

（2）什么是封装性与继承性？

（3）简要地定义下列术语：基类、派生类。

（4）分析构造函数和析构函数的作用。

4．操作题

（1）请定义一个矩形类（rectangle），私有数据成员为矩形的长度（len）和宽度（wid），无参构造函数置 len 和 wid 为 0，带参构造函数置 len 和 wid 为对应形参的值，另外还包括求矩形周长、求矩形面积、取矩形长度、取矩形宽度、修改矩形长度和宽度为对应形参的值、输出矩形尺寸等公有成员函数。要求输出矩形尺寸的格式为"length:长度,width:宽度"。

（2）要求计算正方体、球和圆柱 3 个几何体的表面积和体积。可以抽象出一个公共的基类 CBase，把它作为抽象类，在该类内定义求表面积和体积的纯虚函数。由这个抽象类派生出球、正方体和圆柱 3 个具体类，在这 3 个类中都有计算自己的表面积和体积的函数。请用 C++ 语言定义上述类并测试。

实验指导二

【实验目的】

① 掌握 C++ 中类和对象的定义和使用。

② 掌握构造函数和析构函数的特点。

③ 了解静态成员的使用。

④ 熟悉继承和多态性的实现。

【实验内容和步骤】

1．基本实验

① 练习课本中的例 2.1，掌握类的定义和使用。

② 练习课本中的例 2.3，掌握派生类的定义和使用。

③ 练习课本中的例 2.7，熟悉虚函数和多态性的实现。

2．拓展与提高

利用面向对象编程方法设计一个学生成绩单管理系统，要求实现以下功能：

① 录入（添加）学生信息：学号、姓名、平时成绩和考试成绩，系统自动计算总评成绩（平时成绩占 20%，考试成绩占 80%）。可以一次录入多名学生的信息。

② 查询学生成绩：输入要查询的学生的学号，查询该学生的信息并显示。

③ 显示学生成绩单：按学号顺序显示学生成绩单。

④ 删除学生信息：输入要删除的学生的学号，得到用户确认后，删除该学生的信息。

⑤ 修改学生信息：输入要修改的学生的学号，显示该学生的原有信息，用户输入修改后的信息。

⑥ 对成绩进行统计分析：可以对总成绩进行统计分析，分别统计出各个成绩段的人数和比例，本课程班级平均成绩等。

实验步骤如下：

（1）创建项目

创建一个 Win32 Console Application，项目名为 StudentScore。

（2）定义学生类 CStudent

① 新建一个 C/C++ Header File，文件名为 student.h，代码如下：

```cpp
//student.h  学生类的定义
class CStudent{
public:
    CStudent(char*id="",char *na="",int us=0,int ts=0);    //构造函数
    CStudent(const CStudent &s);                           //拷贝构造函数
    ~CStudent();
    char* GetID();                                         //获取学生的学号
    double GetTotalScore();                                //获取总评成绩
    static void TableHead();                               //输出表头
    void Display();                                        //显示学生信息
private:
    char ID[5];                                            //学号
    char name[10];                                         //姓名
    int UsualScore;                                        //平时成绩
    int TestScore;                                         //考试成绩
    double TotalScore;                                     //总评成绩
    void CalcTotalScore();                                 //计算总评成绩
};
```

② 新建一个 C++ Source File，文件名为 student.cpp，代码如下：

```cpp
//student.cpp  学生类的成员函数实现
#include<iomanip.h>
#include<string.h>
#include"student.h"
CStudent::CStudent(char *id,char *na,int us,int ts)        //构造函数
{
    strcpy(ID,id);
    strcpy(name,na);
    UsualScore=us;
    TestScore=ts;
    CalcTotalScore();
}
CStudent::CStudent(const CStudent &s)                      //拷贝构造函数
{
    strcpy(ID,s.ID);
    strcpy(name,s.name);
    UsualScore=s.UsualScore;
    TestScore=s.TestScore;
    TotalScore=s.TotalScore;
}
CStudent::~CStudent()
{  }
char* CStudent::GetID()                                    //取得学生的学号
{return ID;}
double CStudent::GetTotalScore()                           //获取总成绩
{return TotalScore;}
void CStudent::TableHead()                                 //输出学生信息表头
{
```

```
        cout<<setw(4)<<"学号"<<setw(10)<<"姓名"<<setw(10)
            <<"平时成绩"<<setw(10)<<"考试成绩"<<setw(12)<<"总成绩\n";
    }
    void CStudent::Display()              //显示学生信息
    {cout<<setw(3)<<ID<<setw(10)<<name<<setw(10)<<UsualScore
            <<setw(10)<<TestScore<<setw(10)<<TotalScore<<endl;
    }
    void CStudent::CalcTotalScore()       //计算总成绩
    {TotalScore=UsualScore*0.2+TestScore*0.8;}
    }
```

（3）定义成绩单类 CStuDataBase

① 新建一个 C/C++ Header File，文件名为 StuDataBase.h，代码如下：

```
//StuDataBase.h  定义成绩单类，用来管理所有学生的成绩信息
#include "student.h"
const int MaxStuNum=51;                  //班级学生人数最多 50 人
class CStuDatabase {
public:
    CStuDatabase();                      //构造函数，从文件中读入学生成绩信息
    ~CStuDatabase();                     //析构函数，将学生成绩信息写入到文件中
    void ListScore();                    //显示成绩单，输出所有学生信息
    void SelectStuInfo();                //查询学生信息
    void AddStuInfo();                   //添加学生成绩
    void DelStuInfo();                   //删除学生信息
    void EditStuInfo();                  //修改学生信息
    void AnalyScore();                   //对成绩进行统计分析
    void StuDBM(int);                    //成绩库维护
    int FunctionMenu();                  //功能菜单
private:
    int num;                             //学生人数
    CStudent stu[MaxStuNum];             //学生数组，stu[0]不用
    int SearchStu(const char* id);       //查找指定学号的学生
    void SortStu();                      //按学号从小到大对成绩单排序
};
```

② 新建一个 C++ Source File，文件名为 StuDataBase.cpp，代码如下：

```
//StuDataBase.cpp 成绩单类的实现
#include<fstream.h>
#include<string.h>
#include<stdlib.h>
#include<iomanip.h>
#include<conio.h>
#include"StuDataBase.h"
int InputScore()                         //输入百分制成绩
{   int score;
    cin>>score;
    while(score<0||score>100)
    {   cout<<"成绩超出范围,请重新输入百分制成绩(0---100 分):";
        cin>>score;
    }
    return score;
}
CStuDatabase::CStuDatabase()             //从文件中读入学生信息
{   CStudent s;                          //学生对象
    num=0;
    fstream StuFile;                     //该文件用来保存学生信息
```

```
        StuFile.open("StuInfo.dat",ios::in);
        if(!StuFile)
        {    cout<<"文件 StuInfo.dat 不能打开!\n";
             return;
        }
        StuFile.read((char*)&s, sizeof(s));
        while(!StuFile.eof())
        {    num++;
             stu[num]=s;
             StuFile.read((char*)&s,sizeof(s));
        }
        StuFile.close();
}
CStuDatabase::~CStuDatabase()                      //将学生信息写入到文件中
{
        fstream StuFile;                           //该文件用来保存学生信息
        StuFile.open("StuInfo.dat",ios::out);
        if(!StuFile)
        {    cout<<"文件 StuInfo.dat 不能创建!\n";
             return;
        }
        for(int i=1;i<=num;i++)
        {    StuFile.write((char*)&stu[i],sizeof(stu[i]));    }
        StuFile.close();
}
int CStuDatabase::SearchStu(const char*id)    //查找指定学号的学生
{
        for(int i=1;i<=num;i++)
             if(strcmp(stu[i].GetID(),id)==0)
                  return i;
        return -1;
}
int CStuDatabase::FunctionMenu()                   //功能菜单
  {    int FuncNum;                                //保存操作编号
       system("cls");                              //清屏
       cout<<"\n\n\n";
       cout<<setw(20)<<''<<"************************************\n\n\n";
       cout<<setw(24)<<''<<"请选择要进行的操作:\n\n";
       cout<<setw(28)<<''<<"1---查询学生成绩\n\n"
           <<setw(28)<<''<<"2---显示学生成绩单\n\n"
           <<setw(28)<<''<<"3---添加学生信息\n\n"
           <<setw(28)<<''<<"4---删除学生信息\n\n"
           <<setw(28)<<''<<"5---修改学生信息\n\n"
           <<setw(28)<<''<<"6---对成绩进行统计分析\n\n"
           <<setw(28)<<''<<"0---退出\n\n\n";
       cout<<setw(20)<<''<<"************************************\n\n\n";
       cin>>FuncNum;
       while(FuncNum<0||FuncNum>6)
       {
            cout<<"请重新选择要进行的操作:"<<endl;
            cin>>FuncNum;
       }
       return FuncNum;
}
void CStuDatabase::StuDBM(int FuncNum)             //成绩维护
{
```

```
        switch(FuncNum){
        case 1:SelectStuInfo();break;              //查询学生成绩
        case 2:ListScore();break;                  //显示成绩单
        case 3:AddStuInfo();break;                 //添加学生信息
        case 4:DelStuInfo();break;                 //删除学生信息
        case 5:EditStuInfo();break;                //修改学生信息
        case 6:AnalyScore();break;                 //对成绩进行统计分析
        }
}
void CStuDatabase::SelectStuInfo()                 //查询学生信息
{
        system("cls");                             //清屏
        char no[5];                                //临时保存学号
        cout<<"\n请输入要查询的学生学号:"<<endl;
        cin>>no;
        int i=SearchStu(no);
        if(i==-1)
        {cout<<"\n你查找的学生不存在!\n";}
        else
        {cout<<"\n你所查找的学生成绩如下:\n\n";
            CStudent::TableHead();                 //输出表头
            stu[i].Display();
        }
        cout<<"\n按任意键返回..."<<endl;
        getch();
}
void CStuDatabase::ListScore()                     //显示成绩单
{
        system("cls");                             //清屏
        if(num==0)
        {cout<<"当前还没有学生成绩!\n";}
        else
        {
            SortStu();                             //按学号对成绩单排序
            CStudent::TableHead();                 //输出表头
            for(int i=1;i<=num;i++)
                stu[i].Display();
            cout<<"\n共有"<<num<<"条学生成绩信息\n";
        }
        cout<<"\n显示成绩完毕!\n\n按任意键返回... "<<endl;
        getch();
}
void CStuDatabase::AddStuInfo()                    //添加学生成绩
{   system("cls");                                 //清屏
    char no[5];                                    //临时保存学号
    cout<<"请输入要添加的学生的学号(输入 -1 结束):";
    cin>>no;
    while(strcmp(no,"-1")!=0)
    {
        int i=SearchStu(no);
        while(i!=-1)
        {   cout<<"\n你添加的学生已存在!\n请重新输入学号(-1 结束):";
            cin>>no;
            if(strcmp(no,"-1")==0)
            {
```

```
                    cout<<"\n 本次操作完成！\n\n 按任意键返回..."<<endl;
                    getch();
                    return;
                }
                i=SearchStu(no);
            }
        num++;
        char na[10];
        cout<<"\n 请输入要添加的学生的姓名：";
        cin>>na;
        cout<<"\n 请输入要添加的学生的平时成绩：\n";
        int us=InputScore();
        cout<<"\n 请输入要添加的学生的考试成绩：\n";
        int ts=InputScore();
        CStudent s(no,na,us,ts);
        stu[num]=s;
        cout<<"\n\n 请输入要添加的学生的学号(输入 -1 结束)：";
        cin>>no;
    }
    cout<<"\n 本次操作完成！\n\n 按任意键返回..."<<endl;
    getch();
}
void CStuDatabase::DelStuInfo()                    //删除学生信息模块
{    system("cls");                                //清屏
     char no[5];                                   //临时保存学号
     cout<<"\n 请输入要删除的学生学号："<<endl;
     cin>>no;
     int i=SearchStu(no);
     if(i==-1)
     {cout<<"\n 您要删除的学生不存在！\n";}
     else
     {cout<<"\n 您所删除的学生信息如下：\n\n";
         CStudent::TableHead();                     //输出表头
         stu[i].Display();
         char anser;
         cout<<"\n 是否真的要删除该学生？ (Y/N)：";
         cin>>anser;
         if(anser=='y'||anser=='Y')
         {
             for(int j=i+1;j<=num;j++)
                 stu[j-1]=stu[j];
             num--;
             cout<<"\n 删除信息成功！"<<endl;
         }
     }
     cout<<"\n\n 按任意键返回..."<<endl;
     getch();
}
void CStuDatabase::EditStuInfo()                    //修改学生信息模块
{    system("cls");                                 //清屏
     char no[5];                                    //临时保存学号
     cout<<"\n 请输入要修改的学生学号："<<endl;
     cin>>no;
     int i=SearchStu(no);
     if(i==-1)
```

```
        {cout<<"\n 你要修改的学生不存在!\n";}
         else
        {cout<<"\n 您所修改的学生成绩如下:\n\n ";
             CStudent::TableHead();              //输出表头
             stu[i].Display();
             cout<<"\n 请输入学生的新信息:";
             cout<<"\n 请输入学生的姓名:";
             char na[10];
             cin>>na;
             cout<<"\n 请输入学生的平时成绩:\n";
             int us=InputScore();
             cout<<"\n 请输入学生的考试成绩:\n";
             int ts=InputScore();
             CStudent s(no,na,us,ts);
             stu[i]=s;
             cout<<"\n 修改信息成功!"<<endl;
        }
    cout<<"\n\n 按任意键返回..."<<endl;
    getch();
}
void CStuDatabase::AnalyScore()              //对成绩进行统计分析
{   system("cls");                           //清屏
    int c[5]={0};                            //用来保存各个分数段的人数
    double AveScore=0;                       //用来保存所有学生的平均成绩
    double ts;                               //临时保存总评成绩
    for(int i=1;i<=num;i++)
    {
        ts=stu[i].GetTotalScore();
        AveScore+=ts;
        switch(int(ts/10)){
        case 10:
        case 9:c[0]++;break;                 //90(含90)分以上人数
        case 8:c[1]++;break;                 //80(含80)---90(不含90)分人数
        case 7:c[2]++;break;                 //70(含70)---80(不含80)分人数
        case 6:c[3]++;break;                 //60(含60)---70(不含70)分人数
        default:c[4]++;break;                //不及格人数
        }
    }
    AveScore/=num;
    cout<<"\n 学生成绩分布情况如下:\n\n";
    cout<<"优秀(90分---100分)人数:"<<c[0]<<",\t 占"
        <<double(c[0])/num*100<<"%\n\n";
    cout<<"良好(80分---89分)人数:"<<c[1]<<",\t 占"
        <<double(c[1])/num*100<<"%\n\n";
    cout<<"中等(70分---79分)人数:"<<c[2]<<",\t 占"
        <<double(c[2])/num*100<<" %\n\n";
    cout<<"及格(60分---69分)人数:"<<c[3]<<",\t 占"
        <<double(c[3])/num*100<<"%\n\n";
    cout<<"不及格(60分以下)人数:"
        <<c[4]<<",\t 占"<<double(c[4])/num*100<<"%\n\n";
    cout<<"学生总人数为:"<<num<<endl;
    cout<<"\n 班级平均成绩为:"<<AveScore<<endl;
    cout<<"\n 按任意键返回..."<<endl;
    getch();
}
```

```
void CStuDatabase::SortStu()                    //按学号从小到大对成绩单排序
{    int i,j,k;
     for(i=1;i<num;i++)
     {
         k=i;
         for(j=i+1;j<=num;j++)
         if(strcmp(stu[j].GetID(),stu[k].GetID())<0)
             k=j;
         CStudent temp=stu[i];
         stu[i]=stu[k];
         stu[k]=temp;
     }
}
```

（4）定义主程序

新建一个 C++ Source File，文件名为 StudentScoreMain.cpp，代码如下：

```
#include<iomanip.h>
#include<conio.h>
#include"StuDataBase.h"
void welcome();
void main()
{
    welcome();                              //欢迎画面
    CStuDatabase stuDB;                     //生成成绩单对象
    int FuncNum;                            //保存操作编号
    FuncNum=stuDB.FunctionMenu();           //显示功能菜单
    while(FuncNum!=0)
    {
        stuDB.StuDBM(FuncNum);              //学生库管理
        FuncNum=stuDB.FunctionMenu();
    }
}
void welcome()
{
    cout<<"\n\n\n";
    cout<<setw(20)<<' '<<"**********************************\n\n\n";
    cout<<setw(24)<<' '<<"欢迎使用学生成绩单管理系统\n\n\n";
    cout<<setw(20)<<' '<<"**********************************\n\n\n";
    cout<<"\n 按任意键继续..."<<endl;
    getch();
}
```

第3章 Windows 编程基础

Windows 是一个具有图形用户接口的多任务和多窗口的操作系统，具有很多优越性，如标准化的图形界面、多任务能力、虚拟内存管理、设备无关性、Windows 消息机制、动态链接库的使用等，基于 Windows 的软件开发已成为主流。本章主要讨论消息驱动模型、Win32 API 应用程序的基本组成，介绍 MFC 类库中类的层次结构和一些常用类，讨论 MFC 消息处理机制和自定义消息的编程过程。

教学目标：

- 了解 Windows 消息系统和消息队列管理。
- 熟悉 Win32 API 应用程序的两个基本组成部分。
- 掌握 MFC 程序的启动和执行流程。
- 掌握应用程序框架中各个主要类的作用。
- 掌握 MFC 消息处理机制和自定义消息的编程过程。

3.1 事件驱动与 Windows 消息系统

3.1.1 事件驱动程序设计

Windows 程序不是由事件的顺序来控制，而是由事件的发生来控制。事件的发生常常是随机、不确定的，没有预定的顺序，这样就允许用户用各种合理的顺序来安排程序流程。

每一个事件的发生将在对应的消息队列中放置一条消息，这样基于事件产生的输入没有固定的顺序，用户可随机选取，以任何合理的顺序来输入数据。程序开始运行时，处于等待用户输入状态，然后取得消息并作出响应，处理完毕又返回等待事件状态。

基于事件驱动的程序模型如图 3-1 所示。

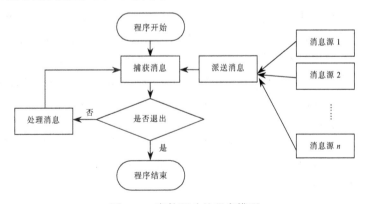

图 3-1 事件驱动的程序模型

3.1.2 Windows 消息

1. Windows 消息

从应用程序的角度来看，消息是关于所发生的事件的通知，这些事件可能需要一个特定的动作，如用户可以通过按下键盘或移动鼠标、单击等操作来产生这些事件，也可以是通过改变窗口大小或选择一个命令等。这些事件也可以由应用程序本身产生。例如，一个基于图形的电子表格程序可能结束了一项计算，需要重新显示饼状图。在这种情况下，应用程序将会给自己发一个"更新窗口"的消息。

这个事件过程使应用程序必须完全面向消息处理，应用程序使用合适的 Windows 函数或者等待一个适当的消息发出。当接收到消息时，应用程序必须能激活并决定正确的动作，完成这个动作之后回到等待状态。Windows 应用程序就是以消息作为与 Windows 的接口。

2. 消息来源

Windows 应用程序的消息来源有以下四种：

① 输入消息：包括键盘和鼠标输入。这一类消息首先放在系统消息队列中，然后由 Windows 将它们送入应用程序消息队列中，由程序来处理消息。

② 控制消息：用来与 Windows 的控制对象，如列表框、按钮、复选框等进行双向通信。当用户在列表框中改动当前选择或改变了复选框的状态时发出此类消息。这类消息一般不经过应用消息队列，而是直接发送到控制对象上去。

③ 系统消息：对程序化的事件或系统时钟中断做出反应。一些系统消息，像 DDE（动态数据交换）消息要通过 Windows 系统消息队列，而另一些系统消息则不通过系统消息队列而直接送入应用程序的消息队列，如创建窗口消息。

④ 用户消息：程序员自己定义并在应用程序中发出的消息，一般由应用程序的某一部分内部处理。

3.1.3 Windows 消息系统

1. 消息队列

在 Windows 中只有一个消息系统，即系统消息队列。消息队列是一个系统定义的数据结构，用于临时存储消息。系统可从消息队列将信息直接发给窗口。另外，每个正在 Windows 下运行的应用程序都有自己的消息队列。系统消息队列中的每个消息最终都要被 USER 模块传送到应用程序的消息队列中去。应用程序的消息对列中存储了程序的所有窗口的全部消息。

Windows 消息系统负责在多任务环境中分派消息，使 Windows 在不同应用程序之间共享微处理器成为可能，即实现多任务能力。每当 Windows 将一个消息发送给应用程序，它同时也将处理器时间授予这个应用程序。实际上，仅当一个应用程序接收到消息时它才有可能使用微处理器。另外，消息使得应用程序有可能对环境中的事件作出反应。这些事件既可以由应用程序本身产生，也可以是由同时运行的其他并行应用程序、用户或 Windows 系统产生。每当事件发生，Windows 加上注释并将其发往需要的应用程序。

2. 消息驱动模型

Windows 操作系统主要包括 3 个基本内核元件：GDI、KERNEL、USER。其中，GDI 负责屏幕绘制和打印，KERNEL 支持与操作系统密切相关的功能，如进程加载、文本切换、文件 I/O、内存管理以及线程管理等。USER 为所有的用户界面对象提供支持，它用于接收和管理所有输入消息、系统消息，并把它们发给相应窗口的消息队列。每个窗口维护自己的消息队列，并从中取出消息，利用窗口函数进行处理。消息驱动模型如图 3-2 所示。

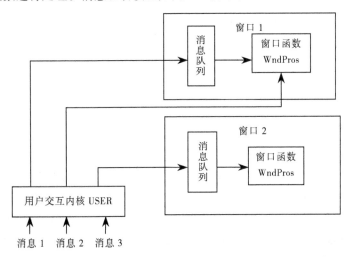

图 3-2　消息驱动模型

3. 句柄

在 Windows 编程中，会经常提到句柄这个名词。要理解句柄，应注意以下 3 点：

① 句柄是一个 4B 的整数，Windows 利用它标志应用程序创建和使用的资源，包括应用程序实例、窗口、菜单、控件、内存、外设、文件以及与图形相关的画笔、刷子等。

② 句柄是 Windows 内部表资源数据存储的内存索引值，Windows 利用它可访问表中的信息。通常，在程序中，要访问某个资源时，需要提供该资源的句柄，因此，句柄可理解为是内存的索引值。

③ Windows 平台下，不仅可以运行多个程序，还可以对同一个程序多次加载。每加载一次，Windows 会创建一个运行的备份，即实例。同时系统为每个实例分配一个唯一的句柄，该句柄称为实例句柄。常用句柄类型及其说明如表 3-1 所示。

表 3-1　常用句柄类型及其说明

句 柄 类 型	说　　明	句 柄 类 型	说　　明
HWND	窗口句柄	HDC	设备环境句柄
HBITMAP	位图句柄	HCURSOR	光标句柄
HICON	图标句柄	HFONT	字体句柄
HMENU	菜单句柄	HPEN	画笔句柄
HFILE	文件句柄	HBRUSH	画刷句柄
HINSTANCE	当前实例句柄		

4．消息的格式

一个消息有六个参数：一个窗口句柄，一个消息类型，两个附加的 32 位参数等。消息的结构定义如下：

```
typedef struct tagMSG
{
    HWND hwnd;          //消息的目标窗口句柄
    UINT message;       //窗口消息类别
    WPARAM wParam;      //32 位消息附加参数
    LPARAM lParam;      //32 位消息附加参数
    DWORD time;         //消息置于消息队列的时间
    POINT pt;           //消息发生时鼠标在窗口中的坐标位置
}MSG;
```

其中，POINT 定义如下：

```
typedef struct tagPOINT
{
    LONG x;
    LONG y;
}POINT;
```

消息中的第 2 个参数是消息类型。这是在 Windows 独有的一些头文件中定义的标识符。这些头文件可以通过 WINDOWS.H 来使用。在 Windows 下，每个消息由两个字符的助记符开始，跟着是下画线，最后是一个描述符。在传统用 C 语言编写的 Windows 应用程序中，最常用的消息是窗口消息。Windows 的窗口消息一般形式为 WM_XXX，如 WM_CREATE、WM_PAINT、WM_CLOSE、WM_COPY、WM_PAST 等。其他消息类型由控制窗口消息（BN_XXX）、编辑窗口消息（EN_XXX）、和列表框消息（LB_XXX）等。应用程序也可以创建并注册自己的消息类型。这样就可以使用私有的消息类型了。

最后的两个参数 wParam 和 lParam 提供了解释消息所需的附加信息。因此最后两个参数的内容依赖于消息的类别，有的消息不需要附加参数，则 wParam 和 lParam 均为零，如关闭窗口信息 WM_CLOSE；有的消息需要附加参数来补充说明消息的内容，则对 wParam 和 lParam 有不同的解释，如单击消息 WM_LBUTTONDOWN，附加参数 wParam 表示按键状态，lParam 的高 16 位表示单击点的 Y 坐标，低 16 位表示 X 坐标。不同消息的 wParam 和 lParam 的含义需要参考 Windows 消息手册。

5．创建消息循环

创建和显示窗口之后，下一个主要任务是启动消息循环。应用程序从其消息队列中不断读取消息，并分发给相应的窗口函数。这是 Windows 的一个重要特点，因为 Windows 并不直接把消息送给应用程序，如所有鼠标和键盘等外设输入信息（消息）放进应用程序消息队列。应用程序必须读它的消息队列，得到消息后才能交给窗口函数处理。

最简单的消息循环由 GetMessage()和 DispatchMessage()组成，格式如下：

```
MSG  msg;
While(GetMessage(&msg,NULL,0,0))
{   TranslateMessage(&msg);
    DispatchMessage(&msg);
}
```

消息循环的处理过程如下：

① GetMessage()不断侦察应用程序的消息队列，若队列为空，该函数一直运行，不返回；一旦发现队列不为空，便取出一条消息，把它复制到 msg 结构变量中，同时该函数返回 true。

② 得到消息 msg 后，TranslateMessage()把来自键盘的命令翻译成 WM_XXX 消息命令形式。

③ DispatchMessage()通知 Windows 把每个消息分发给相应的窗口函数。应用程序并不直接调用窗口函数，而由 Windows 根据消息去调用窗口函数，因此，窗口函数经常被称为回调函数。

需要注意的是，当 GetMessage()发现消息队列为空时，程序阻塞。这时程序可能交出 CPU 控制权，从而让出 CPU 时间片给别的程序；GetMessage()返回 NULL 时，表明收到消息 WM_QUIT，这时关闭窗口，退出应用程序。一般地，除 WM_QUIT 消息外，应用程序收到的每个消息，都应当属于某个窗口；GetMessage()的 3 个 NULL 参数表明所有消息都要处理。

3.2　Windows 窗口

3.2.1　Windows 的窗口

窗口看起来就是显示设备中的一个矩形区域，对于一个应用程序来说，窗口是屏幕上应用程序能够直接控制的矩形区域。应用程序能够创建并控制主窗口的一切，如改变窗口大小和形状以及在多个应用程序窗口之间交换信息、通信。当用户启动一个程序时，一个窗口就创建了。用户每次单击窗口，应用程序作出响应。关闭一个窗口会使应用程序结束。多窗口带给用户 Windows 多任务能力。通过将屏幕分为不同的窗口，用户能够使用键盘或鼠标选择一个并行运行的应用程序，以此对多任务环境中的一个特定应用程序进行输入。

所有的 Windows 应用程序都具有诸如边框、控制菜单、About 对话框之类的共同功能，这些功能使得各个 Windows 应用程序非常类似。一个 Windows 窗口的基本组成有：边框、标题栏、控制图标、菜单栏、最大化和最小化图标、滚动条、用户区等组件。这些基本组件有助于说明应用程序的外观。有的时候应用程序需要创建两个外观和表现都很相似的窗口。Windows 操作系统中的 Paint（画图程序）就是一个范例。借助于同时运行 Paint 的两个实例（或复制），Paint 允许用户剪贴或复制图片的一部分，然后信息就可以从一个实例复制到另一个实例。Paint 的每个运行实例的外观和功能都与其他的相同，这就需要每个实例创建自己的外观和功能类似的窗口。

3.2.2　定义窗口类的结构

Windows 窗口具有标准的特性，所以在创建窗口之前，可以对窗口的共同特性进行描述，然后根据描述的属性，建立可视化的交互界面，即窗口。每个创建的窗口都基于一个 Win32 的窗口类，它是描述窗口的一个数据结构，描述了窗口样式、窗口消息处理函数、程序句柄、图标、光标、背景刷、菜单以及窗口类型的结构的名称。

1. WNDCLASS 结构描述

```
typedef struct _WNDCLASS
{   UINT        style;
    WNDPROC     lpfnWndProc;
    int         cbClsExtra;
    int         cbWndExtra;
    HANDLE      hInstance;
    HICON       hIcon;
```

```
        HCURSOR     hCursor;
        HBRUSH      hbrBackground;
        LPCTSTR     lpszMenuName;
        LPCTSTR     lpszClassName;
    }WNDCLASS;
```

上述各项含义解释如下。

- style：指定窗口格局的整型数，如移动或改变窗口的大小时，自动重画窗口。
- lpfnWndProc：负责控制窗口、处理窗口消息的窗口函数，本函数由系统调用。
- cbCLsExtra：是为指定这个窗口类别结构额外分配的字节数，一般设为 0。
- cbWndExtra：是为这个类别中所有窗口结构额外分配的字节数，一般设为 0。
- hInstance：标志要创建的窗口应用程序的句柄。
- hIcon：指定窗口缩小到最小时的图形标志句柄。
- hCursor：窗口中所使用的光标的句柄。
- hbrBackground：用来画窗口背景的刷的句柄。
- lpszMenuName：标志窗口中菜单资源名字的字符串。
- lpszClassName：标志该窗口类别的名称的字符串。

2. 填写 WNDCLASS 结构

创建一个 Windows 窗口前，首先要登记一个窗口类别，然后再按照登记的类别属性创建窗口。下面的代码按照上述的 WNDCLASS 结构定义一个变量，然后对窗口的各个属性进行指定。

```
    WNDCLASS  wndclass;
    wndclass.style=CS_HREDRAW | CS_VERDRAW;
    wndclass.lpfnWndProc=WndProc;          //窗口函数指针
    wndclass.cbClsExtra=0;
    wndclass.cbWndExtra=0;
    wndclass.hInstance=hInstance;
    wndclass.hIcon=Loadicon(NULL,IDI_APPLICATION);
    wndclass.hCursor=LoadCursor(NULL,IDC_ARROW);
    wndclass.hbrBackground=(HBRUSH)GetStockobject(WHITE_BRUSH);
    wndcass.1pszMenuName="MyMenu";
    wndclass.1pszclassName="MyWndClass";
```

上述代码行意义如下：

首先定义一个名为 wndclass 的 WNDCLASS 结构。

style 域值为 CS_HREDRAW| CS_VERDRAW 组合，其中 CS_HREDRAW 表示窗口的水平尺寸发生变化时，窗口重画；CS_VERDRAW 表示窗口垂直尺寸发生变化时，窗口重画。

lpfnWndProc 域存放窗口函数的指针，表示窗口函数名称 WndProc，WndProc()将接收该窗口的所有信息，并负责处理；WndProc()根据实际需要专门定义。

cbWndExtra 和 cbClsExtra 域设为零，表示该窗口类别和该类别的每个窗口都没有附加的存储空间。

hinstance 域的值设为 hInstance，hInstance 为应用程序的句柄，由 Windows 系统分配，可以通过主函数的形参得到。

hIcon 域接收到一个图标句柄。LoadIcon()返回一个由应用程序创建的图标句柄，IDI_APPLICATION 为程序中已经创建的图标资源的标志号。

hCursor 域接收一个光标的句柄。LoadCursor()返回一个由应用程序创建的 ID 号为 IDC_ARROW 的箭头形状光标。

hbrBackground 域接收一个决定窗口背景颜色或图案的刷子的句柄。GetStockobject()返回一个系统定义的白色刷子的句柄。

1pszMenuName 域指定窗口菜单的名字为 MyMenu。

1pszClassName 域指定具有上述属性标志的窗口类别的名字为 MyWndClass。

3.2.3 窗口类的注册与窗口建立

1. 窗口的注册

定义一个 WNDCLASS 结构变量,指定每个域的取值后,便已经完成了一个窗口的指定。但是,在创建窗口前,必须使用 RegisterClass 函数注册该窗口类。注册的目的是为了告诉系统,由该窗口类创建的窗口与其指定的窗口函数发生关联。注册窗口类的代码如下:

```
if(!RegisterClass(&wndclass))
{
    MessageBox(NULL,TEXT("This program requires windows NT!"),
            SzAppName, MB_ICONERROR);
    Return();
}
```

RegisterClass()接收的是一个 WNDCLASS 结构指针。如果注册成功,RegisterClass()返回 true,否则返回 FASLE。只有注册成功后,才能创建窗口。

2. 窗口的创建

如果窗口注册成功,便可使用该窗口类创建窗口了。使用 CreateWindow()创建窗口,如果创建成功,则返回一个系统分配的窗口句柄,否则返回 0。

CreateWindow()的参数包括:窗口类别名、窗口标题、窗口规格、窗口位置、父窗口句柄、菜单句柄、应用程序实例句柄、32 位附加数据。

创建窗口的代码如下:

```
hwnd=CreateWindow("MyWndClass",  //注册成功的窗口类名 MyWndClass
"The  Hello  Program",          //窗口的标题
WS_OVERLAPPEDWINDOW,            //窗口的类型为可重叠
CW_USEDEFAULT,                 //窗口的位置 x 坐标,默认为 0
CW_USEDEFAULT,                 //窗口的位置 y 坐标,默认为 0
CW_USEDEFAULT,                 //窗口的大小,默认宽度
CW_USEDEFAULT,                 //窗口的大小,默认高度
NULL,                         //父窗口句柄,默认 NULL
NULL,                         //窗口菜单句柄,默认 NULL
hInstance,                    //窗口的应用程序句柄
NULL);                        //窗口函数使用的额外数据,默认为 NULL
```

hwnd 是窗口的句柄变量,用来保存 CreateWindow()的返回值。若 hwnd 值非零,表示该窗口创建成功。

3. 窗口的显示与更新

当窗口创建成功,系统就为该窗口分配内存,并把内存的索引(句柄)返回。但是,窗口并没有显示出来,需要使用 ShowWindow()来显示窗口,并用 UpdateWindow()更新窗口的客户区。这两个函数的代码如下:

```
ShowWindow(hwnd,SW_SHOW);
UpdateWindow(hwnd);
```

ShowWindow()告诉系统显示新的窗口，第 1 个参数是要显示窗口的句柄，第 2 个参数显示窗以何种样式显示，如显示成图标，或者最大化等，SW_SHOW 表示正常显示。

一般在显示窗口后，需要马上调用 UpdateWindow()。UpdateWindow()会向显示的窗口发出 WM_PAINT 消息，以通知窗口函数更新窗口。

3.3 Win32 程序开发流程

3.3.1 Win32 程序开发过程

创建 Windows 程序方法有多种，最常见的方法是选择 Windows API 或者 MFC。这里将介绍如何使用 Windows API 来创建窗口程序。Windows API 是微软发布的函数集，专门用来在 Windows 平台上编写窗口程序，有 16 位和 32 位两种，目前一般采用 32 位编程，也称 Win32 API。

通过 Windows API 创建的 Windows 应用程序有两个基本部分：

① 应用程序主函数 WinMain()。

② 窗口函数 WndProc()。

WinMain()是应用程序的入口点，相当于 C 控制台应用程序的主函数 main()，与 main()一样，WinMain()名也是固定的。窗口函数名是用户自定义的，由系统调用。主要用来处理窗口消息，以完成特定的任务。综合起来，Win32 应用程序的开发包括如下过程：

① 定义应用程序用到的资源。

② 定义 WinMain()。

Windows 应用程序的执行过程如图 3-3 所示。

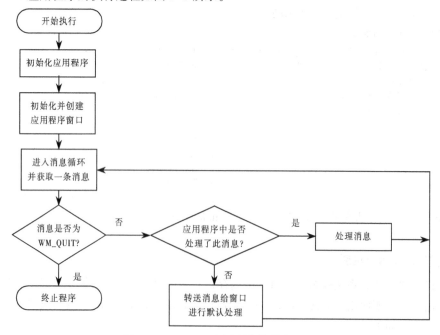

图 3-3　Windows 应用程序的执行过程

下面讲述 WinMain()、窗口函数和创建一个 Win32 窗口程序的过程。

3.3.2　窗口主函数 WinMain()

窗口创建的一般过程包括注册窗口类、创建窗口、启动消息循环等。一般的，这些工作是在应用程序的主函数 WinMain()中完成的，WinMain()中一般包括以下几个内容：

① 按照窗口类结构定义变量，并初始化。

② 注册窗口类别。

③ 创建窗口，显示并更新窗口。

④ 在窗口工作后，启动消息循环。

⑤ 不断接受消息，并交给窗口函数去判断处理。

⑥ 当窗口收到关闭窗口消息 WM_QUIT，WinMain()结束。

WinMain()是应用程序的入口函数，其函数原型如下：

```
int  WINAPI  WinMain( HINSTANCE  hInstance,
                      HINSTANCE  hPrevInstance,
                      PSTR       szCmdLine,
                      Int        iCmdShow);
```

参数解释如下：

① hInstance 为系统分配的窗口所属的应用程序实例句柄。

② hPrevInstance 为窗口创建时已经存在的应用程序实例句柄。该参数为 0 时，表明目前是应用程序第一个实例。

③ szCmdLine 指向带参数启动应用程序时的命令参数，参数行是以 "＼0" 结尾的字符串。

④ iCmdShow 用来指定把应用程序显示成正常窗口还是图标的整数值。该参数经常被 ShowWindow()作为显示窗口的参数。

主函数 WinMain()的代码如下：

```
int WINAPI WinMain (HINSTANCE hInstance,HINSTANCE hPrevInstance,
                    PSTR szCmdLine,int iCmdShow)
{
    static TCHAR szAppName[]=TEXT("HelloWin");
    HWND hwnd ;                                      //定义窗口句柄
    MSG msg ;                                        //定义消息结构
    WNDCLASS wndclass ;                              //定义窗口类结构

    wndclass.style=CS_HREDRAW|CS_VREDRAW;
    wndclass.lpfnWndProc=WndProc;                    //窗口函数
    wndclass.cbClsExtra=0;
    wndclass.cbWndExtra=0;
    wndclass.hInstance=hInstance;
    wndclass.hIcon=LoadIcon(NULL,IDI_APPLICATION); //加载图标供程序使用
    wndclass.hCursor=LoadCursor(NULL,IDC_ARROW);
    //加载鼠标指针供程序使用
    wndclass.hbrBackground=(HBRUSH)GetStockObject(WHITE_BRUSH);
    //获取一个图形对象，在这个例子中，是获取绘制窗口背景的刷子
    wndclass.lpszMenuName=NULL;
    wndclass.lpszClassName=szAppName;
    if(!RegisterClass(&wndclass))                    //为程序窗口注册窗口类
    {
```

```
            MessageBox(NULL,TEXT("This program requires Windows NT!"),
                    szAppName,MB_ICONERROR);
            return 0;
    }
    //根据窗口类创建一个窗口
    hwnd=CreateWindow(szAppName,                //window class name
                TEXT("The Hello Program"), //window caption
                WS_OVERLAPPEDWINDOW,        //window style
                CW_USEDEFAULT,              //initial x position
                CW_USEDEFAULT,              //initial y position
                CW_USEDEFAULT,              //initial x size
                CW_USEDEFAULT,              //initial y size
                NULL,                       //parent window handle
                NULL,                       //window menu handle
                hInstance,                  //program instance handle
                NULL);                      //creation parameters
    ShowWindow(hwnd,iCmdShow) ;             //在屏幕上显示窗口
    UpdateWindow(hwnd);                     //指示窗口刷新自身
    while(GetMessage(&msg,NULL,0,0))        //从消息队列中获取消息
    {
        TranslateMessage(&msg);             //转换某些键盘消息
        DispatchMessage(&msg);              //将消息发送给窗口过程
    }
    return msg.wParam;
}
```

3.3.3　窗口函数 WndProc

主函数 WinMain()创建窗口后，不断接收消息队列中的消息，并通知 Windows 系统，然后 Windows 系统把消息分发给相应的窗口函数。每个窗口都对应一个窗口函数，它负责处理窗口消息。窗口函数的一般形式为：

```
LRESULT CALLBACK WndProc(HWND hWnd,
                        UINT message,
                        WPARAM wParam,
                        LPARAM lParam);
```

说明如下：

① LRESULT 表示函数返回值为长整数，由系统使用。

② CALLBACK 表示该函数是回调函数，由系统调用。

③ 参数 hWnd 为接收消息的目标窗口句柄。

④ 参数 message、wParam、lParam 表示消息类别和附加消息。

窗口函数 WndProc()与主函数 WinMain()的关联是在定义 WNDCLASS（窗口类）变量时指定的。这样，当按照该窗口类创建窗口后，窗口消息通过主函数进行消息循环，并会分发该相应的窗口函数。

在窗口函数中，根据接收的消息信息（message、wParam、lParam)进行判别，然后分门别类地进行处理。

```
LRESULT CALLBACK WndProc(HWND hwnd, UINT message, WPARAM wParam, LPARAM
lParam)
{
    HDC hdc;
    PAINTSTRUCT ps;
```

```
            RECT rect;
            switch(message)
            {
            case  WM_PAINT:
                    hdc=BeginPaint(hwnd,&ps);        //开始窗口绘制

                    GetClientRect(hwnd,&rect);        //获取窗口客户区的尺寸

                    DrawText(hdc,TEXT("Hello,Windows 98!"),-1,&rect,
                            DT_SINGLELINE|DT_CEnter|DT_VCEnter);//显示文本串
                    EndPaint(hwnd, &ps);            //结束窗口绘制
                    return 0;
            case WM_DESTROY:
                    PostQuitMessage(0);                //在消息队列中插入一条"退出"消息
                    return 0;
            }
            return DefWindowProc(hwnd,message,wParam,lParam);//执行默认的消息处理
        }
```

对上述代码解释如下：

① 首先定义 3 个局部变量。HDC 类型变量 hdc 为设备环境句柄，为了在窗口中绘图或输出文本等，必须得到窗口的设备环境句柄；PAINTSTRUCT 结构变量 ps 用来保存从设备环境中得到的信息；RECT 结构变量 rect 用来保存矩形的大小尺寸信息。

② 上述窗口函数的基本流程为：当窗口消息为 switch 的 case 语句列出的类别时，则由相应的分支处理，否则交给 DefWindowProc()进行默认处理。

③ 当 message 为 WM_PAINT 消息时，由 BeginPaint()得到 hWnd 窗口的设备环境句柄，保存在变量 bdc 中；然后由 GetClientRect()取得 hWnd 窗口的客户区大小信息，并保存在变量 rect 中；然后由 DrawText()使用 hdc 指定的绘图工具和绘图属性，在 rect 区域中，输出文本"Hello,Windows 98!"。

DrawText()的参数 DT_SINGLELINE|DT_CEnter|DT_VCEnter 分别表示文本单行输出，并在 rect 矩形区域中横向和纵向居中。

EndPaint()和 BeginPaint()配对使用，以便使用完系统资源 hdc 后，立刻释放资源。

④ 当 message 为 WM_DESTROY 消息时，要求撤销 hWnd 指定的窗口。一般的，如果 hWnd 是应用程序的主窗口，在撤销窗口的同时，要求删除应用程序实例。因此，响应 WM_DESTROY 消息是通过 PostQuitMessage()在应用程序消息队列中存放一个 WM_QUIT 消息。当 GetMessage()得到此消息时，将终止消息循环和应用程序。

【例 3.1】一个简单的 Win32 应用程序。

创建一个简单的 Win32 应用程序 Ex_HelloWin，步骤如下：

① 新建一个 Win32 Application 项目 Ex_HelloWin。

② 新建一个 C++ Source File 文件 Ex_HelloWin.cpp。编写主函数 WinMain()和窗口过程函数 WndProc()。WinMain()是程序的入口，而 WndProc()负责处理窗口消息。最后，在文件头加入 #include<windows.h>。

③ 编译运行结果如图 3-4 所示。

图 3-4　例 3.1 运行结果

3.3.4 Windows 中的数据类型

在 Windows.h 中定义了 Windows 应用程序中包含种类繁多的数据类型。常见的基本数据类型如表 3-2 所示。

表 3-2　常见的数据类型及其说明

数据类型	说　　　明	数据类型	说　　　明
BSTR	32 位字符指针	BOOL	布尔值
BYTE	8 位无符号整数	UINT	32 位无符号整数
COLORREF	用作颜色值的 32 位值	LPTSTR	指向字符串的 32 位指针
LONG	32 位有符号整数	LPCTSTR	指向字符串常量的 32 位指针
WORD	16 位无符号整数	LPVOID	指向未定义类型的 32 位指针
DWORD	32 位无符号整数	LRESULT	来自窗口过程或回调函数的 32 位返回值
LPARAM	作为参数传递给窗口过程或回调函数的 32 位值	WPARAM	当作参数传递给窗口过程或回调函数的 32 位值

需要说明的是：

这些基本数据类型都是用大写字符来表示，以与一般 C++ 基本数据类型相区别。

凡是数据类型的前缀是 P 或 LP，则表示该类型是一个指针或长指针数据类型。若前缀是 U，则表示无符号数据类型等。

3.4　MFC 概述

3.4.1　MFC 简介

微软基础类库（Microsoft Foundation Class，MFC）是微软公司为 Windows 程序员提供的一个面向对象的 Windows 编程接口，它大大简化了 Windows 编程工作。使用 MFC 类库进行 Windows 应用程序开发具有很大的优越性。首先，MFC 提供了一个标准的结构，这样，开发人员不必从头设计创建和管理一个标准 Windows 应用程序所需的程序，而是"站在巨人的肩膀上"，从一个比较高的起点编程，因而节省了大量的时间；其次，它提供了大量的代码，指导用户编程时实现某些技术和功能。MFC 类库充分利用了 Microsoft 开发人员多年开发 Windows 程序的经验，并可以将这些经验融入到用户自己开发的应用程序中去。

MFC 按照面向对象的原理把浩繁的 Windows API 按逻辑组织起来，使它们具备了抽象化，封装，多态性和模块化的性质。

3.4.2　MFC 中类的层次结构和常用类

目前的 MFC 版本中包含了 100 多个类，不同的类实现不同的功能，类之间既有区别又有联系。MFC 同时还是一个应用程序框架，它帮助定义应用程序的结构，以及为应用程序处理许多杂务。

事实上，MFC 封装了一个程序操作的每一方面。在 MFC 程序中，程序员很少需要直接调用 Windows API 函数，而是通过定义 MFC 类的对象并调用对象的成员函数来实现相应的功能。

　　MFC 类库中类是以层次结构的方式组织起来的。几乎每个子层次结构都与一个具体的 Windows 实体相对应，一些主要的接口类管理了难以掌握的 Windows 接口。这些接口包括：窗口类、GDI 类、对象链接和嵌入类（OLE）、文件类、对象 I/O 类、异常处理类以及集合类等。MFC 库中的类按层次关系可划分为如下若干类：

　　① 根类：CObject。

　　② 应用程序体系结构类：包括应用程序和线程支持类、命令相关类、文档类、视图类、框架窗口类、文档模板类等，如图 3-5 所示。

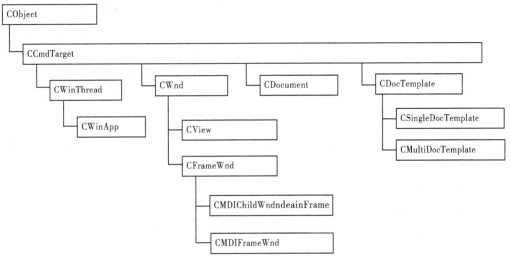

图 3-5　MFC 类的层次结构

　　③ 窗口、对话框和控件类：包括框架窗口类（窗口）、视图类、对话框类、控件类、控制条类等。

　　④ 绘图和打印类：包括输出（设备相关）类、绘图工具类等。

　　⑤ 简单数据类型类。

　　⑥ 数组、列表和映像类：包括数组类、列表类、映像类等。

　　⑦ 文件和数据库类：包括文件 I/O 类、DAO 类、ODBC 类等。

　　⑧ Internet 和网络工作类：包括 ISAPI 类、Windows Socket 类、Win32 Internet 类等。

　　⑨ OLE 类：包括 OLE 容器类、OLE 服务类、OLE 拖放和数据传输类、OLE 普通对话框类、OLE 动画类、OLE 控件类、活动文档类、其他文档类。

　　⑩ 调试类和异常类：包括调试支持类、异常类。

　　除了上述的一些类外，在 MFC 中还包含一些宏、全局变量和全局函数。

　　下面简单介绍 MFC 中的类和某些子层次结构。

1. CObject 类

　　从继承关系来看，又可将 MFC 中的类分成两大类，大多数类是从 CObject 继承下来，另一些类则不是从 CObject 类继承下来，这些类包括：字符串类 CString、日期时间类 CTime、矩形类 CRect、点 CPonit 等，它们提供程序辅助功能。

CObject 类是 MFC 的抽象基类，是 MFC 中多数类和用户自定义派生类的基类，它为程序员提供了许多编程所需的公共操作。这些操作包括：对象的建立和删除、序列化支持、对象诊断输出、运行时信息以及集合类的兼容等。

序列化是对象本身往返于存储介质的一个存储过程。序列化的结果是使数据固定在存储介质上。CObject 类定义两个在序列化操作中起重要作用的成员函数：Serialize() 和 IsSerializable()。程序可以调动一个由 CObject 派生的对象的 IsSerializable() 来确定该对象是否支持序列化操作。建立一个支持序列化操作的类的步骤之一是重载继承自 CObject 类的 Serialize()，并提供序列化数据成员的派生类的专用代码。

CObject 派生类还支持运行时类型信息。运行时的类型信息机制允许程序检索对象的类名及其他信息。CObject 提供两个成员函数来支持运行时类型信息：IsKindOf() 和 GetRuntimeClass()。IsKindOf() 指示一个对象是否属于规定的类或者是从规定的类中派生出来的。GetRuntimeClass 类对象中还包含了一个类运行时的信息，包括这个类的类名、基类名等信息，通过它可以很容易地获得一个指定类的运行时刻信息。

MFC 提供了许多诊断特性，使用 CDumpContext 类与 CObject 的成员函数 Dump 配合，可以在调试程序时输出对象内部数据；在派生类中重载基类的成员函数 AssertValid，可以为派生的对象提供有效性检查。

2．应用程序体系结构类

该类用于构造应用程序框架的结构，它能提供多数应用程序公用的功能。编写程序的任务是填充框架，添加应用程序专用的功能。应用程序体系结构类主要有与命令相关的类、窗口应用程序类、文档/视图类和线程基类等。

（1）命令相关类：CCmdTarget 类

该类是 CObject 的子类，它是 MFC 库中所有具有消息映射属性类的基类。消息映射规定了当一对象接收到消息命令时，应调用哪一个函数对该消息进行处理。程序员很少需要从 CCmdTarget 类中派生出新类，通常从其派生类进行派生，如窗口类（CWnd），应用程序类（CWinApp），文档模板类（CDocTemplate），文档类（CDocument），视图类（CView）及框架窗口类（CFrameWnd）等。

（2）窗口应用程序类：CWinApp 类

每个应用程序只有一个应用对象。在运行程序中该对象与其他对象相互协调，它是从 CWinApp 类派生出来的。CWinApp 类封装了初始化、运行、终止应用程序的代码。

（3）文档/视图类

文档对象由文档模板对象创建，管理应用程序的数据。视图对象表示一个窗口的客户区，显示文档数据并允许与用户交互。

- CDocTemplate：文档模板基类。文档模板负责协调文档、视图和框架窗口的创建。
- CSingleDocTemplate：单文档应用程序（SDI）的文档模板。
- CMultiDocTemplate：多文档应用程序（MDI）的文档模板。

- CDocument：应用程序专用文档的基类。
- CView：显示文档数据的应用程序专有视图的基类。

（4）线程基类：CWinThread 类

所有线程的基类，可直接使用。CWinApp 类就是从 CWinThread 类派生出来的。

3. 可视对象类

（1）窗口类：CWnd 类

该类提供了 MFC 中所有窗口类的基本功能。它是 CCmdTarget 类的派生类。创建 Windows 窗口要分两步进行：首先引入构造函数，构造一个 CWnd 对象，然后调用 CreateO()创建 Windows 窗口。MFC 中还从 CWnd 类派生出进一步的窗口类型以完成更具体的窗口创建工作。

- CFrameWnd：框架窗口类，SDI 应用程序主框架窗口的基类。
- CMDIFrameWnd：多文档框架窗口类。MDI 应用程序主框架窗口的基类。
- CMDIChildWnd：多文档框架窗口类。MDI 应用程序文档框架窗口的基类。

（2）视图类：CView 类

该类表示框架窗口的客户区和显示文档数据并接收输入的客户区。

- CScrollView：具有滚动功能的视图的基类。
- CFormView：其布局在对话资源中定义的视图类。
- CEditView：具有文本编辑、查找、替换和滚动功能的视图。

（3）菜单类：CMenu 类

该类是 CObject 类的子类，用于管理菜单。它提供了与窗口有关的菜单资源建立、修改、跟踪及删除的成员函数。

（4）对话框类

对话框是一个特殊的窗口，该类是从 CWnd 类中派生出来的，可用于建立模态对话框和非模态对话框模型。对话框类的层次结构中包括通用对话框类 CDialog 以及支持文件选择、颜色选择、字体选择、打印、替换文本的通用对话框。

- CFileDialog：提供打开或保存一个文件的标准对话框。
- CColorDialog：提供选择一种颜色的标准对话框。
- CFontDialog：提供选择一种字体的标准对话框。
- CPrintDialog：提供打印一个文件的标准对话框。
- CFindReplaceDialog：提供一次查找并替换操作的标准对话框。

（5）控件类

控件子层次结构包括若干类，使用这些类可建立静态文本、命令按钮、位图按钮、列表框、组合框、滚动条、编辑框等。这些直观的控件为 Windows 应用程序提供了各种输入和显示界面。

- CStatic：静态文本控件窗口。常用于标注、分隔对话框或窗口中的其他控件。
- CButton：按钮控件窗口。该类为对话框或窗口中的按钮、检查框或单选按钮提供一个总接口。
- CEdit：编辑控件窗口。编辑控件用于接收用户的文字输入。
- CRichEdit：多信息编辑控件。除了编辑控件的功能外，还支持字符和图形格式，以及 OLE 对象。

- CScrollBar：滚动条控件窗口。该类提供滚动条的功能，用做对话框或窗口的一个控件，用户可通过它在某一范围内定位。
- CProgressBar：进度指示控件窗口。用于指示一个操作的进度。
- CSliderCtrl：游标控件窗口。包括一个可移动的游标，用户可移动游标选择一个值。
- CListBox：列表框控件窗口。列表框用于显示一个组列表项，用户可以进行观察和选择。
- CComboBox：组合框控件窗口。组合框由一个编辑控件加一个列表框组成。
- CBitmapbotton：带有位图而非文字标题的按钮。
- CSpinButtonCtrl：带有一个双向箭头的按钮，单击某个箭头按钮可增大或减小值。
- CAnimateCtrl：动画显示控件窗口，显示一个简单的视频图像。
- CToolTipCtrl：一个小的弹出式窗口，显示一行文本，描述应用程序中的一个工具的作用。
- CHotKeyCtrl：热键控件窗口，使用户可以创建一个"热键"，以快速的执行某项操作。

（6）控制条类：CControlBar 类

控制条的主要表现形式是工具条、状态条、对话条。该类是 CToolBar、CStatusBar 和 CDialogBar 的基类，负责管理工具条、状态条、对话条的一些成员函数。

- CStatusBar：状态条控件窗口的基类。
- CToolBar：包含位图命令按钮的工具条控件窗口。
- CDialogBar：对话条（控制条形式的非模态对话框）。

（7）绘画对象类：CGdiObject 类

图形绘画对象的类层次结构以 CGdiObject 类为基类，可用于建立绘画对象模型，如画笔、刷子、字体、位图、调色板等。

- CBitmap：封装一个 GDI 位图，提供一个操作位图的接口。
- CBrush：封装 GDI 画刷，可被选择为设备描述表的当前画刷。
- CFont：封装一种 GDI 字体，可被选择为设备描述表的当前字体。
- CPalette：封装一个 GDI 调色板，用作应用程序和彩色输出设备（如显示器）之间的接口。
- CPen：封装一种 GDI 画笔，可被选择为设备描述表的当前画笔。
- CRgn：封装一个 GDI 域，用于操作窗口内的椭圆域或多边形域。该类与 CDC 类的裁剪成员函数一起使用。

（8）设备描述表类：CDC 类

该类及其派生类支持设备描述表对象。CDC 类是一个较大的类，包括许多成员函数，如映像函数、绘画工具函数、区域函数等，通过这些成员函数可以完成所有的绘画工作。

- CPaintDC：显示描述表。用于窗口类的成员函数 OnPaint 和视图类的成员函数 OnDraw 中。自动调用 BeginPaint()进行构造，调用 EndPaint()进行析构。
- CClientDC：整个客户的显示描述表。例如，用于在快速响应鼠标事件时进行绘画。
- CWindowDC：整个窗口的显示描述表。包括客户区和框架区。
- CMetaFileDC：Windows 元文件的设备描述表。Windows 元文件包含一个图形设备接口（GDI）命令序列，该序列可被重新执行而创建一副图像。对 CMetaFileDC 的成员函数的调用记录在一个元文件中。

4．通用类

此分类中的类提供了许多通用服务，例如文件 I/O、诊断和异常处理等，此外还包括数组和列表等集合类。

（1）文件类：CFile 类和 CArchive 类

如果想编写自己的输入/输出处理函数，可以使用 CFile 类和 CArchive 类，一般不必再从这些类中派生新类。如果使用程序框架，则只需提供关于文档如何将其内容序列化的详细代码。

- CFile 类：提供访问二进制磁盘文件的接口。
- CMemFile 类：提供访问驻内存文件的接口。
- CStdioFile 类：提供访问缓存磁盘文件的接口，通常采用文本方式。
- CArchive 类：与 CFile 对象一起通过序列化实现对象的永久存储。

（2）异常类：CException

该类是所有异常情况的基类。程序员只能建立派生类的对象，而不能直接建立 CException 对象。可以使用 CException 类的派生类来捕获指定的异常情况。

- CArchiveException 类：文档序列化异常。
- CFileException 类：有关文件的异常。
- CMemoryException 类：内存不够异常。
- CNotSupportedException 类：使用未支持特征产生的异常。
- CResourceException 类：装载 Windows 资源失败产生的异常。
- CUserException 类：用于停止用户启动的操作异常。

（3）模板集合类

集合类是指在 MFC 中可以直接被程序员使用的一系列链表、数组和映射类。集合类常常用于包容一组对象，组织文档中的数据，它相当于文档数据的容器。集合类的使用有利于优化数据结构，简化数据的序列化，保证数据类型的安全性。MFC 中的集合类是模板类，它们的参数确定了存放在集合中的对象类型。下面是一部分模板集合类。

CArray 类：数组集合类。可将元素存储在一个大小动态可变的数组中。

CMap 类：映射集合类。可在该类的对象中保存关键字——值对（Key-value pair）。

CList 类：链表集合类。将元素存储在一双向链表中。

CTypedPtrList 类：链表集合类。可将对象指针存储在一双向链表中。

CTypedPtrArray 类：数组集合类。可将对象指针存储在一动态可变的数组中。

CTypedPtrMap 类：映射集合类。其中保存的键和值均为指针。

（4）工具类

包括字符串类 CString、日期时间类 CTime、矩形类 CRect、点类 CPonit、类 CSize 等。

其中，MFC 库的 CString 类是 C++语言的一个很重要的扩展，CString 类有许多非常有用的操作和成员函数，但最重要的一个特点莫过于它的动态内存分配，完全不用担心 CString 对象的大小。但许多库函数需要使用字符数组，因此有时必须将 CString 和字符数组混用。CString 类提供了一个 const char*()操作符，它可以将 CString 对象转换成一个字符指针。

5．OLE 类

对象连接与嵌入（OLE）子层次结构为支持 OLE 提供了 9 个类，这 9 个类分为 3 大类：普通类、客户类和服务器类。其中 COleDocument、COleItem、COleException 为支持 OLE 的普通类，COleClientDoc、COleClientItem 为支持 OLE 的客户类，COleServer、COleTemplate、COleServerDoc、COleServerItem 为支持 OLE 的服务类。这些类提供了支持 OLE 的所有功能。

6. ODBC 数据库类

开放数据库连接子层次结构提供了一些类来支持 ODBC 特征，即通过这些类可开发数据库应用程序来访问多个数据库文件。

CDataBase：封装对一数据源的连接，通过此连接应用程序可在该数据源上进行操作。

CRecordset：封装从一数据源选出的一个记录集。

CRecordView：提供直接连接一个记录集对象的格式视图。

CFieldExchange：提供上下文信息，支持记录字段交换，即在字段数据成员、记录对象的参数数据成员及数据源上的对应列表之间进行数据交换。

CLongBinary：封装一存储句柄，用于存储二进制大对象，例如位图等。

CDBException：对数据存取处理过程中的失败产生的异常。

MFC 中的类很多，由于篇幅的限制，不可能在这里作详细的阐述。在使用时，可以参考相关的书籍和微软的帮助系统（MSDN）。

3.5 MFC 应用程序框架结构

除了 MFC 外，Visual C++6.0 中的 MFC AppWizard（MFC 应用程序向导）还可为用户自动生成一些常用的标准程序结构和编程风格，它们被称为应用程序框架结构。例如一般 Windows 应用程序结构、DLL 应用程序结构、单文档及多文档应用程序结构等。本节将通过 AppWizard 工具创建一个 MFC 应用程序。

3.5.1 单文档应用程序的建立

用 MFC AppWizard 可以方便地创建一个 MFC 应用程序，其步骤如下：

（1）开始：选择应用程序模板

选择 File→New 命令，在打开的 New 对话框中选择 Projects 选项卡，选择 MFC AppWizard(exe) 的项目类型（该类型用于创建可执行的 Windows 应用程序），项目名为 Ex_SDIHello，单击 OK 按钮。默认情况下，AppWizard 会自动在指定目录下以项目名为名字创建一个新目录。

（2）第一步：选择应用程序类型和语言

弹出 MFC AppWizard–Step 1 对话框，进行下列选择：

① 选择应用程序类型，包括 single document（简称 SDI，单文档应用程序）、multiple document（简称 MDI，多文档应用程序）和 dialog based（基于对话框的应用程序）三种。单文档程序类似于记事本程序，功能比较简单，每次只能打开和处理一个文档；多文档应用程序则允许用户同时打开多个文档，典型的例子是微软的 Office 软件；基于对话框的应用程序的主窗口是一个对话框，主要用于实现比较简单的程序。这里，选择 SDI，如图 3–6 所示。

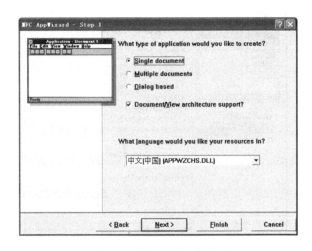

图 3-6　选择应用程序类型

② 确定应用程序中是否需要 MFC 的"文档/视图"结构的支持。若不决定此项，则程序中的磁盘文件的打开、保存以及文档和视图的相互作用等功能需要用户来实现，且将跳过 Step 2～Step 5，直接弹出 Step 6 对话框。一般情况下，应选中此项。

③ 选择资源所使用的语言，这里选择"中文[中国]"选项，单击 Next 按钮。

（3）第二步：设置数据库选项

出现如图 3-7 所示的对话框，让用户选程序中是否加入数据库的支持。选择缺省的 None，单击 Next 按钮，进入下一步。

（4）第三步：设置 OLE 选项的复合文档类型

出现如图 3-8 所示的对话框，允许用户在程序中加入复合文档、自动化、ActiveX 控件的支持。单击 Next 按钮，进入下一步。

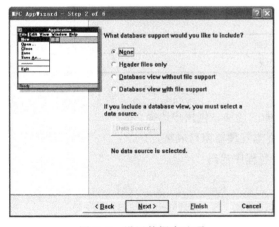

图 3-7　设置数据库选项

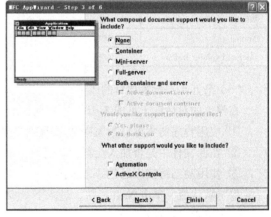

图 3-8　设置 OLE 选项的复合文档类型

（5）第四步：设置应用程序的外观

出现如图 3-9 所示的对话框，对话框的前几项依次确定对浮动工具条、打印与预览以及通信等特性的支持。表 3-3 列出了各个选项的含义。

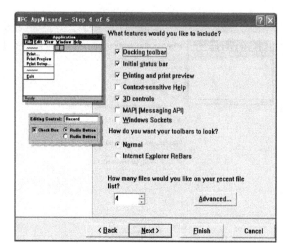

图 3-9　设置应用程序的外观

对话框的最后两项是最近文件列表数目的设置（默认为 4）和一个 Advanced 按钮。单击 Advanced 按钮将弹出一对话框，允许用户对文档及其扩展名、窗口风格进行修改。保留以上默认值，单击 Next 按钮，进入下一步。

表 3-3　SDI 的 Step 4 对话框各选项的含义

选　　项	默认设置	含　　　　　　义
Docking toolBar	选定	使工具栏具有"浮动"和"停泊"特征
Initial status bar	选定	对状态栏进行初始化
Printing and print preview	选定	具有"打印与预览"功能
Context-sensitive Help	不选	上下文帮助，在应用程序的"帮助"菜单中增加许多与帮助相关的菜单项
3D controls	选定	3D 控件，与 Windows 95 控件风格相同
MAPI [Messaging API]	不选	MAPI 标准接口，用以处理电子邮件的信息、声音邮件及传真数据
Windows Sockets	不选	TCP/IP 等网络
Normal	选中	普通的外观
Internet Explorer ReBars	不选	与 IE 4.0 相似的外观

（6）第五步：设置项目的风格

在弹出的对话框（见图 3-10）中出现三个方面的选项，供用户选择：

① 应用程序的主窗口是 MFC 标准风格还是资源管理器窗口风格。

② 在源文件中是否加入注释用来引导用户编写程序代码。

③ 使用动态链接库还是静态链接库。

保留默认值，单击 Next 按钮，进入下一步。

（7）第六步：查看类的信息

出现如图 3-11 所示的对话框。在这一步，用户可以对 MFC AppWizard 提供的默认类名、基类、各个源文件名进行修改。单击 Finish 按钮出现的对话框，显示出用户在前面几个步骤中作出的选择内容，单击 OK 按钮，AppWizard 将生成应用程序框架文件，在 Visual C++的项目工作区中将自动打开 Ex_SDIHello.dsw 项目工作区文件。

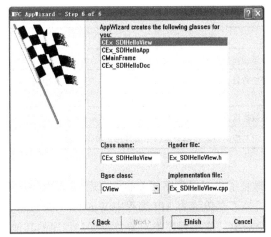

图 3-10　设置项目的风格

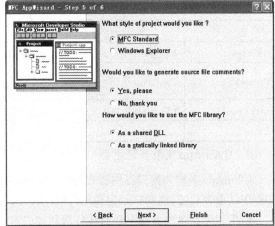

图 3-11　查看类的信息

（8）添加输出文本的代码

在 CEx_SDIHelloView 的 OnDraw 函数中添加输出文本的代码。

```
void CHelloView::OnDraw(CDC*pDC)
{
    …
    //TODO:add draw code for native data here
    pDC->TextOut(100,100,"Hello,Visual C++6.0!");
}
```

（9）编译并运行

编译并运行 Ex_SDIHello 后，运行结果如图 3-12 所示。

图 3-12　Ex_SDIHello 运行结果

【例 3.2】利用 AppWizard（.exe）生成 MFC 应用程序，实现在指定位置输出文本。具体实现步骤见上。

3.5.2　理解 MFC AppWizard 创建的程序框架

分析上述 AppWizard 自动生成的源代码，并结合 MFC 中的类的继承关系，可以得到表 3-4 中 AppWizard 自动生成的应用程序框架中的派生类。对于每个类 MFC 生成两个文件：

.h：定义了类和它的各种变量、函数原形；.cpp：生成类对象、实现这个类的函数体。

表 3-4 AppWizard 生成的派生类

基 类	派生类	作 用
CWinApp	CEx_SDIHelloApp	初始化应用程序及运行该程序的所需的成员函数
CFrameWnd	CMainFrame	管理应用程序的窗口，显示标题栏、状态栏、工具栏等，同时处理针对窗口操作的信息
CDocument	CEx_SDIHelloDoc	存放应用程序的数据以及文件的保存加载功能
CView	CEx_SDIHelloView	管理视图窗口，它对应的对象在框架窗口中实现用户数据的显示和打印

1. CWinApp 类及其派生类

CWinApp 类称为窗口应用程序类。CWinApp 类封装了与应用程序相关的程序启动、消息循环和程序结束等功能，负责初始化和运行应用程序，它代替了在传统的 API 编程中 WinMain() 的功能。

应用程序类对象是程序开始运行后创建的第一个对象。应用程序类对象负责创建程序的其他对象，包括视图对象、文档对象和主窗口对象。

在 AppWizard 创建的应用程序框架中，应用程序类是 CWinApp 的派生类，它们的默认命名规则是 CXXXApp，其中 XXX 是应用程序的程序名。其作用是初始化应用程序及运行该程序的所需的成员函数。

2. CFrameWnd 类及其派生类

CFrameWnd 类称为框架窗口类。CFrameWnd 类封装了窗口创建、消息处理和窗口销毁等功能，它替代了在传统的 API 编程中 WndProc() 窗口函数的功能，负责处理用户命令。

在单文档程序 SDI 中，由于只能有一个文档被打开，因此其框架窗口类为 CFrameWnd 类。对于多文档 MDI，除了一个主框架窗口外，每一个打开的文档都需要一个子框架窗口，因此 MDI 的框架窗口类有两个：CMDIFrameWnd 和 CMDIChildWnd。其中，CMDIFrameWnd 类负责菜单等界面元素的管理，CMDIChildWnd 类负责特定文档及其相关的视图的维护。

用 AppWizard 创建的应用程序中，派生类的命名规则是：对于 SDI 应用程序，框架的窗口类命名为 CMainFrame；对于 MDI 应用程序，主框架窗口类从 CMDIFrameWnd 派生，命名为 CMainFrame，子框架窗口类从 CMDIChildWnd 派生，命名为 CChildFrame。

3. CDocument 类及其派生类

CDocument 类称为文档类，它负责装载和维护文档，文档实际上包含了应用程序要处理的数据。通过 CDocument 类的序列化功能可以把数据存储到存储介质或从存储介质读取数据。

用 AppWizard 创建的应用程序中，使用 CXXXDoc 作为从 CDocument 类派生的文档类的类名，其中 XXX 为应用程序的程序名。其功能是用来存放应用程序的数据以及文件的保存加载功能。

4. CView 类及其派生类

CView 类称为视图类，它负责以特定的形式显示文档类中储存的数据。视图为用户提供了人机交互的界面。

在使用 AppWizard 创建的应用程序中，使用 CXXXView 作为视图类的类名，其中 XXX 为应用程序的程序名。作用是管理视图窗口，它对应的对象在框架窗口中实现用户数据的显示和打印。

CXXXView.h 声明了 3 个函数用于实现数据打印 OnPreparePrinting()/OnBeginPrinting()/OnEndPrinting()。此外，GetDocument() 用来返回 CMyHelloDoc 指针，获取文档指针；OnDraw() 用来实现视图数据的显示和刷新。

3.5.3　MFC 应用程序的启动流程

MFC 应用程序的流程如图 3-13 所示，下面以 Ex_SDIHello 程序为例将对其流程作简单介绍。

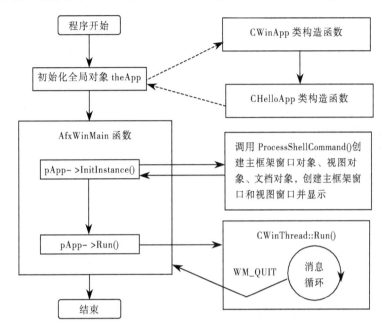

图 3-13　MFC 应用程序启动流程

1. 创建应用程序对象

在 CEx_SDIHello.cpp 文件中使用下面的语句声明了全局应用程序类对象。

```
CEx_SDIHelloApp theApp;
```

其中，CEx_SDIHelloApp 是 CWinApp 类的派生类。在 CEx_SDIHello.cpp 文件中，CEx_SDIHelloApp 类的构造函数定义如下：

```
CEx_SDIHelloApp: : CEx_SDIHellooApp()
{
    //在此添加构造代码
    //将所有重要的初始化代码放在 Initstance 函数中
}
```

实际上，CEx_SDIHelloApp 类的构造函数没有任何内容。按照派生类构造函数的调用顺序，在 theApp 对象的初始化过程中，首先执行基类的构造函数，然后执行派生类的构造函数。在 CWinApp 类的构造函数中对应用程序对象中的成员变量进行了初始化。

2. WinMain()

在 MFC 程序中，WinMain()是由连接程序直接加入到应用程序代码中的。在 MFC 预先准备好的 WinMain()通过调用 AfxWinMain()进行具体的工作。AfxWinMain()的主体内容如下：

```
int AFXAPI AfxWinMain(HINSTANCE hInstance,
                      HINSTANCE hPrevInstance,
                      LPTSTR lpCmdLine,
                      int nCmdShow)
{
```

```
int nReturnCode=-1;
CWinApp *pApp=AfxGetApp();
pApp->InitApplication();
pApp->InitInstance();
nReturnCode=pApp->Run();
return nReturnCode;
}
```

其中，AfxGetApp()是 MFC 中的一个全局函数，用以取得全局应用程序对象的指针，在本例中即为 theApp 对象的指针。

在 CWinApp()中有 3 个重要的虚拟成员函数：InitApplication()、InitInstance()和 Run()。它们完成了 Windows API 编程中 WinMain()的工作。应用程序必须重载 CWinApp 类中的 InitInstance()，对于 InitApplication()和 Run()，一般不需要重载。

3. CEx_SDIHelloApp::InitInstance()分析

InitInstance()的代码如下：

```
BOOL CEx_SDIHelloApp::InitInstance()
{
    …
    CSingleDocTemplate*pDocTemplate;              //定义一个单文档模板指针变量
    pDocTemplate=new CSingleDocTemplate()         //登记并创建单文档应用程序模板
        IDR_MAINFRAME,                            //菜单、快捷键的资源 ID 号
        RUNTIME_CLASS(CEX_SDIHelloDoc),           //文档类
        RUNTIME_CLASS(CMainFrame),                //主框架窗口类
        RUNTIME_CLASS(CEX_SDIHelloView));         //视图类
    AddDocTemplate(pDocTemplate);                 //向应用程序添加文档模板
    //分解命令行标准命令如 DDE、文件打开等
    CCommandLineInfo cmdInfo;
    ParseCommandLine(cmdInfo);
    //传送命令行指定的命令，并执行相应的操作
    if(!ProcessShellCommand(cmdInfo))
        return false;
    //显示并更新主框架窗口
    m_pMainWnd->ShowWindow(SW_SHOW);
    m_pMainWnd->UpdateWindow();
    return true;
}
```

InitInstance()首先创建了一个文档模板并把它加入到应用程序的文档模板链表中，然后调用 ProcessShellCommand()，在该函数中创建了主框架窗口对象、视图对象和文档以及主框架窗口和视图窗口，并把主框架窗口的指针存放在 m_pMainWnd 中。m_pMainWnd 是在 CWinApp 类的基类 CWinThread 中定义的公有的成员变量。这个过程非常复杂，只作一般的了解即可。当 ProcessShell Command()调用成功后，通过下面的语句显示并更新窗口：

```
m_pMainWnd->ShowWindow(SW_SHOW);
m_pMainWnd->UpdateWindow();
```

4. WinApp::Run()

InitInstance()执行完成后，主框架窗口已经建立并显示，程序流程将返回到 AfxWinMain()继续执行，这时将执行 pApp->Run()。由于 pApp 指针指向应用程序类对象。而 Run()是一个在 CWinApp 的基类 CWinThread 中定义的虚函数，在 CWinApp 类及其派生类中都没有进行重载，因此 pApp->Run()实际上调用了 CWinThread 类中的 Run()。Run()封装了传统 API 编程中 WinMain()中的

消息处理循环，它从消息队列接受消息并把消息分发给各个窗口类，以便进一步交给相应的类处理。程序就此进入消息循环。

当应用程序接收到 WM_QUIT 消息时，将退出消息循环并销毁窗口及各个对象，程序结束。

上面简单地介绍了 MFC 应用程序启动过程中的主要环节，MFC 应用程序采用的应用程序框架比较复杂，在后面的章节中还将 MFC 中的消息传递机制以及文档和视图做详细的分析。

3.6　MFC 消息处理

Windows 应用程序一般是消息驱动的。因此，在 Windows 程序设计中，如何处理程序的消息是一个关键问题。本节介绍消息的传递和处理、消息映射以及在程序中如何处理消息。

3.6.1　消息和消息处理函数

Windows 程序中的消息有 3 种类型：窗口消息、命令消息和控件通知消息。

1. 窗口消息

窗口消息一般与创建窗口、绘制窗口、移动窗口等操作窗口的动作有关。这类消息包括由 WM_开头的消息（但 WM_COMMAND 除外），其形式为 WM_XXX，其中 XXX 的内容与窗口消息的内容相关。例如，WM_PAINT 通知窗口绘制自身。WM_MOUSEMOVE 通知窗口鼠标发生移动。

窗口消息只能被窗口或者视图对象处理。在 MFC 应用程序中，视图类和窗口类及其派生类能够处理窗口消息。窗口消息往往带有参数，其参数 wParam 和 lParam 在不同的消息中具有不同的含义。

2. 命令消息

命令消息是指由用户交互对象发送的 WM_COMMAND 通知消息。用户交互对象是指菜单、工具条的按钮、快捷键等。

和窗口消息不同，在 MFC 应用程序中，凡是从基类 CCmdTarget 派生的类都能处理命令消息，这样不仅窗口类和视图类及其派生类能够处理命令消息，而且文档类 CDocument 和应用程序类 CWinApp 及它们的派生类也能处理这些命令消息。当一条命令被某对象接收后，这个对象可以给其他对象提供处理命令的机会，直至命令被适当地处理，命令被接收后在多个对象间传递，直至最后被处理的过程称为命令传递。

命令消息的参数如表 3-5 所示。

表 3-5　命令消息格式的消息参数

参　数	message	wParam	lParam
值	WM_COMMAND	低 16 位为命令 ID，高 16 位为 0	0

3. 控件通知消息

控件是一个小的子窗口，一般是其他窗口的一个组成部分。它能够接收用户的操作并向父窗口发送消息。常见的控件有按钮、列表框、文本框等。

控件通知消息即指控件或其他子窗口向其父窗口发送 WM_COMMAND 消息。目前，控件通知消息使用了三种格式。其中最常见的一种格式的参数如表 3-6 所示。

表 3-6　控件通知消息参数

参数	message	wParam	lParam
值	WM_COMMAND	低 16 位为命令 ID，高 16 位为消息通知码	控件窗口句柄

对比表 3-5 和 3-6 可以发现，用户可以通过 **WM_COMMAND** 消息中参数 wParam 的高 16 位来区分命令消息和控件通知消息。

参数 wParam 的高 16 位表示了该控件发送的消息的消息通知码，不同控件的控件通知消息的前缀是不同的。表 3-7 给出了常用控件的控件通知消息前缀。

表 3-7　常用控件的控件通知消息前缀

前 缀	消 息 分 类	前 缀	消 息 分 类	前 缀	消 息 分 类
BN	按钮控制消息	DN	默认下压按钮控制消息	LBN	列表框控制消息
CBN	组合框控制消息	EN	编辑控制消息	SBN	滚动条控制消息

4．消息处理函数

在 MFC 中，每一个消息都有一个专门的函数来处理，该函数是相应类的成员函数，称为消息处理函数。CWnd 及其派生类都提供了很多默认的消息处理函数，但控件通知消息和命令消息基本上没有默认处理函数（应用框架提供了部分命令的默认处理），因此编制消息处理函数是程序员的一个重要工作。

一般情况下，程序员在编制消息处理函数时，应从应用程序本身的功能和消息的特点出发，与其他消息处理函数配合，共同完成一项完整的功能。例如，一个画线程序中，要处理视图类中的鼠标消息，在处理 WM_LBUTTONDOWN 的消息处理函数中，加入记录直线起点位置的代码，在处理 WM_LBUTTONUP 的消息处理函数中加入记录鼠标按钮释放时的位置，并在起点和终点间画线。

3.6.2　消息映射

在 MFC 应用程序中，CWinApp 的 Run() 从消息队列中获取消息并分发给适当的窗口进行处理。一般情况下，用户不需要在 CWinApp 类的派生类中重载该函数。在 MFC 中，采用消息映射机制将消息和消息处理函数联系起来，形成一一对应的机制。消息映射表就是反映这种对应关系的静态对照表，当窗口接收到了一个消息，MFC 将搜索该窗口的消息映射表，如果存在一个处理该消息的程序，就调用它。任何一个从类 CCmdTarget 派生的类均可处理消息，都有自己的消息映射。

消息映射包括声明和实现。

1．声明消息映射

为了在一个处理消息的类中加入消息映射表，实现在该类的类声明中（一般在头文件中）添加下面的宏调用：

```
DECLEAR_MESSAGE_MAP()
```

这条宏语句一般放在类定义的最后。例如，有一个 CMyClass 类，并想给类加上消息映射，则必须先在类定义中加入 DECLEAR_MESSAGE_MAP()。

```
class CMyClass:public CObject
{
    …
    DECLEAR_MESSAGE_MAP()
}
```

在宏展开后，将形成一个用于收集和处理消息的消息映射项数组。

2．实现消息映射

消息映射提供了和 C++ 中的虚函数类似的功能，消息处理方法可以位于派生类层次的任何地方。MFC 使用消息映射结构去搜索所有派生类，直到它找到给定的消息处理函数为止，在搜索过程中会沿着 MFC 类上溯至 CCmdTarget。消息映射机制是一种比虚函数更快捷更高效的方法。

实现类的消息映射时需要在类的实现文件中（.cpp）加上消息映射表，如下面的程序片段：

```
BEGIN_MESSAGE_MAP(CMouseMoveView, CView)
    //{{AFX_MSG_MAP(CMouseMoveView)
    ON_WM_MOUSEMOVE()
    //}}AFX_MSG_MAP
    //标准打印命令
    ON_COMMAND(ID_FILE_PRINT,CView::OnFilePrint)
    ON_COMMAND(ID_FILE_PRINT_DIRECT,CView::OnFilePrint)
    ON_COMMAND(ID_FILE_PRINT_PREVIEW,CView::OnFilePrintPreview)
END_MESSAGE_MAP()
```

一般除了某些没有基类的类或直接从 CObject 类派生的类外，其他许多类均可由类向导直接生成消息映射表，在程序设计时只需加入消息映射项和消息处理函数即可。

3．消息映射项和消息处理方法

完成一个消息的处理包括 3 个方面的内容：在类的消息映射表中加入相应的消息映射入口项；在类定义中加入消息处理函数的函数原型（函数声明）；在类的实现中加入消息处理函数的函数体。

消息映射入口项的基本语法：

```
ON_MessageName(ID,ClassMethod)
```

其中，MessageName 是需处理的消息，ID 是消息发送程序的标识符，ClassMethod 是处理此消息的消息处理函数名。

消息处理函数的函数原型如下：

```
afx_msg void ClassMethod();
```

其中，afx_msg 用作在类声明中识别消息处理程序的标志。

和 Windows 系统中消息的分类相对应，在消息映射表中的消息映射项也可以分为 3 类，分别是：窗口消息映射项、命令消息映射项和控件消息映射项。

（1）窗口消息映射项

窗口消息映射项用于处理窗口消息，MFC 预定义了许多窗口消息映射项和消息处理函数。下面的程序段是 CWnd 类定义的一部分，可以在 CWnd 类的派生类中重载这些函数来进行消息处理。

```
Class CWnd:public CCmdTarget{
    ...
protected:
    afx_msg void OnClose();
    afx_msg int OnCreate(LPCREATESTRUCT lpCreateStruct);
    afx_msg void OnDestroy();
    afx_msg void OnMove(int x,int y);
    afx_msg void OnPaint();
    afx_msg void OnShowWindow(BOOL bShow,UINT nStatus);
    afx_msg void OnSize(UINT nType,int cx,int cy);
    ...
};
```

这些消息映射项处理由用户交互对象发送的 WM_COMMAND 消息。

（2）命令消息映射项

命令消息映射项有控制标识符和消息处理函数两个参数，其格式为：

```
ON_COMMAND(ID,ClassMethod)
```

相应的消息处理程序方法放在类声明中：

```
afx_msg void ClassMethod();
```

（3）控件通知消息映射项

控件通知消息映射项用于处理来自控件等子窗口的通知消息。有 5 种通知消息类型：通用控制通知消息、按钮通知消息、组合框通知消息、编辑控制通知消息和列表框通知消息。

① 通用控制消息映射项的格式如下：

```
ON_CONTROL(wNotifyCode,ID,ClassMethod);
```

其中，wNotifyCode 是要处理的消息或命令，ID 是控制标识符，ClassMethod 是消息处理函数方法。在类声明中使用下面的函数原型声明消息处理函数：

```
afx_msg void ClassMethod();
```

一些常用控件的控制通知消息处理函数是预定义的，这些常用控件包括：按钮、组合框、编辑框、列表框。

② 常用控件的控件通知消息映射项。

MFC 为一些常用控件预定义了控件通知消息处理函数。根据控件类型不同，这些控件的控件通知消息的消息映射项如下所示：

```
ON_BN_EVENT(ID,ClassMethod)        //按钮控件通知消息映射项
ON_CBN_EVENT(ID,ClassMethod)       //组合框控件通知消息映射项
ON_EN_EVENT(ID,ClassMethod)        //编辑控件通知消息映射项
ON_LBN_EVENT(ID,ClassMethod)       //列表框控件通知消息映射项
```

其中，ID 表示控件的标识符，ClassMethod 是消息处理函数名。EVENT 在程序中应用该事件名来替代。例如，处理按钮单击事件的消息映射项的名字是 ON_BN_CLIKED。

除了在消息映射表中添加消息映射项外，还应在类声明中添加相应的消息处理函数的函数声明，格式为：

```
afx_msg void ClassMethod();
```

其中，ClassMethod 就是在表示消息映射项中给出的消息处理函数名。

4．SendMessage()和 PostMessage()

在 Windows 程序设计中，有时需要直接向窗口发送消息，系统或应用程序有两种传输消息的方法，发送消息或寄送消息。

（1）发送消息

发送消息时就是直接调用窗口函数，其通信是即时的，直至窗口函数运行完成并返回一个结果后，应用程序才继续执行。

用 MFC 发送一个消息的方法，首先应获取接收消息的 CWnd 类对象的指针，然后调用 CWnd 的成员函数 SendMessage()。其格式如下：

```
LRESULT Res=pWnd->SendMessage(Msg,wParam,lParam);
```

其中，pWnd 指针指向目标 CWnd 类对象。变量 Msg 是消息，wParam 和 lParam 为变量，包含了消息的参数。目标窗口返回的消息结果放在变量 Res 中。

也可以用目标窗口的句柄直接调用 Windows API 函数 SendMessage（全局函数，前面加上了作用域运算符 "::"）：

```
LRESULT Res=::SendMessage(hWnd,Msg,wParam,lParam );
```

这里的 hWnd 是目标窗口的句柄。

（2）寄送消息

寄送消息是指把消息发送到拥有那个窗口的应用程序消息队列中。当程序有空闲时将搜索消息队列，在消息队列中处理消息，即从队列中删除它们，并将它们发送到指定窗口，寄送消息时，通信将可能延迟，直到目标应用程序获得处理消息的时间。

寄送消息的函数在调用后立即返回，其返回结果只是表示消息寄送成功与否，而不是被调用窗口函数的结果。鼠标和键盘消息通常是寄送的，而所有其他消息通常都是发送的。

用 MFC 寄送一个消息与发送一个消息的方法几乎相同，但寄送时用 PostMessage()，而不是 SendMessage()；返回值也不一样，是一个用来表示消息是否成功地放到消息队列中的布尔值。

```
LRESULT Res=::PostMessage(hWnd,Msg,wParam,lParam );
```

正常情况下，一旦消息被寄送，应用程序会在后台发送它。

3.6.3　使用 ClassWizard 管理消息和命令

在消息管理过程中，ClassWizard 起着重要的作用，它可以完成添加消息映射项、消息处理函数等功能，从而大大简化了程序员的工作。

1. ClassWizard 对话框

在一个已打开的项目中，选择 View→ClassWizard 命令，弹出 MFC ClassWizard 对话框，如图 3-14 所示。

在 MFC ClassWizard 对话框中有 5 个选项卡，它们具有不同的用途。表 3-8 说明了 5 个选项卡的用途。

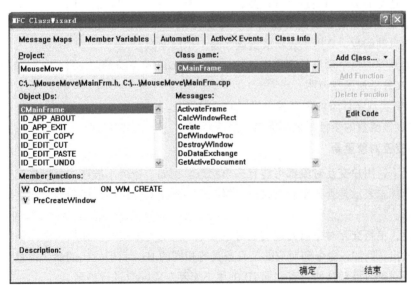

图 3-14　MFC ClassWizard 对话框

表 3-8   ClassWizard 对话框中 5 个选项卡的用途

选 项 卡	用　　　　　途
Message Maps	添加或删除消息的成员函数
Member Variables	添加或删除附加到使用控件的类上的成员变量。一般地说，这些是从 CDialog,CPropertyPage, CRecoerdView 或 CDaoRecordView 中派生的对话框类
Automation	向支持 Automation 的类添加属性或方法
Active Events	为触发事件添加支持。在开发接收触发事件的容器应用程序时，不用该选项卡
Class Info	有关项目的类的其他信息

在消息管理中主要涉及 Message Maps 选项卡的使用。

2．Message Maps 选项卡

Message Maps 选项卡用于为类指定消息处理函数。

在对话框中，Project 下拉列表框中选中的项目的类，也就是当前工程项目的所有类。Object IDs 中显示的是与下拉列表框中选中的类相关联的标识符，Messages 中显示的是 Object IDs 中当前选中的部分的消息和其他信息。表 3–9 显示了 Object Ids 中选中的项目和 Messages 内容之间的关系。

表 3-9   Object Ids 列表框中的对象和 Messages 列表框中内容的对应关系

Object IDs 列表框中选中部分	Messages 列表框中内容
类名	WM_消息和处理消息的虚拟函数
菜单命令标识符	用于菜单命令消息的 ON_COMMAND 和 ON_COMMAND_UI 宏
控件标识符	控件通知消息。反应的消息用 "=" 前缀标记

当在 Messages 中选中一条消息或虚函数的时候，将在 MFC ClassWizard 对话框的底部出现选中项目的简要说明。

如果要向选定的类添加消息处理函数，可以双击 Messages 列表框中的消息或虚函数。Member Functions 列表框中包含有当前类函数的一个列表。其中，W 标识符表示该成员函数是一个有 WM_前缀的系统消息的函数，V 用来表示成员函数是一个虚函数。

对于添加到类的每个消息处理程序函数，ClassWizard 对该类的源文件做 3 处修改：

① 向头文件添加函数声明。

② 向 CPP 实现文件添加带有骨干代码的函数定义。

③ 将代表该函数的条目添加到类的消息映射表。

3．用户交互对象更新

一般情况下，用户交互对象都可能有多个状态。例如，命令不被选中可以将其变灰，还可以在命令前加上标志表示是否处于有效状态。程序可以根据运行状态在适当的时候更新命令或工具条按钮的状态。

一般来说，更新交互对象由处理交互对象命令消息的类来负责。如果一个命令可以由多个用户交互对象发出，例如，命令和对应的工具条具有相同的 ID，它们发出的命令消息是相同的，在更新用户交互对象时该对这些具有相同 ID 的用户交互对象同时进行更新。

如果用户交互对象是命令，当用户打开菜单时，应用程序的更新机制会向各命令发消息，使之产生交互对象更新命令（ON_UPDATE_COMMMAND_UI），应用程序将在对应类的消息映射表中

查找处理更新命令的消息处理函数并调用它，在该函数中可以对命令设置允许、禁止、选中或不选中等状态。如果不能找到更新命令消息处理函数，将检查是否有处理该命令命令的消息处理函数，若有，命令设置为允许状态，否则设置为禁止状态。

对于工具条中的按钮或状态栏中的窗格，处理机制与菜单相同，但应用程序是在空闲状态检查和更新按钮状态的。

3.6.4　鼠标和键盘消息

在 Windows 中，键盘和鼠标是两个标准的用户输入源，在一些交叠的操作中通常相互补充使用。

1. 鼠标消息

鼠标作为定位输入设备，通过单击、双击和拖动功能，用户可以很容易地操作基于 Windows 图形界面的应用程序。表 3-10 列出了常用鼠标消息。

表 3-10　常用鼠标消息

鼠　标　消　息	说　　明	鼠　标　消　息	说　　明
WM_LBUTTONDBLCLK	鼠标左键双击	WM_RBUTTONDBLCLK	鼠标右键双击
WM_LBUTTONDOWN	鼠标左键按下	WM_RBUTTONDOWN	鼠标右键按下
WM_LBUTTONUP	鼠标左键放开	WM_RBUTTONP	鼠标右键放开
WM_MBUTTONDOWN	鼠标中键按下	WM_MOUSEMOVE	鼠标移动
WM_MBUTTONUP	鼠标中键放开		

【例 3.3】鼠标消息处理。

① 新建一个 AppWizard(exe) MFC 应用程序 MyHello，其他接受默认设置。

② 为视图类的添加数据成员：

在 MyHelloView.h 中 protected：处加入下面语句

```
CString m_MousePoint;    //存储鼠标的方式和位置
```

或在工作区的 ClassView 页面中右击 CMyHelloView 类，在上下文菜单中选择 Add Member Variable 选项，弹出 Add Member Variable 对话框，如图 3-15 所示。

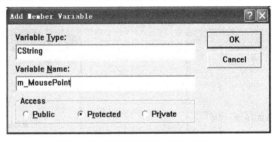

图 3-15　声明视图类的数据成员

③ 在视图类的构造函数 CMyHelloView()中添加成员变量的初始化代码：

```
CMyHelloView::CMyHelloView()
{
    m_MousePoint="";    //初始化为空
}
```

④ 为类 CMyHelloView 的 OnDraw()添加代码如下：

```
void CMyHelloView::OnDraw(CDC* pDC)
{...
```

```
    // TODO: add draw code for native data here
    pDC->TextOut(100,100,m_MousePoint);
    //在客户区的（100，100）点输出文本 m_MousePoint
    }
```

⑤ 为视图类 CMyHelloView 添加鼠标左键按下、抬起、移动消息响应函数，并添加代码。

从 View 菜单中选择 ClassWizard 命令，打开 MFC ClassWizard 对话框，切换至 Message Maps 选项卡，在 ClassName 列表中选择 CMyHelloView；在 Object IDs 列表中选择 CMyHelloView，在 Messages 列表中选择 WM_LBUTTONDOWN，然后单击 Add Function 按钮，添加相应的消息处理函数，确认默认的消息处理函数名 OnLButtonDown，并添加代码如下：

```
void CMyHelloView::OnLButtonDown(UINT nFlags, CPoint point)
{
    //TODO:Add your message handler code here and/or call default
    m_MousePoint.Format("鼠标左键在点(%d,%d)按下",point.x,point.y);
    Invalidate();
    CView::OnLButtonDown(nFlags, point);
}
```

同样方法，在 CMyHelloView 类中，添加鼠标消息 WM_LBUTTONUP 和 WM_MOUSEMOVE 的响应函数。并添加代码如下：

```
void CMyHelloView::OnLButtonUp(UINT nFlags, CPoint point)
{
    //TODO:Add your message handler code here and/or call default
    m_MousePoint="鼠标左键被释放";
    Invalidate();
    CView::OnLButtonUp(nFlags,point);
}

void CMyHelloView::OnMouseMove(UINT nFlags,CPoint point)
{
    //TODO:Add your message handler code here and/or call default
    m_MousePoint.Format("鼠标位于点(%d,%d)", point.x,point.y);
    Invalidate();
    CView::OnMouseMove(nFlags, point);
}
```

⑥ 编译运行，当鼠标移动时，结果如图 3-16 所示，鼠标按下时，结果如图 3-17 所示。

图 3-16 例 3.3 运行结果 1

图 3-17 例 3.3 运行结果 2

说明：

ClassWizard 自动为应用程序做了 3 件事。

① 在 CMyHelloView 类中添加了三个成员方法，即在 MyHelloView.h 中添加了 3 个响应函数的原型说明。

```
    afx_msg void OnLButtonDown(UINT nFlags,CPoint point);
```

```
afx_msg void OnLButtonUp(UNIT nFlags,CPoint point);
afx_msg void OnMouseMove(UNIT nFlags,CPoint point);
```

② 在 MyHelloView.cpp 中添加了 3 个消息映射。

```
ON_WM_LBUTTONDOWN()
ON_WM_LBUTTONUP()
ON_WM_MOUSEMOVE()
```

③ 在 MyHelloView.cpp 中添加了 3 个响应函数的空函数体。

```
void  CMyHelloView::OnLButtonDown(UNIT nFlags,CPoint point){…}
void  CMyHelloView:: OnLButtonUp(UNIT nFlags,CPoint point ){…}
void  CMyHelloView:: OnMouseMove(UNIT nFlags,CPoint point ){…}
```

2．键盘消息

当用户对键盘进行操作时，会产生响应消息，系统将把此消息发送到对应的窗口。

【例 3.4】键盘消息处理程序。

改造例 3.3 中的 MyHello 程序，添加相应键盘的字符输入。

（1）声明视图类的数据成员

```
int m_nLine;                  //存储回车次数
CString m_strDisplay;         //存储当前行输入的字符
```

（2）在视图类的构造函数中初始化

```
m_nLine=0;
```

（3）为视图类 CMyHelloView 添加键盘消息 WM_CHAR 的响应函数，并添加代码：

选择 View→ClassWizard 命令,弹出 MFC ClassWizard 对话框,打开 Message Maps 页面,在 ClassName 列表中选择 CMyHelloView; 在 Object IDs 列表中选择 CMyHelloView, 在 Messages 列表中选择 WM_CHAR, 然后单击 Add Function 按钮, 添加相应的消息处理函数, 确认默认的消息处理函数名 OnChar, 并添加代码如下:

```
void CMyHelloView:: OnChar(UNIT nChar,UINT nReCnt,Unit nFlags)
{
    if(nChar==VK_RETURN)        //如按下回车键
    {          m_strDisplay.Empty();
               m_nLine++;
    }
    else {
               m_strDisplay += nChar;
    }
CClientDC dc(this);
dc.TextOut(0,m_nLine*20,m_strDisplay);
CView::OnChar(nChar,nRepCnt,nFlags);
}
```

（4）编译运行（见图 3-18）

图 3-18　例 3.4 运行结果

说明：

① VK-RETURN 为虚拟键。一些按键如【Esc】键、【Tab】键、方向键，当按下后并不能够触发 WM-CHAR 消息并进入 OnChar 消息函数，这时需要在 PreTranslateMessage() 中用::TranslateMessage() 对 pMsg 消息翻译处理，其实也就是在这个函数中将虚拟键码（Virtual Key）即 pMsg->wParam 重新翻译为 ASCII 字符码，当翻译的 ASCII 字符码在 0～127 之间时，将向消息队列中递交字符消息 WM-CHAR。表 3-11 列出了常见的虚拟键盘码。

表 3-11 常见的虚拟键盘码

虚拟键名称	对应键盘键	虚拟键名称	对应键盘键
VK_UP	光标上移	VK_HOME	Home
VK_DOWN	光标下移	VK_END	End
VK_LEFT	光标左移	VK_PRIOR	PageUp
VK_RIGHT	光标右移	VK_NEXT	PageDown
VK_RETURN N	回车		

② nFlags 为扫描码和键转换后的状态，表 3-12 为 nFlag 功能描述表。

表 3-12 nFlag 功能描述表

对 应 位	含 义	对 应 位	含 义
0～7	扫描码	13	组合状态
8	扩展键	14	前一个键的状态
9～10	未使用	15	释放/按下状态
11～12	Windows 内部使用		

3.6.5 自定义消息

VC++ MFC 中有许多现成的消息句柄，可当用户要完成其他的任务，需要自定义消息时，就遇到了一些困难。使用 MFC ClassWizard 不能添加用户自定义消息，所以必须手动操作自定义消息。通常的做法是：

① 定义消息句柄。

```
const WM_USERMSG=WM-USER+n;
```

MFC 预留句柄 WM_USER，用于用户自定义消息。建议用户自定义消息句柄至少是 WM_USER+100，因为很多新控件也要使用 WM_USER 消息。

② 为视图类，添加自定义消息处理函数。

```
void CMyHelloView::OnMyFunction(){…}
```

③ 添加消息映射。在视图类的消息块中，使用 ON_MESSAGE 宏指令将消息句柄映射消息处理函数。

```
BEGIN_MESSAGE_MAP(CMyHelloView, CView)
    //{{AFX_MSG_MAP(CMyHelloView)
        …
    //}}AFX_MSG_MAP
    ON-MESSAGE(WM_USERMSG,OnMyFunction)
    …
END_MESSAGE_MAP()
```

④ 发送用户消息。在某函数中调用 PostMessage() 发送自定义消息。

【例 3.5】自定义消息。当用户单击光标上移键时，发出用户自定义消息，弹出消息对话框。改造 MyHello 程序，定义用户消息和消息响应函数。

（1）在 MyHelloView.h 中类的声明上面加入如下声明

```
const WM_USEMSG=WM_USER+100;          //定义用户消息的 ID（标识符）
```

（2）在 MyHelloView.h 中的公有段添加

```
void OnMyFunction();                  //声明用户消息响应函数
```

在 MyHelloView.cpp 中编写 OnMyFunction() 代码：

```
void CMyHelloView:: OnMyFunction()
{
    MessageBox("恭喜你，消息发送成功!");
}
```

（3）添加消息映射

在 CMyHelloView.cpp 的类的消息映射中加入有关语句。

```
ON-MESSAGE(WM-USERMSG,OnMyFunction)
```

（4）用发送户消息

当用户按下光标上移键时，程序发出用户自定义消息，在对应的消息响应函数中，弹出消息对话框。

选择 View→ClassWizard 命令，弹出 MFC ClassWizard 对话框，打开 Message Maps 页面，在 ClassName 列表中选择 CMyHelloView；在 Object IDs 列表中选择 CMyHelloView，在 Messages 列表中选择 WM_KEYDOWN，然后单击 Add Function 按钮，添加相应的消息处理函数，确认默认的消息处理函数名 OnKeyDown，并添加代码如下：

```
void CMyHelloView::OnKeyDown(UINT nChar, UINT nRepCnt, UINT nFlags)
{
    HWND hWnd=GetSafeHwnd();
    if(nChar==VK-UP){
            ::PostMessage(hWnd,WM_USERMSG,0,0);
            return;
    }
    CView::OnKeyDown(nChar,nRepCnt,nFlags);
}
```

（5）编译运行（见图 3-19）

图 3-19　例 3.5 运行结果

习　题　三

1．填空题

（1）Windows 程序中的消息有＿＿＿＿＿＿、＿＿＿＿＿＿、＿＿＿＿＿＿。

（2）应用程序定义图标的关键字是＿＿＿＿＿＿，应用程序通过调用函数＿＿＿＿＿＿加载图标资源。

（3）窗口创建的一般过程包括＿＿＿＿＿＿、＿＿＿＿＿＿、＿＿＿＿＿＿等。一般地，这些工作是在应用程序的＿＿＿＿＿＿中完成的

（4）CWinApp 类称为＿＿＿＿＿＿，CDocTemplate 类称为＿＿＿＿＿＿，CDocument 类称为＿＿＿＿＿＿，CView 类称为＿＿＿＿＿＿及 CFrameWnd 类称为＿＿＿＿＿＿。

2．选择题

（1）定义图标的关键字是＿＿＿＿＿＿。

  A．ICON   B．CreateIcon   C．LOADICON   D．Icon

（2）定义位图句柄的关键字是＿＿＿＿＿＿。

  A．hBitmap   B．HBITMAP   C．CreateBitmap   D．LOADBITMAP

（3）在消息管理过程中，＿＿＿＿＿＿起着重要的作用。其中，通过＿＿＿＿＿＿选项卡来添加或删除消息的成员函数功能，通过＿＿＿＿＿＿选项卡来添加或删除附加到使用控件的类上的成员变量，从而大大简化了程序员的工作。

  A．ClassWizard   B．Message Maps   C．Member Variables   D．Active Events

3．简答题

（1）什么是消息？

（2）Windows 消息循环的工作机理是怎样的？简述消息循环的工作流程。

（3）在 Windows 中有几种类型的消息？举例说明。

（4）窗口注册函数有哪些参数？举例说明。

（5）MFC 的类层次是怎样的？MFC 采用这样的类层次的意义是什么？

（6）什么是应用程序框架？该框架主要由哪些部分组成？

（7）用 AppWizard 建立的应用程序中包含哪些类？

（8）InitInstance() 的功能是什么？它应当在哪个文件中声明？

（9）主窗口类主要完成什么工作？其中主要的两个函数是什么？

（10）简述自定义消息的过程。

实验指导三

【实验目的】

  ① 创建 Win32 应用程序，了解和掌握 Windows 消息系统和消息队列管理。

  ② 熟悉 Win32 API 应用程序的基本组成部分。

  ③ 熟练掌握 MFC 消息处理。熟悉用户自定义消息。

【实验内容和步骤】

1. 基本实验

课本中的例 3.1、例 3.2、例 3.3、例 3.4、例 3.5。

2. 拓展与提高

创建一个 Win32 应用程序 Ex_SDK，在程序中构造一个编辑框控件和一个按钮。编辑框用于输入一元二次方程的系数，各系数之间用逗号分隔，当单击"计算"按钮，获取方程系数，然后将求得的根通过 TextOut 显示在窗口客户区中。步骤如下：

① 新建 Win32 Application 应用程序项目名称 Ex_SDK。

② 新建 C++ Source File 文件名为 Ex_SDK.cpp，代码如下：

```
//Ex_SDK.cpp
#include<windows.h>
#include<math.h>
#include<stdio.h>
//求一元二次方程的根，函数返回根的个数
int GetRoot(float a,float b,float c,double *root)
{
    double delta,deltasqrt;
    delta=b*b-4.0*a*c;
    if(delta<0.0) return 0;    //无根
    deltasqrt=sqrt(delta);
    if(a!=0.0)
    {
        root[0]=(-b+deltasqrt)/(2.0*a);
        root[1]=(-b-deltasqrt)/(2.0*a);
    }else
        if(b!=0.0)    root[0]=root[1]=-c/b;
          else return 0;
        if(root[0]==root[1])return 1;
          else return 2;
}
LRESULT CALLBACK WndProc(HWND,UINT,WPARAM,LPARAM);    //窗口过程
int WINAPI WinMain(HINSTANCE hInstance,HINSTANCE hPrevInstance,
                LPSTR lpCmdLine, int nCmdShow)
{
    HWND hwnd;                                  //窗口句柄
    MSG msg;                                    //消息
    WNDCLASS wndclass;                          //窗口类
    wndclass.style=CS_HREDRAW|CS_VREDRAW;
    wndclass.lpfnWndProc=WndProc;
    wndclass.cbClsExtra=0;
    wndclass.cbWndExtra=0;
    wndclass.hInstance=hInstance;
    wndclass.hIcon=LoadIcon(NULL,IDI_APPLICATION);
    wndclass.hCursor=LoadCursor(NULL,IDC_ARROW);
    wndclass.hbrBackground=(HBRUSH)GetStockObject(WHITE_BRUSH);
    wndclass.lpszMenuName=NULL;
    wndclass.lpszClassName="SDKWin";            //窗口类名
    if(!RegisterClass(&wndclass))               //注册窗口
    { MessageBox(NULL,"窗口注册失败! ","HelloWin",0);
            return 0;}
```

```
                //创建窗口
        hwnd=CreateWindow ("SDKWin",                    //窗口类名
                           "实验 1——Windows 编程基础", //窗口标题
                           WS_OVERLAPPEDWINDOW,         //窗口样式
                           CW_USEDEFAULT,               //窗口最初的 x 位置
                           CW_USEDEFAULT,               //窗口最初的 y 位置
                           CW_USEDEFAULT,               //窗口最初的 x 大小
                           CW_USEDEFAULT,               //窗口最初的 y 大小
                           NULL,                        //父窗口句柄
                           NULL,                        //窗口菜单句柄
                           hInstance,                   //应用程序实例句柄
                           NULL);                       //创建窗口的参数
        ShowWindow(hwnd,nCmdShow);                      //显示窗口
        UpdateWindow(hwnd);                             //更新窗口, 包括窗口的客户区
        while(GetMessage(&msg,NULL,0,0)){
            TranslateMessage(&msg);                     //转换某些键盘消息
            DispatchMessage(&msg);                      //将消息发送给窗口过程,这里是
WndProc
        }
        return msg.wParam;
}
LRESULT CALLBACK WndProc (HWND hwnd, UINT message, WPARAM wParam, LPARAM lParam)
{   HDC         hdc;
    PAINTSTRUCTps;
    StaticHWND hwndButton, hwndEdit;
    Char strEdit[80],strA[3][80],strHint[80],char str[80]="";;
    Float a[3];
    Double root[2];
    int i,j,k,m;
    switch (message)
    {   case WM_CREATE:                                 //窗口创建产生的消息
        hwndEdit=CreateWindow("edit",NULL,WS_CHILD|WS_VISIBLE|WS_ BORDER,
                              10,60,200,25,hwnd,NULL,NULL,NULL);
            hwndButton=CreateWindow("button","计算",
                              WS_CHILD|WS_VISIBLE|BS_PUSHBUTTON,
                              240,60,80,25,hwnd,NULL,NULL,NULL);
            return 0;
        case WM_COMMAND:             //命令消息, 控件产生的通知代码在 wParam 的高字中
                if(((HWND)lParam == hwndButton)&&(HIWORD(wParam)==BN_ CLICKED)){
                //获取编辑框控件的内容,并将其转换成 float 数值
                GetWindowText(hwndEdit,strEdit,80); //获取编辑框内容
                //分隔字符串
                k=0;m=0;
                for(j=0;j<80;j++){
                        if(strEdit[j]==','){
                                k++;m=0;
                        }
                        else {
                                strA[k][m]=strEdit[j];          m++;
                        }
                }
                for(i=0;i<3;i++)
                a[i]=(float)atof(strA[i]);//将字符串转换成 float 数值
                int n=GetRoot(a[0],a[1],a[2],root);
                if(n<1) strcpy(str,"方程无根!") ;
```

```
                else sprintf(str,"方程的解为: %f, %f", root[0], root[1]);
                InvalidateRect(hwnd,NULL,true);
            }
    case WM_PAINT:
            hdc=BeginPaint(hwnd,&ps);
            strcpy(strHint,"请输入一元二次方程的 3 个系数，中间用逗号分隔");
            TextOut(hdc,10,40,strHint,strlen(strHint));
            TextOut(hdc,10,90,str,strlen(str));
            EndPaint(hwnd,&ps);
            return 0;
    case WM_DESTROY:                            //当窗口关闭时产生的消息
            PostQuitMessage(0);
            return 0 ;
    }
    return DefWindowProc(hwnd,message,wParam,lParam); //执行默认的消息处理
}
```

③ 编译并运行程序。在编辑框中填入一元二次方程的系数 6、3、–9 后，单击"计算"按钮，求解的结果就会显示出来，如图 3-20 所示。

图 3-20　Ex_SDK 运行结果

第4章 对话框与控件

Windows 应用程序是由可视化的界面构成的，在 VC++中被称为对话框。每个对话框包含一些诸如按钮、复选框、文本框和列表框等，这些都被称为控件。本章将介绍对话框应用程序的编程思路，及常用控件、通用对话框、消息框的使用方法及技巧。

教学目标：

- 掌握常用控件的使用方法。
- 掌握模式对话框与非模式对话框的创建与使用。
- 了解通用对话框的使用方法。
- 了解系统的集成方法。
- 熟练掌握基于模式对话框的应用程序的编程方法和步骤。

4.1 对 话 框

4.1.1 对话框概述

从用户角度看，对话框是一种用户界面。可以用它来：

- 为用户显示信息和消息。
- 接受某个指定操作的用户输入。

从程序员的角度看，对话框和控件都是一个窗口，对话框是 Windows 程序中所使用的最复杂的用户界面对象，是一个窗口的集合。

1. 对话框消息的发送

由于对话框是窗口，因此，它与窗口一样对消息进行响应操作。但与其他类型窗口不同的是，它只响应特定类型的消息：WM_INITDIALOG 和 WM_COMMAND。

WM_INITDIALOG 消息用来通知此时应初始化一个对话框，即所有控件被创建并准备好。

WM_COMMAND 消息是由控件发送的，用来通知对话框一些感兴趣或有用的事件。当一个控件发送这个消息时，它在消息上签上它的名字和一个通知码。例如，一个按钮发送一个 BN_CLICKED 消息来通知它被单击了。编辑控件发送一个 EN_CHANGE 码来指明用户增加或删除了编辑控件中的文本。

2. MFC 对对话框的支持

在创建自己的对话框时，最重要的 MFC 类是 Cdialog，这是 MFC 的最基本的对话框类。在按照自己需要创建对话框时，要从这个基类中派生新类。MFC 的 CDialog 类封装了用于对话框的显示、关闭等常用操作的许多功能函数。

3．公共对话框

公共对话框是一个由系统定义的对话框，它标准化用户完成的复杂操作，这些操作是大多数应用程序所公有的。表 4-1 列出了部分公共对话框。

表 4-1　公共对话框

类	说　　明
CFileDialog	两个标准的文件操作 File|Open…和 File|Save As…，二者都提示用户输入一个文件名
CColorDialog	颜色对话框，它显示一组颜色，用户可以从中挑选
CFontDialog	字体对话框，允许用户从列出的字体中选择一种字体
CPrintDialog	两个标准的打印操作 File|Print…和 File|Print SetUp…
CFindReplaceDialog	查找与替换对话框，允许用户查找或替换指定字符串
CPageSetupDialog	页面设置对话框，允许用户设置页面参数

这些对话框有一个共同的特点：它们都从用户处获取信息，但并不对信息进行处理。

4．对话框控件

标准的对话框控件及其相关的 MFC 类，如表 4-2 所示。

表 4-2　对话框控件和相关的 MFC 控件类

控件类型	MFC 类	说　　明
按钮	CButton	支持 3 种按钮：命令按钮、复选框、单选按钮
	CBitmapButton	MFC 增加了对位图按钮的支持，它将显示一个图形映像而不是文字
组合框	CComboBox	组合两种控件：编辑控件和列表框，也可组合静态控件和列表框
编辑框	CEdit	显示和输入文本，可单行或多行编辑
列表框	CListBox	显示一个项目列表
滚动条	CScrollBar	支持水平和垂直两种类型。为显示和操作提供一种可视化手段，共 3 个值：最小、最大和当前值
静态控件	CStatic	只能显示的控件，可显示一个静态文本或一个图像

从程序员的角度看，控件和对话框都是窗口，意味着可以用 MFC 的 CWnd 类的成员函数来对控件进行操作。CWnd 类的成员函数如表 4-3 所示。

控件工作时，会向其父窗口发送一个报告流。父窗口通常是一个对话框，它可以视需要忽略或使用这些报告。这些报告叫做控件通知，它们作为 WM_COMMAND 消息到达。例如，按钮有 2 种通知：单击和双击。在大多数情况下只需单击一个按钮，例如 OK 按钮，则对话框被结束。如果对双击通知不感兴趣，可以很安全地忽略它。

每种控件都有自己的一组通知码。每类的通知码都有一个唯一的前缀。例如，按钮通知码以 BN_开头。单击按钮的通知码为 BN_CLICKED。在建立自己的对话框时，MFC 的 ClassWizard 将帮助用户把可用的通知码连接到一个特定的对话框的消息映射。

表 4-3　用于对话框控件的 CWnd 成员函数

函　　数	说　　明
EnableWindow()	封锁对一个控件的输入
GetWindowText()	获取除列表框外的控件中的文本
GetWindowTextLength()	获取除列表框外的控件中的文本长度
MoveWindow()	移动控件到新位置
SetFont()	改变控件所用字体
ShowWindow()	使一个控件可见或不可见
SetWindowPos()	移动一个控件到一个新位置并改变其 Z 次序
SetWindowText()	改变除列表框外的控件中的正文

5．模式和无模式对话框

根据对话框的行为性质,对话框可以被分为:模式对话框(modal)和无模式对话框(modalless)。

（1）模式对话框

模式对话框以排它方式操作,对话框被弹出后,用户必须在对话框中作出相应的操作,在退出对话框之前,对话框所在的应用程序不能继续执行。

当显示一个模式对话框时,它不允许用户完成任何其他操作。例如,如果对话框要求用户必须单击"确定（OK）"或"取消（Cancel）"按钮,然后才能切换到其他窗口或对话框,那么它是模式的。可以用 DoModal()来显示模式对话框。

只要一个模式对话框正在显示,则除了对话框中的组件以外,应用程序的任何部分不能被访问。

（2）无模式对话框

无模式对话框以非排它方式操作。对话框被弹出后,一直保留在屏幕上,用户可继续在对话框所在的应用程序中进行其他操作;当需要使用对话框时,只需像激活一般窗口一样单击对话框所在的区域即可激活。

两种对话框在用编辑器设计和使用 ClassWizard 进行编程时的方法基本一致。但在创建和退出对话框时的方式不同。

在创建时,模式对话框是由系统自动分配内存空间,通过用 DoModal()来显示,因此在对话框退出时,对话框对象自动删除。而无模式对话框则需要用户来指定内存,通过 Create()创建,调用 ShowWindow()显示,退出时还需用户自己来删除对话框对象。

在退出时,两种对话框所使用的终止函数不一样。模式对话框通过调用 CDialog::EndDialog 来终止,而无模式对话框则是调用 CWnd::DestroyWindow 终止。模式对话框与无模式对话框的使用,将在第 4 章后面讨论。

4.1.2　对话框编辑器

Visual C++ 6.0 提供了对话框编辑器,能帮助用户可视地、快速地进行对话框的设计。通过对话框编辑器,用户可以完成下列功能:

- 添加、选取、删除对话框控件。
- 改变控件的 Tab 键次序。

- 利用基准线、标尺及布局工具进行控件的布局。
- 测试所编辑的对话框的性能。

选择 Insert→Resource 命令（或按【Ctrl+R】组合键），在弹出的对话框的 Resource type 列表框中选择 Dialog 选项，单击 New 按钮，在 Visual C++ 6.0 的开发环境的右侧将弹出对话框编辑器，同时显示出两个工具栏：一个是控件工具箱，另一个是控件布局工具栏，如图 4-1 所示。

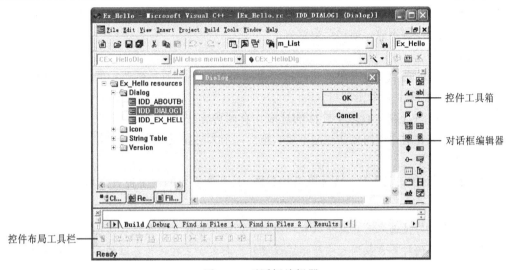

图 4-1　对话框编辑器

1. 添加和编辑控件

一旦对话框编辑器被打开，就可以在对话框中进行控件的添加、修改、删除等操作。

对话框编辑器最初打开时，控件工具箱是随之出现的，利用此工具箱可以完成控件的添加。图 4-2 说明了各个按钮所对应的控件类型。

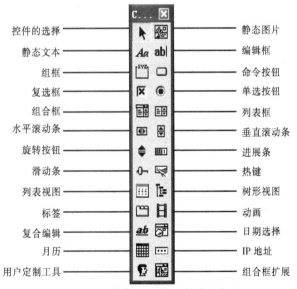

控件的选择	静态图片
静态文本	编辑框
组框	命令按钮
复选框	单选按钮
组合框	列表框
水平滚动条	垂直滚动条
旋转按钮	进展条
滑动条	热键
列表视图	树形视图
标签	动画
复合编辑	日期选择
月历	IP 地址
用户定制工具	组合框扩展

图 4-2　控件工具箱和各按钮含义

但有时控件工具箱会隐藏起来，打开该工具箱的方法有两种：

- 右击工具栏，在弹出的快捷菜单中选择 Controls 选项；
- 选择 Tools→Customize 命令，弹出 Customize 对话框，切换至 ToolBars 选项卡，再选中 Controls 选项。

（1）添加控件

与"绘图"一样，在控件工具箱中单击某控件，此时的鼠标箭头在对话框内变成十字形；在指定位置按住鼠标左键不放，拖动至满意为止。

（2）选取控件

① 单个控件的选取。首先保证在控件工具箱中的选择按钮是被选中的，然后移动鼠标指针至指定的控件上，单击即可。

② 多个控件的选取。对多个控件的选取，有两种方法：

一是拖动。先在对话框内按住左键不放，拖出一个大的虚框，然后释放鼠标，被该虚框所包围的控件都将被选取。

二是先按住【Shift】键不放，然后单击各控件，直到所需要的多个控件选取之后释放【Shift】键。

说明：多个控件被选取后，其中只有一个控件的选择框是 8 个蓝色实心小方块，这个控件称为主控件。在以后的对齐、相同尺寸等格式设置时，都是以主控件为基准的，如图 4-3 所示。

（3）移动、删除和复制控件

① 移动控件：当控件被选取后，按方向键或用鼠标拖动控件的选择框可移动控件。

② 删除控件：按【Del】键可将控件删除；

③ 复制控件：在鼠标拖动过程中按住【Ctrl】键则复制控件；还可用复制、粘贴的方法。

（4）修改控件的 Tab 键次序

通常情况下，Tab 键次序默认为创建控件时的次序，有时会重新调整 Tab 键次序，步骤为：选择 Layout→Tab Order 命令，或按【Ctrl+D】组合键，此时每个控件的左上方都有一个数字，表明了当前 Tab 键次序，如图 4-4 所示。按新的次序依次单击各个控件，新的 Tab 键次序即可生效。单击对话框或按【Enter】键结束 Tab 键次序设置。

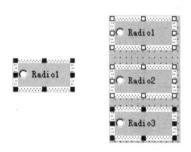

图 4-3　单个控件和多个控件选取

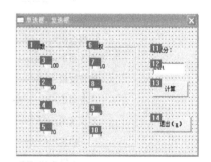

图 4-4　控件的 Tab 键次序

2. 控件的布局

图 4-5 所示的是对话框编辑器的控件布局工具栏，它可以自动排列对话框内的控件，并能改变控件的大小。

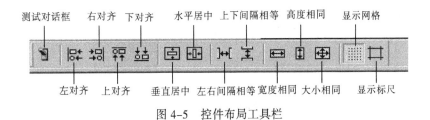

图 4-5 控件布局工具栏

与控件布局工具栏相对应的是 Layout 菜单的命令，而且大部分都有相应的快捷键。

说明：

① 大多数布置控件的命令在使用前，都需要用户选取多个控件，且主控件起关键作用。

② 为了便于用户在对话框内精确定位各个控件，系统还提供了网格、标尺等辅助工具。在控件布局工具栏的最后两个工具按钮分别用于网格和标尺的切换。一旦网格显示，添加或移动控件时都将自动定位在网格线上。Layout 菜单下的 Guide Settings 命令为用户提供了设置网格单元大小的功能，如图 4-6 所示。该对话框中各项的含义，如表 4-4 所示。

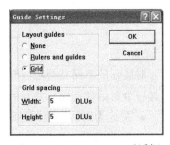

图 4-6 Guide Settings 对话框

表 4-4 Guide Settings 对话框各项含义

项 目	含 义
None	不显示任何辅助工具
Rulers and guides	显示标尺和基准线
Grid	显示网格
Width	网格单元的宽度，DLUs 是系统使用的单位，一个 DLU 宽度相当于对话框中字体平均宽度的 1/4
Height	网格单元的高度，DLUs 是系统使用的单位，一个 DLU 高度相当于对话框中字体平均高度的 1/8

3．测试对话框

Layout 菜单下的 Test 命令或控件布局工具栏上的测试按钮是用来模拟所编辑的对话框的运行情况，帮助用户检验对话框是否符合设计要求以及对话框的功能是否有效等。

4.1.3 对话框编程

利用 MFC 对对话框进行编程一般需要经过添加对话框资源、设计对话框、用 ClassWizard 为对话框派生一个类、添加用户代码、在程序中使用对话框等几个步骤。

【例 4.1】在单文档应用程序中，使用模式对话框。

本例首先用 MFC AppWizard（.exe）创建一个名为 Ex4-1 的单文档应用项目。之后为该项目添加一个密码对话框，在对话框的编辑框中输入密码 123456，单击"确定"按钮，关闭对话框，进入单文档主界面。如果密码不正确，则退出应用程序。具体步骤如下：

（1）添加对话框资源

选择 Insert→Resource 命令（或按【Ctrl+R】组合键），在弹出的 Insert Resource 对话框中可以看到 Resource type 列表框中存在 Dialog 选项，将该选项展开，如图 4-7 所示。表 4-5 列出了各种类型的对话框资源的用途。

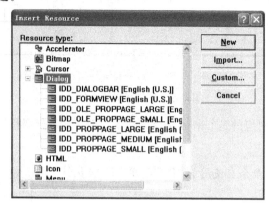

图 4-7 Insert Resource 对话框

对展开的不同类型对话框资源不作任何选择，单击 New 按钮，系统就会自动为当前应用程序添加一个对话框资源，并有下列默认设置：

- 系统为对话框资源自动赋一个默认的标识符名称（第一次为 IDD_DIALOG1，依次为 IDD_DIALOG2、IDD_DIALOG3……）；
- 对话框的默认标题为 Dialog；
- 在对话框中有两个按钮：OK 按钮和 Cancel 按钮。

通常情况下，这些默认设置远不能满足用户的需要，用户可作进一步修改。

表 4-5 对话框资源类型

类 型	说 明
IDD_DIALOGBAR	对话条，和工具条停放在一起
IDD_FORMVIEW	一个表状风格的对话框，用于无模式对话框或视图类
IDD_OLE_PROPPAGE_LARGE	一个大的 OLE 属性页
IDD_OLE_PROPPAGE_SMALL	一个小的 OLE 属性页
IDD_PROPPAGE_LARGE	一个大属性页，用于属性对话框
IDD_PROPPAGE_MEDIUM	一个中等大小的属性页，用于属性对话框
IDD_PROPPAGE_SMALL	一个小的属性页，用于属性对话框

（2）修改对话框的属性

在对话框的非控件区域内右击，在弹出的快捷菜单中选择 Properties 命令，打开对话框属性对话框，如图 4-8 所示。表 4-6 对对话框的 General 下的各属性进行了说明。这里将标题改为"登录"。

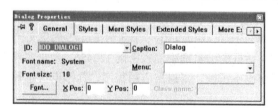

图 4-8 对话框的属性对话框

表 4-6　对话框的 General 属性

项 目	说 明
ID	修改或选择对话框的标识名称
Caption	输入对话框的标题名称，中英文均可
Font	单击此按钮可选择字体字号
X Pos/Y Pos	对话框左上角在父窗口中的 X、Y 坐标，都为 0 时表示居中
Menu 框	默认值为无，当对话框需要菜单时输入或选定指定的菜单资源
Class name	默认值为无，它提供 C/C++语言编程时所需要的对话框类，对 MFC 类库的资源文件来说，该项不被激活

（3）向对话框内添加控件

按照添加控件的方法向对话框添加一个静态文本框，标题为"密码"，一个编辑框，ID 号为 IDC_EDIT1，选中 Password 属性，将原有的两个按钮对齐，如图 4-9 所示。

（4）使用 ClassWizard，为控件添加成员变量，或进行消息映射

选择 View→ClassWizard 命令，弹出如图 4-10 所示的对话框，向用户询问是否为对话框资源创建一个新类。

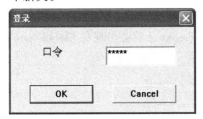

图 4-9　控件的布局

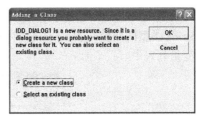

图 4-10　Adding a Class 对话框

选择 Create a new class 单选按钮，单击 OK 按钮，将弹出如图 4-11 所示的对话框，用户为对话框资源定义一个新类名，例如 CPasswordDialog。

其中，Name 文本框是用来输入用户定义的名称，注意以字母 C 打头，保持与 MFC 标识符命名规则一致；File name 是该类的源代码文件，单击 Change 按钮可改变文件名称及其在磁盘中的位置；Base class 和 Dialog ID 内容是由系统自动设置的，一般无需修改。

单击 OK 按钮，出现 MFC ClassWizard 对话框，如图 4-12 所示。

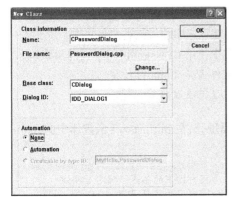

图 4-11　New Class 对话框

图 4-12　Member Variables 选项卡

MFC ClassWizard 对话框中包含了 5 个选项卡：Message Maps（消息映射）、Member Variables（成员变量）、Automation（自动化设置）、ActiveX Events（ActiveX 事件处理）、Class Info（类信息），其中前两项是一般用户最关心的，也是经常使用的。

在 Member Variables 选项卡中，包含了许多选项，如项目名、类名等。各项说明如表 4-7 所示。

表 4-7　MFC ClassWizard 对话框的 Member Variables 选项卡说明

项　　目	说　　　　　明
Project	选择应用程序项目名
Class name	在相应的项目中选择指定的类，它的名称与项目工作区 ClassView 中是一样的
Object IDs	资源标识符表中列出了在 Class name 框指定的类中可以使用的资源对象 ID 号，用户从中可以选择要关联变量（映射消息）的资源 ID 号
Add Class	向项目中添加类
Add Variable	向指定的类中添加成员变量
Delete Variable	删除指定类中的成员变量

在 Control IDs 列表框中，选择 IDC_EDIT1，单击 Add Variable 按钮，弹出如图 4-13 所示的对话框。

在对话框中，输入成员变量名，通过选择来定义变量的类型，本例为编辑框 IDC_EDIT1 添加一个 CString 类型的变量 m_Password，单击 OK 按钮，m_Password 就会出现在 ClassWizard 对话框的成员变量列表中。

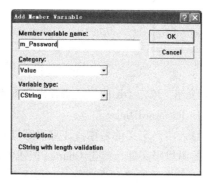

图 4-13　Add Member Variable 对话框

（5）在程序中使用模式对话框

由于对话框的代码是以类为模块来设计的，使用时需要在程序中加入该类的头文件，并定义一个类对象，然后就可以使用该类的相关成员。例如，在应用类中使用 CPasswordDialog 类的步骤如下：

① 利用项目工作区的 FileView 页面，将应用类的源文件 Ex4_1.cpp 打开。

② 在 Ex4_1.cpp 文件的前面加入包含类 CPasswordDialog 的头文件：

```
#include"PasswordDialog.h"
```

③ 利用项目工作区的 ClassView 页面，将 CEx4_1App 类展开；在 InitInstance 函数体中的 return TRUE;语句的前面添加下列代码：

```
CPasswordDialog Dlg;                    //声明 CPasswordDialog 类的对象
if(Dlg.DoModal()!=IDOK) return false;   //用户按下的不是"确定"按钮
if(Dlg.m_Password!="123456" )           //密码设为字符串"123456"
 {
```

```
        AfxMessageBox("密码错误，确定后将退出程序");
        return false;
    }
```
代码中的 DoModal 是模式对话框最常用的函数，它负责对话框的显示和终止。

（6）编译并运行

在程序的一开始，出现用户设计的对话框。在密码文本框中输入 123456，单击"确定"按钮，将进入程序主窗口，否则会弹出"密码错误，确认后将退出程序"对话框，确认后退出程序。

4.1.4　控件的创建与使用

1．创建和使用控件

在对话框中创建和使用控件的步骤如下：

① 用对话框编辑器将控件添加到对话框模板中。

② 利用类向导为对话框类增加与控件相关联的数据成员。

③ 利用类向导为对话框类增加与控件相关联的消息处理函数。

④ 在对话框类的函数体 OnInitDialog() 中，为控件设置一些初始条件。

⑤ 在对话框类的控件消息处理函数中，添加控件处理代码。

这里需要说明的是：

① 当对话框创建后但还没有显示前会发出 WM_INITDIALOG 消息（对话框初始化）。通过映射该消息，用户可以在此函数体 OnInitDialog() 中添加对话框或控件的一些初始化代码。

② 可以用下列方法设置/获取控件标题（显示文本）：

第一种，通过控件变量调用 CWnd 类的成员函数 SetWindowText()。
```
    m_MyBtn.SetWindowText("欢迎");
    m_MyBtn.GetWindowText(m_Name);//获取控件的文本，赋值给 m_name
```
其中，m_MyBtn 为控件类的成员变量，m_Name 为 CString 类型。

第二种，通过控件指针调用 CWnd 类的成员函数 SetWindowText()。
```
    GetDlgItem(IDC_BUTTON1)-> SetWindowText("欢迎");
    GetDlgItem(IDC_BUTTON1)-> GetWindowText(m_Name);
```
第三种，利用控件属性对话框，将其 Caption（标题）属性改为"欢迎"。

其中，前两种方法用于代码中，而后一种方法用在对话框设计中。

2．控件的通用属性

在控件的属性对话框中包含有许多属性，如图 4-14 所示。对大多数控件来说，这些属性一般都有 General、Styles 和 Extended Styles。其中 Styles 和 Extended Styles 是用来设定控件的外观、辅助功能的，不同的控件具有不同的风格和扩展风格，但控件的 General 属性（一般属性）是基本相同的，它通常有标识符框、标题框等内容，各项具体说明如表 4-8 所示。

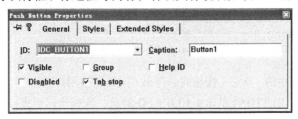

图 4-14　按钮控件的属性对话框

表 4-8　控件的 General 属性

项　目	说　　　　明
ID	控件标识符。每种控件都有默认的标识符,例如按钮控件为 IDC_BUTTON1
Caption	控件标题。大多数控件都有默认的标题,例如按钮控件为 Button1
Visible	指定控件初始化时是否可见
Group	指定控件组中的第一个控件,如果该项被选中,则此控件后的所有控件均被看成同一组。只用于单选按钮
Help ID	当选中时,为该控件建立一个上下文相关的帮助标识符
Disabled	指定控件初始化时是否禁用
Tab Stop	当选中时,用户可以使用【Tab】键来选择控件

3. 控件的消息

在 Windows 编程中,消息处理是一个永久的话题。许多优秀的程序员利用消息的传递、接收和处理,使程序更加紧凑、巧妙。在控件的编程和使用过程中,用户可以向控件发送消息来完成特定的任务,或者是根据控件产生的消息执行自己的代码。

当控件的状态发生变化时,控件就会向其父窗口发送消息,这个消息称为“消息通知”。对于每个消息,系统都会用一个 MSG 结构来记录,MSG 结构如下:

```
typedef struct tagMSG{
    HWND   hwnd;           //接收到消息的窗口句柄
    UINT   message;        //消息
    WPARAM wParam;         //消息的附加信息,其含义取决于 message
    LPARAM lParam;         //消息的附加信息,其含义取决于 message
    DWORD  time;           //消息发送时的时间
    POINT  pt;             //消息发送时,光标的屏幕坐标
}MSG;
```

对于一般控件来说,其通知消息是一条 WM_COMMAND 消息,这条消息的 wParam 参数的低位字中含有控件的标识符,wParam 的高位字为通知代码,lParam 参数则是指向控件的句柄。

对于公共控件,其通知消息通常是一条 WM_NOTIFY 消息,这条消息的 wParam 参数是发送通知消息的控件的标识符,而 lParam 参数则是指向 NMHDR 结构的指针。

控件的 WM_COMMAND 消息或是 WM_NOTIFY 消息,用户可以用 ClassWizard 为它们加以映射。例如,为对话框添加一命令按钮 IDC_BUTTON1,标题为“欢迎”,可以为该对话框类(假设为 CMyDlg)用 ClassWizard 添加 OnCommand()的重载,用于处理 WM_COMMAND 消息,并添加下列代码:

```
BOOL CMyDlg::OnCommand(WPARAM wParam,LPARAM lParam)
{
    //TODO:Add your specialized code here and/or call the base class
    WORD nCode=HIWORD(wParam);     //wParam 的高位字为通知码
    WORD nID=LOWORD(wParam);       //wParam 的低位字为 ID 标识
    if((nID==IDC_BUTTON1)&&(nCode==BN_CLICKED))
        MessageBox("按钮已被单击!");
    return CDialog::OnCommand(wParam,lParam);
}
```

当用户单击对话框中的“欢迎”按钮时,弹出“按钮已被用户单击!”消息对话框。但事实上,用户应该直接映射 IDC_BUTTON1 的 BN_CLICKED 消息,这样代码更直接、更简单。

4.1.5　访问控件

访问控件有两种方法：一是用 DDX（对话数据交换）技术，二是用 CWnd::GetDlgItem()函数。

1．对话数据交换 DDX 与对话数据验证 DDV

DDX 提供双向数据传送，将成员变量与控件相连接，从而实现数据在变量与控件之间传输；DDV 用于数据校验，能自动校验字符串的长度或数值的范围，并发出相应的警告。

为控件建立 DDX 支持是很容易的。用 ClassWizard 的 Member Variables 为控件增加成员变量。如图 4-12 所示，在 Control IDs 列表框中，选择控件 ID，单击 Add Variable 按钮弹出 Add Member Variable 对话框，如图 4-13 所示。在 Category 下拉列表框内可选择 Value 或 Control，其中 Control 所对应的变量类型就是 MFC 为该控件封装的控件类，而 Value 所对应的是数值类型，如 CString、int、long、float、double、short、BYTE、UINT、BOOL 等。

在代码中，使用 CWnd::UpdateData()可实现控件与其成员变量（值变量）之间的数据的传输。其中：

UpdateData(TRUE)——将控件中的数据传送给成员变量；

UpdateData(FALSE)——将成员变量的数据传递给控件并显示。

例如，要在编辑框 ID_NAME 中显示"张"，则可以用下面两种方法实现：

- 关联值变量，为编辑框 ID_NAME 关联 CString 变量 m_Name，然后执行下面的语句：
  ```
  m_Name="张";    UpdateData(false);
  ```
- 关联控件变量，为编辑框 ID_NAME 关联控件类 CEdit 变量 m_EditName，然后执行下面的语句：
  ```
  m_EditName.SetWindowText("张");
  ```

2．不用成员变量访问控件

由于控件也是一种窗口，所以可利用 CWnd::GetDlgItem()来访问控件，格式如下：

GetDlgItem（对象标识符）；

例如，下面的语句可访问标识符为 ID_NAME 的编辑框：
```
CEdit*pEditName =(CEdit*) GetDlgItem(ID_NAME);
//定义一个指向编辑框 ID_NAME 的指针
ASSERT(pEditName ->IsKindOf(RUNTIME_CLASS(CEdit));  //确认语句
pEditName->SetWindowText("张");      //设置编辑框的文本为"张"
```

如果从其父窗口之外调用，则需要一个指向父窗口对象的指针。设 pDlg 是一个 CDialog*类型的父窗口指针，正确程序应为：
```
CEdit*pEditName=(CEdit*) pDlg->GetDlgItem(ID_NAME);
```

除此之外，要设置/获取控件的文本，还可以使用下面 2 个函数实现：
```
SetDlgItemText(ID_NAME, m_Name);     //为控件 ID_NAME 设置文本为 m_Name 的值
GetDlgItemText(ID_NAME, m_Name);     //获取控件文本赋值给 m_Name
```

4.2　静　态　控　件

4.2.1　静态控件概述

一个静态控件用来显示一个字符串、框、矩形、图标、位图或增强的图元文件。它可以用来

作为标签、框架或用来分割其他的控件。一个静态控件一般不接收用户输入，也不产生通知消息。静态类控件主要有：静态文本（ Aα ）、分组框（ 🔲 ）和静态图片（ 🔳 ）3 种。

如果作为标签或者显示字符串，常使用静态文本；若要创建一个框架，将其他控件包围在其中，则常使用分组框。而要显示位图或用来分割其他控件，则常使用静态图片。

静态文本在 Windows 程序中使用的情况比较多，而且目的也各不相同。该控件通常用于显示文本，但用户不能编辑这些文本。所以，静态文本控件常用来作为标签，标识其他控件，如为编辑框、列表框、组合框等控件添加描述性的文字，或者作为对话框的说明文字；也可以用来显示处理结果、事件进程等信息。

静态图片常用于为对话框添加背景图片、修饰 ICON，使对话框界面更美观，如何为对话框设置背景，参见本章的实验指导。

4.2.2　静态控件属性

静态图片控件的属性对话框如图 4-15 所示。在它的属性中，用户可以选择 Type（图片类型）、Image（图像资源）2 个下拉列表框中的有关选项内容，并可将应用程序资源中的图标、位图等内容显示在静态图片控件中。另外，用户还可设置其风格来改变控件的外观以及图像在控件中的位置等，如图 4-16 所示。表 4-9 列出了一般属性和风格的各个项的含义。

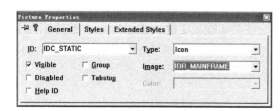 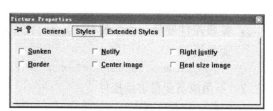

图 4-15　静态图片控件的 General 属性对话框　　图 4-16　静态图片控件的 Styles 属性对话框

表 4-9　静态图片控件的 General 和 Styles 属性

项　目	说　　明
Type	图片类型，用户可以从中选择 Frame（框）、Rectangle（矩形区域）、Icon（图标）、Bitmap（位图）、Enhanced Metafile（增强图元文件）
Image	当图片类型为 icon 和 bitmap 时，通过此框可选择指定的资源 ID 号
Color	设置 Frame 和 Rectangle 的颜色，可以是 black（黑）、white（白）、gray（灰）或者是具有 3D 外观的 etched（腐蚀色）
Sunken	选中时，控件的周围有下沉的边框
Notify	选中时，当用户单击或双击图片时会向其父窗口发出通知消息
Right justify	选中时，用户重置图片大小时，图片的右下角是固定不变
Border	选中时，图片周围有边框
Center image	选中时，图片显示在控件中央，其余区域由图片左上角的像素颜色来填充
Real size image	选中时，按图片的实际大小来显示，超过控件区域的部分被剪裁

说明：静态控件的默认 ID 为 IDC_STATIC，只有 CStatic 类控件的 ID 号可以重复。如果访问 CStatic 类控件，必须修改其 ID 号。

4.3　编 辑 控 件

4.3.1　概述

编辑控件是一个让用户从键盘输入和编辑文本的矩形窗口，用户可通过它很方便地输入各种文本、数字或者密码，也可使用它来编辑和修改简单的文本文件内容，并输出文本。

4.3.2　属性和风格

利用编辑控件的属性对话框可以方便地设置编辑控件的属性和风格，如图 4-17 所示。表 4-10 列出了其中各项的含义。

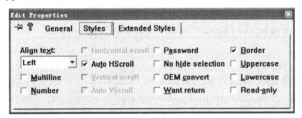

图 4-17　编辑控件的属性对话框

需要注意的是，多行编辑控件具有简单文本编辑器的常用功能，例如它可以有滚动条、用户按【Enter】键另起一行以及文本的选定、复制、粘贴等常见操作。而单行编辑控件功能较简单，仅用于单行文本的显示和操作。

表 4-10　编辑控件的 Styles 属性

项　　目	说　　　　　　明
Align text	各行文本对齐方式：Left、Center、Right，默认时为 Left
Multiline	选中时为多行编辑控件，否则为单行编辑控件
Number	选中时控件只能输入数字
Horizontal scroll	水平滚动，仅对多行编辑控件有效
Auto Hscroll	当用户在行尾输入一个字符时，文本自动向右滚动
Vertical scroll	垂直滚动，仅对多行编辑控件有效
Auto Vscroll	当用户在最后一行按【Enter】键时，文本自动向上滚动一页，仅对多行编辑控件有效
Password	选中时，输入编辑控件的字符都将显示为"*"，仅对单行编辑控件有效
No hide selection	通常情况下，当编辑控件失去键盘焦点时，被选择的文本仍然反色显示。选中该项时，则不具备此功能
OEM convert	选中时，实现对特定字符集的字符转换
Want return	选中时，用户按【Enter】键时，编辑控件中会插入一个回车符
Border	选中时，控件的周围存在边框

续表

项 目	说 明
Uppercase	选中时，编辑框中的字符全部大写
Lowercase	选中时，编辑框中的字符全部为小写
Read_only	选中时，防止用户输入或编辑文本

4.3.3 基本操作

MFC 的 CEdit 类封装了编辑框的各种操作函数。

1．密码设置

在编辑控件中，用户输入的每个字符都被一个特殊的字符代替显示，这个特殊的字符称为密码字符。默认的密码字符是"*"，应用程序可以用成员函数 CEdit::SetPasswordChar()来定义自己的密码字符，其函数原型如下：

```
void SetPasswordChar(TCHAR ch);
```

其中，参数 ch 表示要设定的密码字符；当 ch=0 时，编辑控件内显示实际字符。

也可以在设计时，在属性对话框中，通过 Password 属性来设置。

2．选择文本

在应用程序中可以通过成员函数 CEdit::SetSel()来选择文本。这个函数确定了编辑框内文本的选择范围，与该函数相对应的还有 CEdit::GetSel()和 CEdit::ReplaceSel()函数，它们分别用来在编辑控件中获取文本和替换文本。

3．输入、输出文本

方法一：利用 DDX 技术，为编辑框添加成员（值）变量，通过 UpdateData()完成控件与变量之间的数据的传送。

方法二：利用 CWnd 类的成员函数 SetWindowText()。通过定义一个指向编辑控件的指针，调用 CWnd:: SetWindowText()/GetWindowText()函数来实现输入/输出文本。

4.3.4 编辑控件的通知消息

当编辑控件中的文本被修改或者被滚动时，会向其父窗口发送一些消息，如表 4-11 所示。用户可以根据需要对这些消息进行处理。

表 4-11 编辑控件的通知消息

通知消息	说 明
EN_CHANGE	当编辑控件中的文本已被修改，在新的文本显示之后发送此消息
EN_HSCROLL	当编辑控件的水平滚动条被使用，在更新显示之前发送此消息
EN_KILLFOCUS	编辑控件失去键盘输入焦点时发送此消息
EN_MAXTEXT	文本数目到达了限定值时发送此消息
EN_SETFOCUS	编辑控件得到键盘输入焦点时发送此消息
EN_UPDATE	当编辑控件中的文本已被修改，在新的文本显示之前发送此消息
EN_VSCROLL	当编辑控件的垂直滚动条被使用，在更新显示之前发送此消息

4.4　按钮类（CButton）控件

4.4.1　按钮类控件概述

在 Windows 中使用按钮来实现一种开与关的输入，主要有 3 种按钮：下压式按钮（PushButton）、单选按钮（RadioButton）、复选框按钮（CheckBox）。

按钮控件是一种非常有用的控件，它具有若干用途。下压式按钮，又称为按键按钮或命令按钮，是 Windows 应用程序中使用最多的控件对象之一，常常用它来接收用户的命令或响应，用以激发某些事件，处理一些事情。

复选框按钮提供 Yes/No 或者 True/False 选项，以确定是否选中某一项目。当选定复选框控件时，该控件左边的小方框内将以"√"符号标记，用户可以在应用程序中建立一个复选框组，或者多个复选框，从而选择一个或多个数据项。

单选按钮与复选框按钮有许多相同的地方，它们都是用来指示用户的选择项，但它们有着明显的区别，在一组单选按钮中，同时只能选定一个选项，而在一组复选框按钮中，同时可以选中多个选项。若存在若干个互相排斥的数据项，一组单选按钮是能让用户选择的方便方法。如果若干个选项之间不互相排斥，一组复选框是比较好的选择。

按钮控件类 CButton 是 CWnd 类的派生类，它同时具有 CWnd 类的一切功能。常用的 CButton 类的方法有以下几种。

- GetState：获得一个按钮控件的选中、选择和聚焦状态。
- SetState：设置一个按钮的选择状态。
- GetCheck：得到一个按钮的选中状态。
- SetCheck：设置一个按钮的选中状态。
- GetButtonStyle：获得一个按钮的样式。
- SetButtonStyle：设定一个按钮的样式。
- SetBitmap：设定按钮上显示的位图。
- GetBitmap：获得按钮上显示位图的句柄。
- SetWindowText(字符串)：设置文本。
- ShowWindow(SW_SHOW/ SW_HIDE)：显示/隐藏按钮。
- EnableWindow(True/False)：使按钮可用/不可用。

说明：

（1）对一组单选按钮，用 Group 属性与 Tab 键次序管理一组控件。除第一个按钮外，其他单选按钮不要设置 Group 属性，同时还要保证是按顺序创建这一组单选按钮，这是保证这一组单选按钮互斥的关键。

（2）一组单选按钮的关连变量只有一个，值变量为 int，其值为 0，1，2，3……复选按钮的关连值变量为 Bool，其值为 True 或 False.

（3）检查按钮是否被选中的方法：IsDlgButtonChecked(ID)。

（4）单选按钮的初始化：有两种方法，一是使用 CheckRadioButton()，格式如下：

```
        void CheckRadioButton(IDC_RADIO1,IDC_RADION,IDC_RADIO1);
```
在一组单选按钮 IDC_RADIO1～IDC_RADION 中，设置默认的选中按钮为 IDC_RADIO1。

二是关联值变量。为这组单选按钮关联值变量 m_Radio，然后执行下面代码：
```
        m_Radio=0;  UpdateData(FALSE);        //设置一组单选按钮的第 1 个为选中状态
```
（5）复选框的初始化。为某复选框关联值变量 m_check1，然后执行下面代码：
```
        m_check1=true;  UpdataData(false);      //设置该复选按钮为选中状态
```
（6）对一组单选按钮，GetCheckedRadioButton()得到一组单选按钮的选中状态：
```
        BOOL GetCheckedRadioButton(IDC_RADIO1,IDC_RADIOn)
```

4.4.2　按钮类的消息

在按钮映射的消息中，常见的只有两个：BN_CLICKED（单击按钮）、 BN_DOUBLECLICKED（双击按钮）。

4.4.3　示例

【例 4.2】求解一元二次方程的根。

本例将用到静态文本、分组框、编辑框以及按钮等控件，运行结果如图 4-18 所示。当用户在 A、B、C 三个编辑框中输入 3 个参数后，单击"计算"按钮，将显示出该方程的 2 个根。

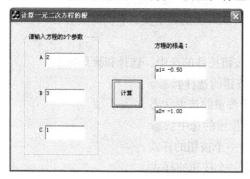

图 4-18　例 4.2 运行界面

该例的具体步骤如下：

① 用 MFC AppWizard（.exe）创建一个名为 Ex4_2 的对话框应用程序。

② 利用资源编辑器，建立对话框。

在窗口 Workspace 的 Resource 选项卡中打开 Dialog 资源列表，双击 IDC_Ex4_2_DIALOG 选项，在右边的窗口中显示出待编辑的对话框。首先右击对话框，在快捷菜单中选择 Properties 命令，打开属性对话框，将其字体设置为"宋体 9 号"，标题改为"计算一元二次方程的根"，然后用对话框编辑器依照图 4-18 进行界面设计。各控件属性如表 4-12 所示。

表 4-12　对话框对象属性

控　件	ID 号	Caption	其他属性
分组框	默认	请输入方程的 3 个参数	默认
静态文本	默认	A	默认

续表

控　件	ID 号	Caption	其他属性
编辑框	IDC_A_EDIT		默认
静态文本	默认	B	默认
编辑框	IDC_B_EDIT		默认
静态文本	默认	C	默认
编辑框	IDC_C_EDIT		默认
静态文本	默认	方程的根是:	默认
编辑框	IDC_X1_EDIT		默认
编辑框	IDC_X2_EDIT		默认
命令按钮	IDC_BUTTON1	计算	默认

③ 为对话框类增加成员变量。按【Ctrl+W】组合键或选择 View→ClassWizard 命令，弹出 ClassWizard 对话框，选择 Member Variables 选项卡，在 Class name 下拉列表框中选择 CEx4_2Dlg，选中所需的控件 ID 号，双击它或单击 Add Variable 按钮，依次为下列控件增加成员变量（见表 4-13）。

表 4-13　控件的成员变量

控件 ID 号	变　量　类　型	变　量　名
IDC_A_EDIT	int	m_a
IDC_B_EDIT	int	m_b
IDC_C_EDIT	int	m_c
IDC_X1_EDIT	CString	m_x1
IDC_X2_EDIT	Cstring	m_x2

④ 为对话框类增加消息处理函数。切换到 ClassWizard 的 Message Maps 选项卡，在 Object IDs 列表框中选择 IDC_BUTTON1，在 Messages 列表框中选择 BN_CLICKED，单击 Add Function 按钮，映射消息处理函数，如表 4-14 所示。

表 4-14　消息处理函数

对象 ID 号	消　　息	消息处理函数
IDC_BUTTON1	BN_CLICKED	OnBtutton1()

⑤ 为消息处理函数添加代码。

```
void CEx4_2Dlg::OnButton1()
{
//TODO: Add your control notification handler code here
  UpdateData();                    //将控件显示的数据传递给成员变量
  int disc;
  double realpart,imagepart;       //实部、虚部
  disc=m_b*m_b-4*m_a*m_c;
  realpart=(double)-m_b/(2*m_a);
  imagepart=(double)sqrt(abs(disc))/(2*m_a);
  if (disc>=0)                     //如果 disc 大于等于 0
{   m_x1.Format("x1=%6.2f",realpart + imagepart);
```

```
        m-x2.Format("x2=%6.2f",realpart-imagepart);
    }
    else                                    //如果 disc 小于 0
    {
        m-x1.Format("x1=%6.2f+%6.2fi",realpart,imagepart);
        m-x2.Format("x2=%6.2f-%6.2fi",realpart,imagepart);
    }
    UpdateData(FALSE);                       //将成员变量数据传递给控件,并显示
}
```

⑥ 在 Ex4_2Dlg.cpp 文件的开始处,增加预处理头文件 math.h。

```
#include <math.h>
```

⑦ 编译运行并测试。

说明:一般不需要对对话框中的默认 OK 按钮与 Cancel 按钮进行消息映射,因为系统自动设置了这两个按钮的动作,用户单击这两个按钮都将自动关闭对话框。其中 OK 按钮的 ID 值为 IDOK,对应的消息处理函数为 OnOK(),取消按钮的 ID 值为 IDCANCEL,对应的消息处理函数为 OnCancel()。

【例 4.3】单选框和复选框的使用。

本例将用到静态文本、编辑框、分组框、单选框、复选框和命令按钮,运行结果如图 4-19 所示。当用户选中某一成绩,再选择"加权"后,单击"计算"按钮,将显示成绩的加权总和。

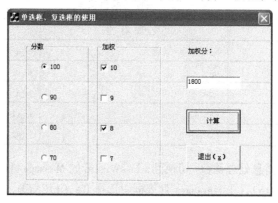

图 4-19　例 4.3 运行界面

步骤如下:

① 利用 MFC AppWizard(.exe)创建一个名为 Ex4_3 的对话框应用程序。在 MFC AppWizard Step 1 对话框中选择 Dialog based 选项,其余的接受默认设置。

② 在 Workspace 窗口中单击 Resource View 选项卡,打开 Dialog 文件夹,双击 IDD_EX4_3_DIALOG,在右边窗口中出现对话框编辑器。首先右击对话框,在快捷菜单中选择 Properties 命令,打开属性对话框,将其字体设置为"宋体 9 号",标题设为"单选框、复选框的使用",然后用对话框编辑器依照图 4-19 编辑界面。各控件属性如表 4-15 所示。

表 4-15　对话框对象属性

控　件	ID 号	Caption	其他属性
分组框	默认	分数	默认
单选按钮	IDC_100_RADIO	100	group
单选按钮	IDC_90_RADIO	90	默认

续表

控 件	ID 号	Caption	其他属性
单选按钮	IDC_80_RADIO	80	默认
单选按钮	IDC_70_RADIO	70	默认
分组框	默认	加权	默认
复选按钮	IDC_10_CHECK	10	默认
复选按钮	IDC_9_CHECK	9	默认
复选按钮	IDC_8_CHECK	8	默认
复选按钮	IDC_7_CHECK	7	默认
静态文本	默认	加权分：	默认
编辑框	ICD_MEANCOURSE_EDIT		默认
命令按钮	IDC_MEANCOURSE_BUTTON	计算	默认
命令按钮	IDC_EXIT_BUTTON	退出（&x）	默认

③ 利用 ClassWizard，为控件关联成员变量。按【Ctrl+W】组合键或选择 View→ClassWizard 命令，打开 ClassWizard 对话框，选择 Member Variables 选项卡，在 Class name 下拉列表框中选择 CEx4_3Dlg，选中所需的控件 ID 号，双击它或单击 Add Variables 按钮，依次为下列控件增加成员变量，如表 4–16 所示。

表 4-16 控件的成员变量

控件 ID	变量类型	变 量 名
IDC_10_CHECK	bool	m_10_Check
IDC_9_CHECK	bool	m_9_Check
IDC_8_CHECK	bool	m_8_Check
IDC_7_CHECK	bool	m_7_Check
IDC_MEANCOURSE_EDIT	int	m_MeanCourse
IDC_100_RADIO	int	m_radio

④ 为对话框类添加消息映射处理函数。切换到 ClassWizard 的 Message Maps 选项卡，在 Object IDs 列表框中选择所需的 ID 号，在 Messages 列表框中选择消息，单击 Add Function 按钮，映射消息处理函数如表 4–17 所示。

表 4-17 消息处理函数

Object IDs	消息 Messages	消息处理函数
IDC_MEANCOURSE_BUTTON 按钮	BN_CLIKED	OnMeancourseButton()
IDC_EXIT_BUTTON 按钮	BN_CLIKED	OnExitButton()
CEx4_3Dlg 对话框	WM_INITDIALOG	OnInitDialog()

⑤ 添加代码。

● 在初始化对话框消息处理函数 OnInitDialog() 中的 return TRUE 语句之前加入代码：

```
BOOL CEx4_3Dlg::OnInitDialog()
{
    //TODO:Add extra initialization here
    //CheckRadioButton(IDC_100_RADIO,IDC_70_RADIO,IDC_100_RADIO);
    m_radio=0;
    //初始化单选按钮，以 IDC_100_RADIO 为开始，以 IDC_70_RADIO 为结束
    //以 IDC_100_RADIO 为默认值
    m_10_Check=true;        //复选框按钮 IDC_10_CHECK 为选中状态
    UpdateData(false);
    return TRUE;            //return TRUE  unless you set the focus to a
control
}
```

- "计算"按钮消息处理函数 OnMeancourseButton()。

```
void CEx4_3Dlg::OnMeancourseButton()   //单击 MeanCourse 按钮，实现求平均分数
                                                      功能.
{
    //TODO: Add your control notification handler code here
    UpdateData(true);                      //从屏幕上读入数据
    int iSum=0,iCourse=0;                  //定义并初始化分数变量和平均值变量
    switch (m_radio)
    {
        case  0:iCourse=100;break;
        case  1:iCourse=90;break;
        case  2:iCourse=80;break;
        case  3:iCourse=70;break;
    }
    //检查复选框标志
    if(m_10_Check==TRUE)                   //若选中
     iSum=iSum+iCourse*10;                 //加上平均值
    if(m_9_Check==TRUE)
     iSum=iSum+iCourse*9;
    if(m_8_Check==TRUE)
     iSum=iSum+iCourse*8;
    if(m_7_Check==TRUE)
     iSum=iSum+iCourse*7;
    m_MeanCourse=iSum;                     //将求和结果赋值给编辑框的成员变量
    UpdateData(FALSE);                     //将成员变量的值传给控件，并显示
}
```

首先调用函数 UpdateData(TRUE)从窗口中读入各个控件关联的变量的值，主要是读入 4 个复选框选中状态的 bool 型变量，初始化分数和平均值。读入单选按钮的连接变量值，设置分数值。根据复选框选中标志计算平均值。最后调用函数 UpdateData(FALSE)将变量的数据传递给控件显示。

- "退出"按钮消息处理函数 OnExitButton()。

```
void CEx4_3Dlg::OnExitButton()
{
    //TODO:Add your control notification handler code here
    OnOK();
}
```

调用对话框类成员函数 OnOK()退出程序。

⑥ 连编、调试、运行。

4.5　列表框（CListBox）控件

4.5.1　概述

列表框控件提供一个项目列表，用户可以从中选择一个或多个项目。在应用程序中，可以显示多列列表项目，也可以显示单列列表项目。如果列表中的项目超过列表框可显示的数目时，系统会自动给列表框加上滚动条，供用户上下滚动以便选择。列表框中项的数目是可灵活变化的，程序运行时可往列表框中添加或删除某些项。

4.5.2　属性

按性质来分，列表框有单选、多选、扩展多选以及非选 4 种类型，默认情况下的单选列表框让用户一次只能选择一个项，多选列表框可让用户一次选择几个项，而扩展多选框允许用户用鼠标拖动或其他组合键进行选择，非选列表框则不提供选择功能。

列表框还有一系列其他风格属性，用来定义列表框的外观及操作方式，这些风格属性如图 4-20 所示。表 4-18 列出了其中各项的含义。

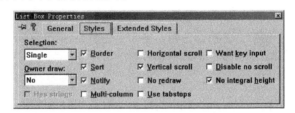

图 4-20　列表框 Styles 属性

表 4-18　列表框 Styles 属性

项　　目	说　　　　　明
Selection	指定列表框的类型：单选（Single）、多选（Multiple）、扩展多选（Extended）、不选（None）
Owner draw	自画列表框，默认为 No
Has strings	选中时，在自画列表框中的项目中含有字符串文本
Border	选中时，使列表框含有边框
Sort	选中时，列表框的项目按字母顺序排序
Notify	选中时，当用户对列表框操作，就会向父窗口发送通知消息
Multi-column	选中时，指定一个具有水平滚动条的多列列表框
Horizontal scroll	选中时，在列表框中创建一个水平滚动条
Vertical scroll	选中时，在列表框中创建一个垂直滚动条
No redraw	选中时，列表框发生变化后不会自动重画
Use tabstops	选中时，允许使用停止位来调整列表项的水平位置
Want key input	选中时，当用户按键且列表框有输入焦点时，就会向列表框的父窗口发送相应的消息
Disable no scroll	选中时，即使列表框的列表项能全部显示，垂直滚动条也会显示，但此时是禁用的
No integeral height	选中时，在创建列表框的过程中，系统会把用户指定的尺寸完全作为列表框的尺寸，而不管是否会有项目在列表框中不能完全显示出来

4.5.3　列表框的基本操作

当列表框建立后，往往要添加、删除、改变或获取列表框中的列表项，这些操作都可调用 MFC 的 CListBox 类的成员函数来实现。

注意：列表框的项除了用字符串来标识外，往往还通过索引来确定。索引表明项目在列表框中排列的位置，它以 0 为基数，即列表框中的第一项的索引是 0，第二项的索引是 1，依此类推。

1．添加列表项

列表框创建时是一个空的列表，需要用户添加或插入一些列表项。ClistBox 类的成员函数 AddString()和 InsertString()分别用来向列表框增加列表项，其函数原型如下：

```
int AddString(LPCTSTR lpszItem);
int InsertString(int nIndex,LPCTSTR lpszItem);
```

说明：

① lpszItem 指定列表项的字符串文本；nIndex 是列表项的索引。

② 两个函数成功调用时，将返回列表项在列表框的索引。错误时返回 LB_ERR；空间不够时返回 LB_ERRSPACE。

③ AddString()当列表框具有 sort 属性时会自动将添加的列表项进行排序。InsertString()，将列表项插在指定索引 nIndex 的列表项之前。若 nIndex=-1，则列表项添加在列表框末尾。不管列表框是否具有 Sort 属性，都不会将列表项进行排序。

2．删除列表项

ClistBox 类成员函数 DeleteString()和 ResetContent()分别用来删除指定的列表项和清除列表框所有项目。其函数原型如下：

```
Int  DeleteString(UINT nIndex);
Void ResetContent();
```

3．查找列表项

为了保证列表项不会重复加在列表框中，有时需要对列表项进行查找。ClistBox 类成员函数 FindString()和 FindStringExact()分别用来在列表框中查找所匹配的列表项，其中 FindStringExact() 的查找精度最高。其函数原型如下：

```
int FindString(int nStartAfter,LPCTSTR lpszItem) const;
int FindStringExact(int nIndexStart,LPCTSTR lpszFind) const;
```

其中，lpszItem 和 lpszFind 指定要查找的列表项文本，nStartAfterh 和 nIndexStart 指定查找的开始位置，若为-1，则从头到尾查找。查到后，这两个函数都将返回所匹配的列表项的索引；错误时返回 LB_ERR。

4．列表框的单项选择

当选中列表框中某个列表项时，用户可以使用 CListBox 的成员函数 GetCurSel()来获取这个结果，与该函数相对应的 ClistBox::SetCurSel()函数用来设定某个列表项呈选中状态（高亮显示）。其函数原型如下：

```
int GetCurSel()const;        //返回当前选择项的索引
int SetCurSel(int nSelect)const;
```

其中：nSelect 指定要设置的列表项索引，错误时这两个函数都将返回 LB_ERR。

5. 获取列表项字符串

```
int GetText(int nIndex,LPTSTR lpszBuffer) const;
int GetText(int nIndex,CString&rString) const;
```

其中，nIndex 指定列表项索引，lpszBuffe 和 rString 是用来存放列表项文本的变量。

6. 与其他数据关联

CListBox::SetItemData()和 CListBox::SetItemDataPtr()能使用户数据和某个列表项关联起来。其函数原型如下：

```
int SetItemData(int nIndex,DWORD dwItemData);
int SetItemDataPtr(int nIndex,void *pData);
```

其中，SetItemData()是将一个 32 位数与列表项关联起来，而 SetItemDataPtr()可以将用户的数组、结构体等大量数据与列表项关联。若有错误产生时，两个函数都将返回 LB_ERR。

与上述函数对应的两个函数 GetItemData()和 GetItemDataPtr()分别用来获取相关联的用户数据。

4.5.4 列表框的通知消息

当列表框中发生了某个动作，如用户双击选择了列表框中某一选项时，列表框就会向其父窗口发送一条通知消息。列表框常用的通知消息如表 4-19 所示。

表 4-19 列表框的通知消息

通知消息	说　　　明
LBN_DBLCLK	用户双击列表框的某项字符串时发送此消息
LBN_KILLFOCUS	列表框失去键盘输入焦点时发送此消息
LBN_SELCHANGE	列表框中的当前选择项将要改变时发送此消息
LBN_SELCANCEL	当前选择项被取消时发送此消息
LBN_SETFOCUS	列表框获得键盘输入焦点时发送此消息

4.5.5 示例

【例 4.4】列表框的使用。

该应用示例有 4 个命令按钮，作为增加项目、删除项目和全部删除项目以及退出程序的按键。另外，还有一个编辑框作为新项目名称输入框，1 个静态文本用于显示项目数目，列表框用于显示项目列表，1 个静态文本用于显示标题。界面如图 4-21 所示。

具体步骤如下：

① 用 MFC AppWizard（.exe）创建一个名为 Ex4_4 的对话框应用程序。

② 利用资源编辑器，建立对话框：在窗口 Workspace 的 Resource 选项卡中打开 Dialog 资源组，双击 IDC_Ex4_4_DIALOG，在右边的窗口中显示出待编辑的对话框。首先右击对话框，在快捷菜单中选择 Properties 打开属性对话框，将其字体设置为"宋体 9 号"，标题设为"列表框的使

用"，然后用对话框编辑器依照图 4-21 进行界面设计。各控件属性见表 4-20。

图 4-21 例 4.4 运行界面

表 4-20 对话框对象属性

控 件	ID 号	Caption	其他属性
静态文本	默认	新增项目名：	默认
编辑框	IDC_NAME_EDIT		默认
列表框	IDC_LIST1		
静态文本	默认	总项目数：	默认
静态文本	IDC_NUMBER		sun
命令按钮 1	IDC_ADD	增加（&A）	默认
命令按钮 2	IDC_DEL	删除（&R）	默认
命令按钮 3	IDC_DEL_ALL	全删（&C）	默认
命令按钮 4	IDOK	退出（&X）	默认

③ 为对话框类增加成员变量。按【Ctrl+W】组合键或 View 菜单的 ClassWizard 打开 ClassWizard 对话框，选择 Member Variables 标签，在 Class name 中选择 CEx4_4Dlg，选中所需的控件 ID 号，双击它或单击 Add Variables 按钮，依次为下列控件增加成员变量（见表 4-21）。

表 4-21 控件变量

控件 ID 号	变 量 类 型	变 量 名
IDC_NAME_EDIT	CString	m_Name
IDC_LIST1	Control	m_List1
IDC_NUMBER	CString	m_Number

④ 为对话框类增加消息处理函数。切换到 ClassWizard 的 Message Maps 选项卡，在 Object IDs 列表框中选择对象 ID 号，在 Messages 列表框中选择消息，单击 Add Function 按钮，映射消息处理函数，如表 4-22 所示。

表 4-22 消息处理函数

对象 ID 号	消 息	消息处理函数
IDC_ADD	BN_CLICKED	OnAdd()
IDC_DEL	BN_CLICKED	OnDel()
IDC_DEL_ALL	BN_CLICKED	OnDelAll()
CEx4_4Dlg	WM_INITDIALOG	OnInitDialog()
IDC_LIST1	LBN_SELCHANGE	OnSelchangeList1()

⑤ 为消息处理函数添加代码。

- 对话框初始化消息处理函数 OnInitDialog()。

```
BOOL CEx4_4Dlg::OnInitDialog()
{
    //TODO: Add extra initialization here
    m_List1.AddString("China");
    m_Number.Format("%2d",m_List1.GetCount());
    UpdateData(FALSE);
    return TRUE;
}
```

- "增加"按钮的单击消息处理函数 OnAdd()。

```
void CEx4_4Dlg::OnAdd()
{
    //TODO: Add your control notification handler code here
    pdateData();
    if(m_Name.IsEmpty())
    {
      MessageBox("项目名不能为空!");
      return;
    }
    m_Name.TrimLeft();
    m_Name.TrimRight();
    if  ( m_List1.FindString(-1,m_Name)!=LB_ERR )
    {
      MessageBox("列表框中已有相同的项目名，不能添加! ");
      return;
    }
    m_List1.AddString(m_Name);

    m_Name="";
    int number;
    number=m_List1.GetCount();
    m_Number.Format("%2d",number);
    UpdateData(FALSE);
}
```

- "删除"按钮的单击消息处理函数 OnDel()。

```
void CEx4_4Dlg::OnDel()
{
    //TODO: Add your control notification handler code here
    int nIndex=m_List1.GetCurSel();
    if(nIndex!=LB_ERR)
    {
```

```
            m_List1.DeleteString(nIndex);
        }
        else
            MessageBox("当前没有选择项或列表框操作失败");
        m_Name="";
        m_Number.Format("%2d",m_List1.GetCount());
        UpdateData(FALSE);
    }
```

- "全部删除"按钮的单击消息处理函数 OnDelAll()。

```
    void CEx4_4Dlg::OnDelAll()
    {
        //TODO: Add your control notification handler code here
        m_List1.ResetContent();
        m_Number.Format("%2d",m_List1.GetCount());
        UpdateData(FALSE);
    }
```

- 列表框的选择改变消息处理函数 OnSelchangeList1()。

```
    void CEx4_4Dlg::OnSelchangeList1()
    {
        //TODO: Add your control notification handler code here
        int nIndex=m_List1.GetCurSel();
        if(nIndex!=LB_ERR)
        {
          m_List1.GetText(nIndex,m_Name);
          UpdateData(FALSE);
        }
    }
```

⑥ 编译运行并测试。

4.6 列表视图（CListCtrl）控件

4.6.1 概述

CListBox 控件为单选/多选列表框，只能显示一个字段，不能显示一条记录的信息。而 CListCtrl 控件类似于资源管理器的显示，可以显示一条记录。CListCtrl 控件可以以 4 种不同的方式显示列表内容，称为"视图"。

- 图标视图：每个项目看起来像完整尺寸的图标（32*32 像素），在它的下面有一个标签。用户可以拖动项目到列表视图窗口的任何位置。
- 小图标视图：每个项目看起来像一个小图标（16*16 像素），在它的右面有一个标签。用户可以拖动项目到列表视图窗口的任何位置。
- 列表视图：每个项目看起来像一个小图标，在它的右面有一个标签。项目以列表的方式排列，不能被拖动到列表视图窗口的任何位置。
- 报表视图：每个项目占一行。最左边的列包含小图标和标签，随后的列包含由应用程序指定的子项目。

该控件的当前列表视图的风格取决于当前视图。

4.6.2 风格及类型属性

列表视图类 CListCtrl 常见的风格属性如图 4-22 所示，表 4-23 为其风格说明。

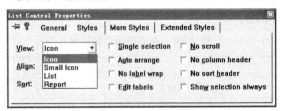

图 4-22 列表控件的风格属性

表 4-23 列表控件的风格属性

项　目	说　　　明
View	列表视图的显示风格：图标（Icon）、小图标（Small Icon）、列表（List）、报表（Report）
Align	列表中的文本对齐方式：顶端对齐（top）、左对齐（left）
Sort	列表中的记录排序：不排序（None）、升序（Ascending），降序（Descending）按照列表的第一列字母顺序排序
Border	选中时，使列表含有边框
Single selection	选中时，只能选择一条记录，否则，可以多行选择
Auto arrange	选中时，自动对齐网格上的项
No Label wrap	选中时，文本不折叠
Edit lables	选中时，可以编辑标签
No scroll	选中时，列表不能滚动
No column header	选中时，列表没有列表头
No sort header	选中时，没有排序的表头
Show selection always	总是显示选择项

4.6.3 列表控件常见的操作

与列表框类似，列表视图类 CListCtrl 提供了插入、删除、寻找、修改等操作函数，其列表项的索引值从 0 开始。常用的函数原型如下：

```
BOOL DeleteItem(int nItem);                         //删除指定的项
BOOL DeleteAllItems(); //删除所有的项
BOOL DeleteColumn(int nCol);                        //删除列表视图控件中指定列
int InsertItem(const LVITEM* pItem );               //插入一行
int InsertItem(int nItem,LPCTSTR lpszItem);         //插入一行
int InsertColumn(int nCol,const LVCOLUMN* pColumn); //插入一列
int InsertColumn(int nCol,LPCTSTR lpszColumnHeading,int nFormat=
        LVCFMT_LEFT,int nWidth=-1,int nSubItem=-1);  //插入一列
BOOL SetTextColor(COLORREF cr);                     //设置文本颜色
BOOL SetTextBkColor(COLORREF cr);                   //设置文本的背景色
BOOL SetBkColor(COLORREF cr);                       //设置列表框的背景色
int GetItemText(int nItem,int nSubItem,LPTSTR lpszText,int nLen) const;
    //取指定单元格的指定长度的文本赋值给 lpszText
CString GetItemText(int nItem,int nSubItem) const;  //获取指定单元格的文本
int GetItemCount();                                 //获取列表的项目总数（行数）
```

4.6.4 消息

当列表中发生了某个动作，如用户单击选择了列表中某一项时，列表就会向其父窗口发送一条通知消息。常用的通知消息如表 4-24 所示。

表 4-24 列表框的通知消息

通知消息	说明
NM_CLICK	用户单击列表时发送此消息
NM_DBLCLK	用户双击列表时发送此消息
NM_RCLICK	用户右键单击列表时发送此消息
NM_RDBLCLK	用户右键双击列表时发送此消息
NM_KILLFOCUS	列表失去焦点时发送此消息
LVN_ITEMCHANGED	列表中的当前选择项将要改变时发送此消息
LVN_COLUMNCLICK	用户单击列表的列时发送此消息
LVN_DETELEITEM	当删除列表项时发送此消息
LVN_SETFOCUS	列表框获得焦点时发送此消息

4.6.5 示例

【例 4.5】CListCtrl 控件的使用。

该示例有 1 个列表类控件用于记录信息列表，显示每个学生的姓名、数学成绩、英语成绩以及总分，3 个编辑框用于编辑修改记录信息，6 个命令按钮，作为初始化列表风格、增加记录、删除记录、修改记录、计算总分以及退出程序的按键。运行界面如图 4-23 所示。

具体步骤如下：

① 用 MFC AppWizard（.exe）创建一个名为 Ex4_5 的对话框应用程序。

② 利用资源编辑器，建立对话框：在窗口 Workspace 的 Resource 选项卡中打开 Dialog 资源组，双击 IDC_Ex4_5_DIALOG，在右边的窗口中显示出待编辑的对话框。首先右击对话框，在快捷菜单中选择 Properties 打开属性对话框，将其字体设置为"宋体 9 号"，标题设为"CListCtrl 控件的使用示例"，然后用对话框编辑器依照图 4-24 进行界面设计。各控件属性如表 4-25 所示。

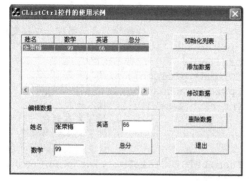

图 4-23 例 4.5 运行界面

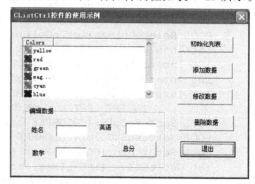

图 4-2 例 4.5 设计界面

表 4-25 对话框对象属性

控件	ID 号	Caption	其他属性
列表控件	IDC_LIST1		
分组框	默认	编辑数据	默认
静态文本	默认	姓名	默认
编辑框	IDC_EDIT_NAME		默认
静态文本	默认	英语	默认
编辑框	IDC_EDIT_MATH		默认
静态文本	默认	数学	默认
编辑框	IDC_EDIT_ENGLISH		默认
命令按钮 1	IDC_BUTTON_INIT	初始化列表	默认
命令按钮 2	IDC_BUTTON_ADD	添加数据	默认
命令按钮 3	IDC_BUTTON_EDIT	修改数据	默认
命令按钮 4	IDC_BUTTON_DEL	删除数据	默认
命令按钮 5	IDC_BUTTON_SUM	总分	默认
命令按钮 6	IDOK	退出	默认

③ 为对话框类增加成员变量。按【Ctrl+W】组合键或选择 View 菜单的 ClassWizard 命令，打开 ClassWizard 对话框，切换到 Member Variables 选项卡，在 Class name 中选择 CEx4_5Dlg，选中所需的控件 ID 号，双击它或单击 Add Variables 按钮，依次为下列控件增加成员变量（见表 4-26）。

表 4-26 控件变量

控件 ID 号	变 量 类 型	变 量 名
IDC_EDIT_NAME	CString	m_Name
IDC_EDIT_MATH	CString	m_Math
IDC_EDIT_ENGLISH	CString	m_English
IDC_LIST1	CListCtrl	m_List

④ 为对话框类增加消息处理函数。切换到 ClassWizard 的 Message Maps 选项卡，在 Object IDs 列表框中选择对象 ID 号，在 Messages 列表框中选择消息，单击 Add Function 按钮，映射消息处理函数，如表 4-27 所示。

表 4-27 消息处理函数

对象 ID 号	消 息	消息处理函数
IDC_BUTTON_INIT	BN_CLICKED	OnButtonInit()
IDC_BUTTON_ADD	BN_CLICKED	OnButtonAdd()
IDC_BUTTON_EDIT	BN_CLICKED	OnButtonEdit()
IDC_BUTTON_DEL	BN_CLICKED	OnButtonDel()
IDC_BUTTON_SUM	BN_CLICKED	OnButtonSum()
IDC_LIST1	NM_CLICK	OnClickList()

⑤ 为消息处理函数添加代码。

- "初始化列表"按钮的单击消息处理函数。

```
void CEx4_5Dlg:: OnButtonInit()              //初始化
{
    //TODO: Add your control notification handler code here
    //设置列表框控件的扩展风格
    DWORD  dwExStyle=LVS-EX-FULLROWSELECT|LVS-EX-GRIDLINES|
           LVS-EX-HEADERDRAGDROP|LVS-EX-ONECLICKACTIVATE;
    //整行选择/有表格线/表头/单击激活
    m-List.ModifyStyle(0,LVS-REPORT|LVS-SINGLESEL|LVS-SHOWSELALWAYS);
    //报表风格/单行选择/高亮显示选择行
    m-List.SetExtendedStyle(dwExStyle);
    //设置列表框控件的颜色
    m-List.SetTextColor(RGB(200,200,0));
    m-List.SetBkColor(RGB(240,247,233));
    //初始化列表，插入4列
    m-List.InsertColumn(0,"姓名",LVCFMT-CEnter,65,0);
    m-List.InsertColumn(1,"数学",LVCFMT-CEnter,65,0);
    m-List.InsertColumn(2,"英语",LVCFMT-CEnter,65,0);
    m-List.InsertColumn(3,"总分",LVCFMT-CEnter,65,0);
}
```

- "添加数据"按钮的单击消息处理函数。

```
void CEx4-5Dlg::OnButtonAdd()              //添加项目行
{
    //TODO: Add your control notification handler code here
    UpdateData();
    //获取当前的记录条数
    int nIndex=m_List.GetItemCount();
    //定义项目（行）的数据结构
    LV_ITEM lvItem;
    lvItem.mask=LVIF_TEXT;
    lvItem.iItem=nIndex;                    //第nIndex行
    lvItem.iSubItem=0;                      //第1列
    lvItem.pszText=(char *)(LPCTSTR)m-Name;
    //在最后一行插入记录
    m-List.InsertItem(&lvItem);
    //设置该行其他列的值
    m_List.SetItemText(nIndex,1,m_Math);
    m-List.SetItemText(nIndex,2,m-English);
    m-Name="";
    m-Math="";
    m-English="";
    UpdateData(FALSE);
}
```

- "总分"按钮的单击消息处理函数。

```
void CEx4_5Dlg::OnButtonSum()              //合计
{
    //TODO: Add your control notification handler code here
    //获取当前的记录条数
    int nIndex=m-List.GetItemCount();
    int sum=0;
    for(int i=0;i<nIndex;i++)
```

```
        {
        sum=sum+atoi(m_List.GetItemText(i,1));
         sum=sum+atoi(m_List.GetItemText(i,2));
        CString s1;
        s1.Format("%d",sum);
        m_List.SetItemText(i,3,s1);
        }
    }
```

- "修改数据" 按钮的单击消息处理函数。

```
void CEx4_5Dlg::OnButtonEdit()     //修改
{
    //TODO: Add your control notification handler code here
    UpdateData();
    int nItem=m_List.GetNextItem(-1,LVNI_SELECTED);
    if(nItem!=-1)
    {
        m_List.SetItemText(nItem,0,m_Name);
        m_List.SetItemText(nItem,1,m_Math);
        m_List.SetItemText(nItem,2,m_English);
    }
}
```

- "删除数据" 按钮的单击消息处理函数。

```
void CEx4_5Dlg::OnButtonDel()       //删除选定的项目
{
    //TODO: Add your control notification handler code here
    int nItem=m_List.GetNextItem(-1,LVNI_SELECTED);
    if(nItem!=-1)
    {
    m_List.DeleteItem(nItem);
    }
    m_Name="";
    m_Math="";
    m_English="";
    UpdateData(FALSE);
}
```

- 选定某条记录，单击列表控件的消息处理函数。

```
void CEx4_5Dlg::OnClickList(NMHDR* pNMHDR,LRESULT* pResult)   //单击列表控件
{
    //TODO: Add your control notification handler code here
    int nItem=m_List.GetNextItem(-1,LVNI_SELECTED);
    if(nItem!=-1)
    {
        m_Name=m_List.GetItemText(nItem,0);
        m_Math=m_List.GetItemText(nItem,1);
        m_English=m_List.GetItemText(nItem,2);
    }
    UpdateData(FALSE);
    //////////
    *pResult=0;
}
```

⑥ 编译运行并测试。

4.7   组合框（CComboBox）控件

4.7.1   概述

组合框控件与列表框控件类似，向用户提供可选择项目的列表。但是组合框控件将编辑框和列表框的功能结合在一起了，用户可以通过在组合框中输入文本来选定项目，也可以直接从列表框中选定项目。如果项目数超过了组合框中可显示的数目，控件上将自动添加滚动条，以供用户上下左右滚动列表。

列表框和组合框功能相似，但列表框通常用在希望将输入限制在列表之内的情况。而组合框则是用于建议性的选项列表。如果需要的选项不在列表中，则可另外输入。

4.7.2   风格及类型属性

按照组合框的主要风格特征，可把组合框分为 3 类：简单组合框、下拉式组合框、下拉式列表框。

简单组合框和下拉式组合框都包含有列表框和编辑控件，但是简单组合框中的列表框不需要下拉，是直接显示出来的；而当用户单击下拉式组合框中的下拉按钮时，下拉的列表框才被显示出来。下拉式列表框虽然具有下拉式的列表，却没有文字编辑功能。

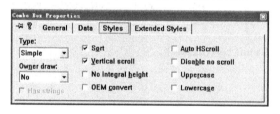

图 4-25   组合框的属性对话框

组合框还有其他一些风格，这些风格如图 4-25 所示的组合框的属性对话框中设置，其各项含义如表 4-28 所示。

表 4-28   组合框控件的 Style 属性

项　　目	说　　　　　明
Type	指定组合框的类型：简单（Single）、下拉（Dropdown）、下拉列表框（Drop List）
Owner draw	自画组合框，默认为 No
Has strings	选中时，在自画组合框中的项目中含有字符串文本
Sort	选中时，组合框的项目按字母顺序排序
Vertical scroll	选中时，组合框中创建一个垂直滚动条
No integral height	选中时，在创建组合框的过程中，系统会把用户指定的尺寸完全作为组合框的尺寸，而不管是否会有项目在组合框中的列表中不能完全显示出来
OEM convert	选中时，实现对特定字符集的字符转换
Auto HScroll	选中时，当用户在行尾输入一个字符时，文本自动向右滚动

项　　目	说　　　　明
Disable no scroll	选中时，即使组合框中的列表项能全部显示，垂直滚动条也会显示，但此时是禁用的
Uppercase	选中时，输入在编辑框的字符全部转换成大写形式
Lowercase	选中时，输入在编辑框的字符全部转换成小写形式

4.7.3　组合框常见的操作

组合框的操作分为两类，一类是对组合框的列表框进行操作，另一类是对组合框中的编辑框进行操作。这些操作可调用 CComboBox 成员函数来实现，如表 4-29 所示。

表 4-29　CComboBox 类常用成员函数

成员函数	作　　用	说　　　　明
int AddString(LPCTSTR lpszString);	向组合框添加字符串	错误时返回 CB_ERR；空间不够时，返回 CB_ERRSPACE
int DeleteString(UINT nIndex);	删除指定的索引项	返回剩下的列表项总数，错误时返回 CB_ERR
int InsertString(int nIndex, LPCTSTR lpszString);	在指定的位置处插入字符串，若 nIndex=-1，则向组合框尾部添加	返回插入字符串的索引，错误时返回 CB_ERR；空间不够时，返回 CB_ERRSPACE
void ResetContent();	删除组合框的全部项和编辑文本	
int FindString(int nStartAfter, LPCTSTR lpszString) const;	查找字符串	参数 1=搜索起始项的索引，-1 时从头开始，参数 2=被搜索字符串
int FindStringExact(int nIndexStart, LPCTSTR lpszString) const;	精确查找字符串	返回匹配项的索引，错误时返回 CB_ERR
Int SelectString(int nStartAfter, LPCTSTR lpszString);	选定指定的字符串	返回选择项的索引，若当前选择项没有改变则返回 CB_ERR
int GetCurSel() const;	获得当前选择项的索引	当没有当前选择项时返回 CB_ERR
int SetCurSel(int nSelect);	设置当前选择项	参数为当前选择项的索引，-1 时，没有选择项。错误时返回 CB_ERR
int GetCount() const;	获取组合框的项数	错误时返回 CB_ERR
int GetLBText(int nIndex,LPTSTR lpszText) const;	获取指定项的字符串	返回字符串的长度，若参数无效时返回 CB_ERR
void GetLBText(int nIndex, Cstring & rString) const;		
int GetLBTextLen(int nIndex) const;	获取指定项的字符串长度	若参数无效时返回 CB_ERR

4.7.4　消息

在组合框的通知消息中，有的是操作列表框发出的，有的是操作编辑框发出的，如表 4-30 所示。

表 4-30　组合框控件的通知消息

通知消息	说　　　　明
CBN_CLOSEUP	当组合框的列表关闭时发送此消息
CBN_DBLCLK	用户双击组合框的某项字符串时发送此消息
CBN_DROPDOWN	当组合框的列表打开时发送此消息
CBN_EDITCHANGE	当编辑框的文本被修改，新文本显示之后发送此消息
CBN_EDITUPDATE	当编辑框的文本被修改，新文本显示之前发送此消息
CBN_SELENDCANCEL	当前选择项被取消时发送此消息
CBN_SELENDOK	当用户选择一个项并按下【Enter】键或单击下三角按钮隐藏列表框时发送此消息
CBN_KILLFOCUS	组合框失去键盘输入焦点时发送此消息
CBN_SELCHANGE	组合框中的当前选择项将要改变时发送此消息
CBN_SETFOCUS	组合框获得键盘输入焦点时发送此消息

4.7.5　示例

【例 4.6】组合框的使用。与例 4.4 基本相同，只不过用组合框代替编辑框和列表框。界面如图 4-26 所示。

具体步骤如下：

① 用 MFC AppWizard（.exe）创建一个名为 Ex4_6 的对话框应用程序。

② 利用资源编辑器，建立对话框：在窗口 Workspace 的 Resource 选项卡中打开 Dialog 资源组，双击 IDC_Ex4_6_DIALOG，在右边的窗口中显示出待编辑的对话框。首先右击对话框，在快捷菜单中选择 Properties 打开属性对话框，将其字体设置为"宋体 9 号"，标题设为"组合框的使用"，然后用对话框编辑器依照图 4-26 设计界面。各控件属性见表 4-31。

图 4-26　【例 4.6】开发界面

表 4-31　对话框对象属性

控　件	ID 号	Caption	其　他　属　性
静态文本	默认	新增项目名	默认
组合框	IDC_COMBO1		Simple，其余默认
静态文本	默认	总项目数：	默认
静态文本	IDC_NUMBER		Sunken，其余默认
命令按钮 1	IDC_ADD	增加（&A）	默认
命令按钮 2	IDC_DEL	删除（&R）	默认
命令按钮 3	IDC_DEL_ALL	全删（&C）	默认
命令按钮 4	IDOK	退出（&X）	Default button，其余默认

③ 为对话框类增加成员变量。按【Ctrl+W】组合键或选择 View 菜单的 ClassWizard 命令，打开

ClassWizard 对话框，选择 Member Variables 选项卡，在 Class name 中选择 CEx4_4Dlg，选中所需的控件 ID 号，双击它或单击 Add Variables 按钮，依次为下列控件增加成员变量（见表 4-32）。

表 4-32　控件变量

控件 ID 号	变 量 类 型	变 量 名
IDC_COMBO1	CComboBox	M_Combol
IDC_NUMBER	CString	m_Number

④ 为对话框类增加消息处理函数。切换到 ClassWizard 的 Message Maps 选项卡，在 Object IDs 列表框中选择对象 ID 号，在 Messages 列表框中选择消息，单击 Add Function 按钮，映射消息处理函数，如表 4-33 所示。

表 4-33　消息处理函数

对象 ID 号	消　　息	消息处理函数
IDC_ADD	BN_CLICKED	OnAdd()
IDC_DEL	BN_CLICKED	OnDel()
IDC_DEL_ALL	BN_CLICKED	OnDelAll()
CEx4_6Dlg	WM_INITDIALOG	OnInitDialog()

⑤ 为消息处理函数添加代码。

- 对话框初始化消息处理函数 OnInitDialog()。

```
BOOL CEx4_6Dlg::OnInitDialog()
{
    //TODO:Add extra initialization here
    CString str[4]={"China","America","Japan","Canada"};
    for(int i=0;i<4;i++)
    {
        m-Combo1.AddString(str[i]);   //添加选项
    }
    m-Combo1.SetCurSel(0);
    m-Number.Format("%2d",m-Combo1.GetCount());
    UpdateData(FALSE);
    return TRUE;
}
```

- "增加"命令按钮的单击消息处理函数 OnAdd()。

```
void CEx4_6Dlg::OnAdd()
{
    //TODO: Add your control notification handler code here
    int nIndex=m-Combo1.GetCurSel();
    char sName[10];                          //定义一个长度为 10 的字符数组
    m_Combo1.GetWindowText(sName,10);
    //获取列表框的窗口文本给字符数组 sName
    if(m_Combo1.FindString(-1,sName)!=CB-ERR)   //如果列表项中有相同的项目名
    {
        MessageBox("列表框中已有相同的项目名，不能添加!");
        return;
    }
    m-Combo1.InsertString(nIndex,sName);       //插入项目字符串
```

```
    m-Number.Format("%2d",m-Combo1.GetCount());    //设置项目数目
    UpdateData(FALSE);                             //在控件中显示
}
```

- "删除"按钮的单击消息处理函数 OnDel()。

```
void CEx4_6Dlg::OnDel()
{
    //TODO:Add your control notification handler code here
    int nIndex=m-Combo1.GetCurSel();
    if(nIndex==CB-ERR)
    {
        MessageBox("你没有选择列表项");
    }
    m-Combo1.DeleteString(nIndex);
    m-Number.Format("%2d",m-Combo1.GetCount());
    UpdateData(FALSE);
}
```

- "全部删除"按钮的单击消息处理函数 OnDelAll()。

```
void CEx4_6Dlg::OnDelAll()
{
    //TODO:Add your control notification handler code here
    m-Combo1.ResetContent();
    m-Number.Format("%2d",m-Combo1.GetCount());
    UpdateData(FALSE);
}
```

⑥ 编译运行并测试。

4.8　滚动类控件

4.8.1　概述

在 VC++中,能够滚动的控件包括:滚动条(CScrollBar)、滑动条(Cslider)和旋转按钮(Cspin),图 4-27 是三种控件在应用程序中的外观。滚动控件是一个独立的窗口,可以用于数值的改变,虽然它具有直接的输入焦点,但不能自动地滚动窗口的内容,而且,当用户对它们进行操作时,都会向父窗口发送 WM_HSCROLL 或 WM_VSCROLL 消息。滚动条分为水平滚动条和垂直滚动条两种,主要用在那些不支持滚动的应用程序和控件中,给它们提供滚动巡视功能。

滚动条　　　　滑动条　　　　旋转按钮

图 4-27　滚动条控件

4.8.2　属性

1. 滚动条

滚动条控件的风格属性最简单,只有一个 Align,有三个值:None、Top/Left、Bottom/Right。

2．旋转按钮

一个旋转按钮通常是与一个相伴的控件一起使用的，这个控件称为"伙伴窗口"。若相伴的控件的 Tab 键序恰好在旋转按钮的前面，则旋转按钮可以自动定位在它的伙伴窗口旁边，看起来就像一个单一的控件。通常，将一个旋转按钮控件与一个编辑控件一起使用，以提示用户进行数字输入。点击向上箭头使当前位置向最大值方向滚动，而点击向下箭头使当前位置向最小值方向滚动。旋转按钮的风格属性如图 4-28 所示。

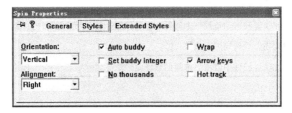

图 4-28　旋转按钮的 Styles 属性

表 4-34　旋转按钮的 Styles 属性

项　　目	说　　　　　　　明
Orientation	控件放置方向：Vertical（垂直）、Horizontal（水平）
Alignment	控件在伙伴窗口的位置安排：Unattached(不相干)、Right（右边）、Left（左边）
Auto buddy	选中此项，自动选择一个 Z-order 中的前一个窗口作为控件的伙伴窗口
Set buddy integer	选中此项，使控件设置伙伴窗口数值，这个值可以是十进制或十六进制
No thousands	选中此项，不在每隔三个十进制数字的地方加上千分隔符
Arrow keys	选中此项，当按下向上和向下方向键时，也能增加或减小

注意：

① 默认时，旋转按钮的最小值是 100，最大值是 0。当用户点击向上箭头时减少数值，而点击向下箭头时则增加数值。因此，用户应该使用成员函数 CSpinButtonCtrl::SetRange 来改变最小和最大值。

② 当旋转按钮的属性 Auto buddy 被选中时，自动选择键序相邻的前一个控件为其伙伴窗口，一般其伙伴窗口为编辑框。

③ 为避免 DDX 冲突，一般情况下，不要选择旋转按钮的 Set buddy integer 属性。

3．滑动条

滑动条控件是由滑动块和刻度线组成的。当用户用鼠标移动滑块时，控件发送通知消息来表明这些改变。滑动条的风格如图 4-29 所示。各属性说明如表 4-35 所示。

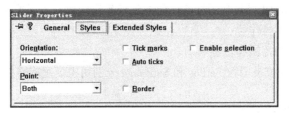

图 4-29　滑动条的 Styles 属性对话框

表 4-35 滑动条的 Style 属性

项 目	说 明
Orientation	控件放置方向：Vertical（垂直）、Horizontal（水平,默认）
Point	刻度线在滑动条控件中放置的位置。Both（两边都有）、Top/Left（水平滑动条的上边或垂直滑动条的左边，同时滑动块的尖头指向有刻度线的哪一边）、Bottom/Right（水平滑动条的下边或垂直滑动条的右边，同时滑动块的尖头指向有刻度线的哪一边）
Tick mark	选中此项，在滑动条控件上显示刻度线
Auto ticks	选中此项，在滑动条控件上的每个增量位置处都有刻度线，并且增量大小自动根据其范围来确定
Border	选中此项，控件周围有边框
Enable selection	选中此项，控件中供用户选择的数值范围高亮显示

4.8.3 操作

1．滚动条的基本操作

滚动条类 CScrollBar 的成员函数实现了滚动条的操作。一般包括设置和获取滚动条的范围和滑动块的相应位置。

（1）设置滚动条的范围

由于滚动条控件的默认滚动范围是 0～0，因此在使用滚动条之前必须设定其滚动范围。CScrollBar 类的成员函数 SetScrollRange()用于设置滚动条的滚动位置，格式如下：

```
void SetScrollRange(int nMinPos,int nMaxPos,BOOL bRedraw=TRUE);
```

其中，nMinPos 和 nMaxPos 表示滚动位置的最小值和最大值，bRedraw 为重画标志，为 TRUE 时，滚动条被重画。

（2）设置滚动块的位置

滚动条类 CScrollBar 的成员函数 SetScrollPos 来设置滚动块的位置，其原型如下：

```
int SetScrollPos(int nPos,BOOL bRedraw=TRUE);
```

其中，nPos 表示滚动块的新位置，它必须在滚动范围之内；bRedraw 为重画标志，为 TRUE 时，滚动条被重画。

（3）获取滚动条的当前位置与范围

与 SetScrollRange()和 SetScrollPos()相对应的两个函数 GetScrollRange()和 GetScrollPos()分别用来获取滚动条的当前范围和当前滚动位置：

```
void GetScrollRange(LPINT lpMinPos,LPINT lpMaxPos);
int GetScrollPos();
```

2．旋转按钮

MFC 的 CSpinButtonCtrl 类封装了旋转按钮的各种操作函数，使用他们可以进行基数、范围、位置的设置和获取等基本操作。

（1）设置旋转按钮的范围和位置

CSpinButtonCtrl 类的成员函数 SetPos 和 SetRange 分别用来设置旋转按钮控件的当前位置和范围，格式如下：

```
int SetPos(int nPos);
```

其中，参数 nPos 表示控件的新位置，它必须在控件的上限和下限指定的范围之内。

```
void SetRange(int nLower,int nUpper);
```

其中，nLower 和 nUpper 表示控件的下限和上限。任何一个界限值都不能大于 0x7fff 或小于 −0x7fff。

（2）获取旋转按钮的当前位置与范围

CSpinButtonCtrl 类的成员函数 GetPos()和 GetRange()分别用来获取旋转按钮控件的当前位置和范围，格式如下：

```
int GetPos();
void GetRange(int &nLower,int &nUpper );
```

（3）控件的加速设置

CSpinButtonCtrl 类的成员函数 SetAccel()和 GetAccel()分别用来设置和获取旋转按钮控件的加速度。函数 SetAccel 的原型如下：

```
BOOL SetAccel(int nAccel,UDACCEL*pAccel);
```

其中，参数 nAccel 表示由 pAccel 指定的 UDACCEL 结构的数目。pAccel 是指向一个 UDACCEL 结构数组的指针，该数组包含了加速信息，其结构如下：

```
typedef struct{
      UNIT   nSec;     //位置改变前所等待的秒数
      UINT   nInc;     //位置增量
}UDACCEL, FAR*LPUDACCEL;
```

3. 滑动条

MFC 的 CSliderCtrl 类封装了滑动条控件的各种操作函数，包括范围、位置的设置和获取等。

（1）滑动条的范围和滑动块的位置的设置和获取

CSliderCtrl 类的成员函数 SetPos()和 SetRange()分别用来设置滑动条控件的位置和范围，格式如下：

```
void SetPos(int nPos);
```

其中，参数 nPos 表示滑动块的新位置，它必须在控件的上限和下限指定的范围之内。

```
void SetRange(int nMin,int nMax,BOOL bRedraw=FALSE);
```

其中，参数 nMin 和 nMax 表示滑动条的最小和最大位置，bRedraw 表示重画标志，为 TRUE 时，滑动条被重画。

与上述函数相对应的成员函数 GetPos()和 GetRange()分别用来获取滑动条的当前位置与范围。

（2）刻度线尺寸的设置和清除

成员函数 SetTic()用来设置滑动条控件中的一个刻度线的位置。函数成功调用后返回非零值；否则返回 0。

```
BOOL SetTic(int nTic);
```

其中，参数 nTic 标示刻度线的位置。

成员函数 SetTicFreq 用来设置显示在滑动条中刻度线的疏密程度。其函数原型如下：

```
void SetTicFreq(int nFreq);
```

其中，参数 nFreq 表示刻度线的疏密程度。例如，如果参数被设置为 2，则滑动条的范围中每两个增量显示一个刻度线。要使这个函数有效，必须在属性对话框中选中 Auto ticks 项。

成员函数 ClearTics 用来从滑动条中删除当前的刻度线。其函数原型如下：

```
void ClearTics(BOOL bRedraw=FALSE);
```

其中，参数 bRedraw 表示重画标志。若这个参数为 TRUE，则在选择被清除后重画滑动条。

（3）选择范围的设置

成员函数 SetSelection 用来设置一个滑动条控件中当前选择的开始和结束位置。其函数原型如下：
```
void SetSelection(int nMin,int nMax);
```
其中，参数 nMin、nMax 表示滑动条的开始和结束位置。

4.8.4 消息 WM_HSCROLL 和 WM_VSCROLL

当用户对滚动条类的控件，如：滚动条、滑动条、旋转按钮等进行操作时，滚动控件都会向父窗口发送 WM_HSCROLL（水平滚动）和 WM_VSCROLL（垂直滚动）消息。这些消息是通过 ClassWizard 在其对话框（父窗口）中进行映射的，并产生相应的消息映射函数 OnHScroll()和 OnVScroll()，这两个函数原型如下：
```
afx_msg void OnHScroll(UNIT nSBCode,UINT nPos,CScrollBar *pScrollBar);
afx_msg void OnVScroll(UNIT nSBCode,UINT nPos,CScrollBar *pScrollBar);
```
其中，nPos 表示滚动块的当前位置，pScrollBar 表示滚动控件的指针，nSBCode 表示滚动条控件的通知码。表 4-36 列出了各滚动控件的通知消息码的含义。

表 4-36　滚动控件的通知消息码 nSBCode 的常量

控件	通 知 消 息	说　明
滚动条	SB_LEFT、SB_RIGHT	滚动到最左端或最右端时发送此消息
	SB_TOP、SB_BOTTOM	滚动到最上端或最下端时发送此消息
	SB_LINELEFT、SB_LINERIGHT	向左或右滚动一行时发送此消息
	SB_LINEUP、SB_LINEDOWN	向上或下滚动一行时发送此消息
	SB_PAGELEFT、SB_PAGERIGHT	向左或右滚动一页时发送此消息
	SB_PAGEUP、SB_PAGEDOWN	向上或下滚动一页时发送此消息
	SB_THUMBPOSITION	滚动到某绝对位置时发送此消息
	SB_THUMBTEACK	拖动滑块时发送此消息
	SB_ENDSCROLL	结束滚动
滑动条	TB_TOP、TB_BOTTOM	
	TB_LINEUP、TB_LINEDOWN	
	TB_PAGEUP、TB_PAGEDOWN	含义同上
	TB_THUMBPOSITION	
	TB_THUMBTEACK	
旋转按钮	UDN_DELTAPOS	当控件的当前值将要改变时向其父窗口发送的

4.8.5 示例

【例 4.7】滚动条的使用。创建 3 个滚动条，分别用来控制红、绿、蓝三种颜色的变化，并在编辑框中显示当时的 RGB 的值，变化的颜色效果以填充椭圆的方式表现出来。界面如图 4-30 所示
具体步骤如下：
① 用 MFC AppWizard（.exe）创建一个名为 Ex4_7 的对话框应用程序。
② 利用资源编辑器，建立对话框：在窗口 Workspace 的 Resource 选项卡中打开 Dialog 资源

组，双击 IDC_Ex4_7_DIALOG，在右边的窗口中显示出待编辑的对话框。首先右击对话框，在快捷菜单中选择 Properties 命令，打开属性对话框，将其字体设置为"宋体 9 号"，标题设为 Scroll，然后用对话框编辑器依照图 4-30 进行界面设计。各控件属性如表 4-37 所示。

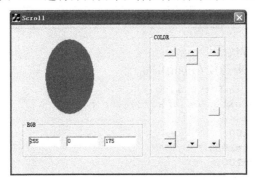

图 4-30　例 4.7 运行界面

表 4-37　对话框对象属性

控件	ID 号	Caption	其他属性
分组框	默认	RGB	默认
编辑框	IDC_EDIT1	默认	默认
编辑框	IDC_ EDIT2	默认	默认
编辑框	IDC_EDIT3	默认	默认
分组框	默认	COLOR	默认
滚动条	IDC_SCROLL1	默认	默认
滚动条	IDC_SCROLL2	默认	默认
滚动条	IDC_SCROLL3	默认	默认

③　为对话框类增加成员变量。按【Ctrl+W】组合键或选择 View 菜单的 ClassWizard 命令，打开 ClassWizard 对话框，切换到 Member Variables 选项卡，在 Class name 中选择 CEx4_7Dlg，选中所需的控件 ID 号，双击它或单击 Add Variables 按钮，依次为下列控件增加成员变量（见表 4-38）。

表 4-38　对话框中各控件的成员变量

控件 ID 号	变量类型	变量名
IDC_EDIT1	int	m_Red_Edit
IDC_EDIT2	int	m_Green_Edit
IDC_ EDIT3	int	m_Blue_Edit
IDC_SCROLL1	CScrollBar	m_Red_Scroll
IDC_SCROLL2	CScrollBar	m_Green_Scroll
IDC_SCROLL3	CScrollBar	m_Blue_Scroll

④　为对话框类增加消息处理函数。切换到 ClassWizard 的 Message Maps 选项卡，在 Object Ids 列表框中选择对象 ID 号，在 Messages 列表框中选择消息，单击 Add Function 按钮，映射消息处理函数（见表 4-39）。

表 4-39   对话框的消息处理函数

对象 ID 号	消　　息	消息处理函数
CEx4_7Dlg	WM_VSCROLL	OnVScroll()
CEx4_7Dlg	WM_INITDIALOG	OnInitDialog()

⑤ 为消息处理函数添加代码。

- 对话框初始化消息处理函数 OnInitDialog()。

```
BOOL CEx4_7Dlg::OnInitDialog()
{ //TODO: Add extra initialization here
  //设置颜色的初始值
  m_Red_Edit=100;
  m_Green_Edit=100;
  m_Blue_Edit=100;
  //设置滚动条的滚动范围
  m_Red_Scroll.SetScrollRange(0,255);
  m_Green_Scroll.SetScrollRange(0,255);
  m_Blue_Scroll.SetScrollRange(0,255);
  //设置滚动条滑块的位置
  m_Red_Scroll.SetScrollPos(100);
  m_Green_Scroll.SetScrollPos(100);
  m_Blue_Scroll.SetScrollPos(100);
  //将数据传送给控件显示
  UpdateData(FALSE);
  return TRUE; //return TRUE  unless you set the focus to a control
}
```

- 垂直滚动条的垂直滚动消息。

```
void CEx4_7Dlg::OnVScroll(UINT nSBCode,UINT nPos,CScrollBar*pScrollBar)
{ //TODO: Add your message handler code here and/or call default
  //获取滚动条的位置，赋值给编辑框控件变量
  m_Red_Edit=m_Red_Scroll.GetScrollPos();
  m_Green_Edit=m_Green_Scroll.GetScrollPos();
  m_Blue_Edit=m_Blue_Scroll.GetScrollPos();
  //判断哪个滚动条滚动，并将滑块的位置赋值给编辑框控件变量
  if(pScrollBar==&m_Red_Scroll)
  {
      switch(nSBCode)
      {
        case SB_THUMBTRACK:
          m_Red_Scroll.SetScrollPos(nPos);
          m_Red_Edit=nPos;
          break;
      }
  }
  if(pScrollBar==&m_Green_Scroll)
  {
      switch(nSBCode)
      {
        case SB_THUMBTRACK:
          m_Green_Scroll.SetScrollPos(nPos);
          m_Green_Edit=nPos;
          break;
      }
```

```
    }
    if(pScrollBar==&m_Blue_Scroll)
    {
        switch(nSBCode)
        {
            case SB_THUMBTRACK:
                m_Blue_Scroll.SetScrollPos(nPos);
                m_Blue_Edit=nPos;
                break;
            case SB_LINEDOWN:
                m_Blue_Edit+=1;
                m_Blue_Scroll.SetScrollPos(m_Blue_Edit);
                break;
        }
    }
    //更新控件，在编辑框中显示
    UpdateData(false);
    CDC* pDC=GetDC();                                    //获取设备环境指针
    CBrush newBrush;                                     //定义新画刷
    CPen newPen;                                         //定义新画笔
    newBrush.CreateSolidBrush(RGB(m_Red_Edit,m_Green_Edit,m_Blue_Edit));
    newPen.CreatePen(PS_SOLID,1,RGB(m_Red_Edit,m_Green_Edit,m_Blue_Edit));
    pDC->SelectObject(&newPen);                          //选入新画笔
    pDC->SelectObject(&newBrush);                        //选入新画刷
    pDC->Ellipse(70,40,170,200);                         //画椭圆
    ReleaseDC(pDC);                                      //释放设备环境指针
    CDialog::OnVScroll(nSBCode, nPos, pScrollBar);
}
```

⑥ 编译并运行程序。

【例 4.8】滚动条、滑动条和旋转按钮的使用。

创建一个滚动条、一个滑动条和一个旋转按钮，分别用来控制红、绿、蓝 3 种颜色的变化，并在编辑框中显示当前的 RGB 的值，变化的颜色效果在左边矩形的静态文本框中以填充矩形的方式表现出来。此外，还可以通过改变 3 个编辑框的值来改变颜色。界面如图 4-31 所示。

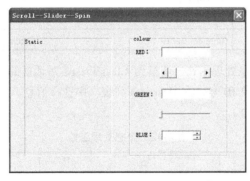

图 4-31　例 4.8 界面

具体步骤如下：

① 用 MFC AppWizard（.exe）创建一个名为 Ex4_8 的对话框应用程序。

② 利用资源编辑器，建立对话框：在窗口 Workspace 的 Resource 选项卡中打开 Dialog 资源组，双击 IDC_Ex4_8_DIALOG，在右边的窗口中显示出待编辑的对话框。首先右击对话框，在快捷

菜单中选择 Properties 命令，打开属性对话框，将其字体设置为"宋体 9 号"，标题设为 Scroll--Slider--Spin，然后用对话框编辑器依照图 4-31 进行界面设计。各控件属性如表 4-40 所示。

表 4-40　对话框对象属性

控　件	ID　号	Caption	其 他 属 性
静态文本	IDC_DRAW	默认	Client edge
分组框	默认	Color	默认
静态文本	默认	RED:	默认
编辑框	IDC_RED_EDIT	默认	默认
滚动条	IDC_SCROLL1	默认	默认
静态文本	默认	GREEN:	默认
编辑框	IDC_GREEN_EDIT	默认	默认
滑动条	IDC_SLIDER1	默认	默认
静态文本	默认	BLUE:	默认
编辑框	IDC_BLUE_EDIT	默认	默认
旋转按钮	IDC_SPIN1	默认	Auto buddy

③ 为对话框类增加成员变量。按【Ctrl+W】组合键或选择 View→ClassWizard 命令，弹出 ClassWizard 对话框，切换到 Member Variables 选项卡，在 Class name 列表框中选择 CEx4_8Dlg 选项，双击所需的控件 ID 号，或选中后单击 Add Variables 按钮，依次为下列控件增加成员变量（见表 4-41）。

表 4-41　成员变量

控件 ID 号	变 量 类 型	变 量 名
IDC_RED_EDIT	int	m_Red_Edit
IDC_GREEN_EDIT	int	m_Green_Edit
IDC_BLUE_EDIT	int	m_Blue_Edit
IDC_SCROLL1	CSscrollBar	m_Red_Scroll
IDC_SLDER1	CSlinderCtrl	m_Green_Slider
IDC_SPIN1	CSpinButtonCtrl	m_Blue_Spin

④ 为对话框类增加消息处理函数。切换到 ClassWizard 对话框的 Message Maps 选项卡，在 Object Ids 列表框中选择对象 ID 号，在 Messages 列表框中选择消息，单击 Add Function 按钮，映射消息处理函数（见表 4-42）。

表 4-42　消息处理函数

对 象 ID 号	消　　息	消息处理函数
IDC_RED_EDIT	EN_CHANGE	OnChangeRedEdit()
IDC_GREEN_EDIT	EN_CHANGE	OnChangeGreenEditl()
IDC_BLUE_EDIT	EN_CHANGE	OnChangeBlueEdit()
CEx4_8Dlg	WM_HSCROLL	OnHScroll()
CEx4_8Dlg	WM_VSCROLL	OnVScroll()
CEx4_8Dlg	WM_INITDIALOG	OnInitDialog()

⑤ 为消息处理函数添加代码。

- 对话框初始化消息处理函数 OnInitDialog()。

```
BOOL CEx4_8Dlg::OnInitDialog()
{
    //TODO: Add extra initian hlizatioere
    m_Red_Edit=100;
    m_Green_Edit=100;
    m_Blue_Edit=100;
    m_Red_Scroll.SetScrollRange(0,255);
    m_Green_Slider.SetRange(0,255);
    m_Blue_Spin.SetRange(0,255);
    m_Red_Scroll.SetScrollPos(100);
    m_Green_Slider.SetPos(100);
    m_Blue_Spin.SetPos(100);
    UpdateData(FALSE);
    return TRUE;  //return TRUE  unless you set the focus to a control
}
```

- 水平滚动消息处理函数。

```
void CEx4_8Dlg::OnHScroll(UINT nSBCode,UINT nPos,CScrollBar* pScrollBar)
{   //TODO: Add your message handler code here and/or call default
    if(pScrollBar==&m_Red_Scroll)
    {
        switch(nSBCode)
        {
          case SB_THUMBTRACK:
              m_Red_Scroll.SetScrollPos(nPos);
              m_Red_Edit=nPos;
              break;
          case SB_LINEDOWN:
              m_Red_Edit+=1;
              m_Red_Scroll.SetScrollPos(m_Red_Edit);
              break;
        }
    }
    if((pScrollBar->GetDlgCtrlID())==IDC_SLIDER1)
    {
        m_Green_Edit=m_Green_Slider.GetPos();
    }
    UpdateData(false);   //刷新窗口
    Draw();
    CDialog::OnHScroll(nSBCode,nPos,pScrollBar);
}
```

- 垂直滚动消息处理函数。

```
void CEx4_8Dlg::OnVScroll(UINT nSBCode,UINT nPos,CScrollBar* pScrollBar)
{
    //TODO: Add your message handler code here and/or call default
    m_Blue_Edit=nPos;
    UpdateData(FALSE);
    Draw();
    CDialog::OnVScroll(nSBCode,nPos,pScrollBar);
}
```

- 编辑框文本改变消息处理函数。

```
void CEx4_8Dlg::OnChangeGreenEdit()
```

```
    {
        //TODO: Add your control notification handler code here
        UpdateData();
        m_Green_Slider.SetPos(m_Green_Edit);
        Draw();
    }
```

- 编辑框文本改变消息处理函数。

```
    void CEx4_8Dlg::OnChangeBlueEdit()
    {
        //TODO:Add your control notification handler code here
        UpdateData();
        m_Blue_Spin.SetPos(m_Blue_Edit);
        Draw();
    }
```

- 编辑框文本改变消息处理函数。

```
    void CEx4_8Dlg::OnChangeRedEdit()
    {   //TODO:Add your control notification handler code here
        UpdateData();
        m_Red_Scroll.SetScrollPos(m_Red_Edit);
        Draw();
    }
```

- 给对话框类 CEx4_8Dlg 增加公共成员函数 Draw()。在工作区的 ClassView 页面中，右击类 CEx4_8Dlg，弹出快捷菜单，选择 Add Member Function 命令，弹出增加函数对话框，输入 函数的类型 void，输入函数声明 Draw()，然后添加代码。

```
    void CEx4_8Dlg::Draw()
    {
        CWnd*pWnd=GetDlgItem(IDC_DRAW);
        CDC*pDC=pWnd->GetDC();
        CBrush newBrush;
        CPen newPen;
        newBrush.CreateSolidBrush(RGB(m_Red_Edit,m_Green_Edit,m_Blue_Edit));
        newPen.CreatePen(PS_SOLID,1,RGB(m_Red_Edit,m_Green_Edit,m_Blue_Edit));
        pDC->SelectObject(&newPen);
        pDC->SelectObject(&newBrush);
        CRect rcClient;
        pWnd->GetClientRect(rcClient);
        pDC->Rectangle(rcClient);
        ReleaseDC(pDC);
    }
```

⑥ 编译运行并测试程序。

4.9   通用对话框和消息对话框

通过对话框编辑器可以设计出界面友好的对话框模板,而使用 ClassWizard 可以让用户的对话 框类具有高效、紧凑的程序代码。此外，Visual C++ 6.0 还提供了一些通用对话框和消息对话框, 方便用户的程序开发。

4.9.1   通用对话框

Windows 提供了一组标准用户界面对话框，它们都由相应的 MFC 库中的类来支持。所有这些通用对话框类都是从一个公共的基类 CCommonDialog 派生而来，如表 4-1 所示。这些对话框的共同特点是：它们都从用户处获取信息，但并不对信息进行处理。要对信息进行处理需要用户添加代码。例如文件对话框可以帮助用户选择一个用于打开的文件名，但它并不能打开该文件，只是为用户提供了一个文件路径名，要想真正打开文件，用户的程序必须调用相应的成员函数来完成。

1. 文件对话框类 CFileDialog

文件对话框的构造函数为：

```
CFileDialog(BOOL bOpenFileDialog,LPCTSTR lpszDefExt=NULL,
        LPCTSTR lpszFileName=NULL,
        DWORD dwFlags=OFN_HIDEREADONLY|OFN_OVERWRITEPROMPT,
        LPCTSTR lpszFilter=NULL,CWnd*pParentWnd=NULL);
```

说明：bOpenFileDialog 有 2 个值，当值为 TRUE 时，将创建打开文件对话框；当值为 FALSE 时，创建保存文件对话框。lpszDefExt 用来指定默认的文件扩展名。lpszFileName 用来指定初始文件名。dwFlags 用于设置对话框的一些属性。lpszFilter 指向一个过滤字符串，如果用户只想选择某种或几种类型的文件，就需要指定过滤字符串。pParentWnd 是指向父窗口或拥有者窗口的指针。

过滤字符串有特定的格式，它实际上是由多个子串组成的，每个子串由两部分组成：第一部分是过滤器的字面说明，第二部分是用于过滤的匹配字符串。各子串之间用"|"分隔开。

若 CFileDialog::DoModal 返回的是 IDOK，则可以用表 4-43 列出的 CFileDialog 类的成员函数来获取与所选文件有关的信息。

表 4-43　CFileDialog 类常用的成员函数

函　数　名	用　　　途	函　数　名	用　　　途
GetPathName	返回一个带全路径的文件名	GetFileExt	返回文件扩展名
GetFileName	返回一个文件名（不带路径）	GetFileTitle	返回文件主名（不含扩展名）

【例 4.9】创建一个对话框应用程序 Ex4_9，使用文件对话框来获取一个文件路径名。界面如图 4-32 所示。

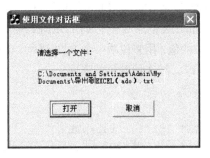

图 4-32　例 4.9 运行界面

程序代码如下：

```
void CEx4_9Dlg::OnButton1()            //当单击打开按钮时
{
    CFileDialog dlg(true,NULL,NULL,OFN_HIDEREADONLY|OFN_OVERWRITEPROMPT,
                "text file(*.txt)|*.txt|All file(*.*)|*.*|",this);
                            //显示文件打开对话框
    if(dlg.DoModal()==IDOK)            //如果选中了打开按钮
```

```
        {
                GetDlgItem(IDC_FILENAME)->SetWindowText(dlg.GetPathName());
                //在静态文本控件 IDC_FILENAME 中显示选择的文件路径名
        }
    }
```

说明：当单击"打开"按钮时，显示一个"文件打开对话框"，如图 4-33 所示，在"文件类型"下拉列表框中，首先显示 text file（*.txt）类型的文件列表，可以选择 All file（*.*）来选择所有文件。当用户选择了某个文件，单击"打开"按钮时，所选文件的路径名显示在静态文本框中。

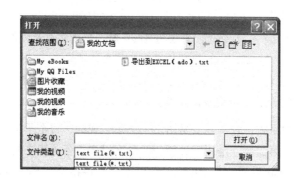

图 4-33　文件打开对话框

（1）颜色对话框 CColorDialog 类

颜色对话框的构造函数如下：

```
    CColorDialog(COLORREF clrInit=0,DWORD dwFlags=0,
                                CWnd*pParentWnd=NULL);
```

说明：clrInit 用来指定初始的颜色选择，dwFlags 用来设置对话框，pParentWnd 用于指定对话框的父窗口或拥有者窗口。

根据 DoModal()返回的是 IDOK 还是 IDCANCEL 可知道用户是否确认了对颜色的选择。DoModal() 返回后，调用 CColorDialog::GetColor()可以返回一个 COLORREF 类型的结果来指示在对话框中选择的颜色。COLORREF 是一个 32 位的值，用来说明一个 RGB 颜色。GetColor 返回的 COLORREF 的格式是 0x00bbggrr 分别包含了蓝、绿、红 3 种颜色的强度。

（2）字体对话框 CFontDialog 类

字体对话框的构造函数如下：

```
    CFontDialog(LPLOGFONT lplfInitial=NULL,
                        DWORD dwFlags=CF_EFFECTS|CF_SCREEFONTS,
                        CDC* pdcPrinter=NULL,CWnd* pParentWnd=NULL);
```

说明：lplfInitial 指向一个 LOGFONT 结构，用来初始化对话框中的字体设置。dwFlags 用于设置对话框。pdcPrinter 指向一个代表打印机的 CDC 对象，若设置该参数，则选择的字体就为打印机所用。pParentWnd 用于指定对话框的父窗口或拥有者窗口。

若 CFontDialog ::DoModal()返回 IDOK，那么可以调用 CFontDialog 的成员函数来获得所选字体的信息，这些函数如表 4-44 所示。

表 4-44   CFontDialog 类的辅助成员函数

函　数	用　　　途
GetCurrentFont	用来获得所选字体的属性。该函数有一个参数，该参数是指向 LOGFONT 结构的指针，函数将所选字体的各种属性写入这个 LOGFONT 结构中
GetFaceName	返回一个包含所选字体名字的 CString 对象
GetStyleName	返回一个包含所选字体风格名字的 CString 对象
GetSize	返回所选字体的尺寸
GetColor	返回一个含有所选字体的颜色的 COLORREF 型值
GetWeight	返回所选字体的权值
IsStrikeOut	若用户选择了空心效果，则返回 TRUE，否则返回 FALSE
IsUnderline	若用户选择了下划线效果，则返回 TRUE，否则返回 FALSE
IsBold	若用户选择了黑体效果，则返回 TRUE，否则返回 FALSE
IsItalic	若用户选择了斜体风格效果，则返回 TRUE，否则返回 FALSE

（3）查找与替换对话框 CFindReplaceDialog 类

CFindReplaceDialog 类用于实现查找和替换对话框，这两个对话框都是无模式对话框，用于在正文中搜索和替换指定的字符串。

由于 Find 和 Replace 是无模式对话框，它们的创建方式与其他 4 类公共对话框不同。CfindReplace Dialog 对象是用 new 操作符在栈中创建的。要启动 Find/Replace 对话框，应该调用 CfindReplace Dialog::Create 函数，而不是 DoModal。Create 函数的声明是：

```
BOOL Create(BOOL bFindDialogOnly,LPCTSTR lpszFindWhat,LPCTSTR lpszReplace
With=NULL,DWORD dwFlags=FR_DOWN,cwND* pParentWnd=NULL);
```

当参数 bFindDialogOnly 为 TRUE 时，创建的是 Find 对话框，为 FALSE 时创建的是 Replace 对话框。参数 lpszFindWhat 指定了要搜索的字符串，lpszReplaceWith 指定了用于替换的字符串，dwFlags 用来设置对话框，其默认值是 FR_DOWN，该参数可以是几个 FR_XXX 常量的组合，用户可以通过该参数来决定诸如是否显示 Match case、Match Whole Word 检查框等设置。参数 pParentWnd 指向对话框的父窗口或拥有者窗口。

Find/Replace 对话框与其他通用对话框的另一个不同之处在于它在工作过程中可以重复同一操作而对话框不被关闭，这就方便了频繁的搜索和替换。CFindReplaceDialog 类只提供了一个界面，它并不会自动实现搜索和替换功能。CFindReplaceDialog 使用了一种特殊的通知机制，当用户按下了操作的按钮后，它会向父窗口发送一个通知消息，父窗口应在该消息的消息处理函数中实现搜索和替换。

CFindReplaceDialog 类提供了一组成员函数用来获得与用户操作有关的信息，如表 4-45 所示，这组函数一般在通知消息处理函数中调用。

表 4-45   CFindReplaceDialog 类的辅助成员函数

函　数　名	用　　　途
FindNext	如果用户单击了 FindNext 按钮，该函数返回 TRUE
GetNotifier	返回一个指向当前 CFindReplaceDialog 对话框的指针
GetFindString	返回一个包含要搜索字符串的 CString 对象

续表

函 数 名	用　途
GetReplaceString	返回一个包含替换字符串的 CString 对象
IsTerminating	如果对话框终止，则返回 TRUE
MatchCase	如果选择了对话框中 Match Case 检查框，则返回 TRUE
MatchWholeWord	如果选择了对话框中 Match Whole Word 检查框，则返回 TRUE
ReplaceAll	如果单击了 ReplaceAll 按钮，该函数返回 TRUE
ReplaceCurrent	如果单击了 Replace 按钮，该函数返回 TRUE
SearchDown	返回 TRUE 表明搜索方向向下，返回 FALSE 则向上。

在 VC++中，CEditView 类自动实现了 Find 和 Replace 对话框的功能，但 MFC AppWizar 并未提供相应的菜单命令。用户可以在自己的工程的 Edit 菜单中加入&Find 和&Replace 项，并设其 ID 分别为 ID_EDIT_FIND 和 ID_EDIT_REPLACE，则 Find/Replace 对话框的功能就可以实现。

2．CPrintDialog 类

CPrintDialog 类支持 Print 和 Print Setup 对话框，通过两个对话框用户可以进行与打印有关的操作。
"打印"和"打印设置"对话框的创建过程与颜色对话框类似。该类的构造函数是：

```
CPrintDialog(BOOL bPrintSetupOnly,DWORD dwFlags=PD_ALLPAGES|
PD_USEDEVMODECOPIES|PD_NOPAGENUMS|PD_HIDEPRINTOFILE|PD_NOSELECTION,CWn
d*pParentWnd=NULL);
```

参数 bPrintSetupOnly 的值若为 TRUE，则创建的是"打印设置"对话框，为 FALSE 则创建的是"打印"对话框。dwFlags 用来设置对话框，默认设置是打印出全部页，禁止 From 和 To 编辑框，PD_USEDEVMODECOPIES 判断打印设备是否支持多份复本和校对打印，若不支持，就禁止相应的编辑控件和 Collate 检查框。

可以使用 CPrintDialog 类的成员函数来获得打印参数，如表 4-46 所示。

表 4-46　CPrintDialog 类的辅助成员函数

函 数 名	用　途
GetCopies	返回要求的复制数
GetDefaults	在不打开对话框的情况下返回默认打印机的默认设置，返回的设置放在 m_pd 数据成员中
GetDeviceName	返回一个包含有打印机设备名的 CString 对象
GetDevMode	返回一个指向 DEVMODE 结构的指针，用来查询打印机的设备初始化信息和设备环境信息
GetDriverName	返回一个包含有打印机驱动程序名的 CString 对象
GetFromPage	返回打印范围的起始页码
GetToPage	返回打印范围的结束页码
GetPortName	返回一个包含有打印机端口名的 CString 对象
GetPrinterDC	返回所选打印设备的一个 HDC 句柄
PrintAll	若要打印文档的所有页面则返回 TRUE
PrintCollate	若用户选择了 Collate Copies 检查框，则返回 TRUE
PrintRange	如果用户打印一部分页，则返回 TRUE
PrintSelection	若用户打印当前选择的部分文档，则返回 TRUE

4.9.2 消息对话框

消息对话框是最简单的一类对话框，它只是用来显示信息。在 VC++的 MFC 类库中就提供相应的函数实现这样的功能，使用时，只要在用户程序的任何地方调用它们即可。它们的函数原型如下：

```
int AfxMessageBox(LPCTSTR lpszText,UINT nType=MB_OK,UINT nIDHelp=0);
int MessageBox(LPCTSTR lpszText,LPCTSTR lpszCaption=NULL,UINT nType= MB_ OK);
```

这两个函数都是用来创建和显示消息对话框的，只不过 AfxMessageBox()是全程函数，可以在任何地方使用，而 MessageBox()只能用于一些窗口类中如：控件、对话框、窗口等。它们都将返回用户选择按钮的情况，其中 IDOK 表示用户单击 OK 按钮。参数 lpszText 表示在消息对话框中显示的字符串文本，lpszCaption 表示消息对话框的标题，为 NULL 时使用缺省标题，nIDHelp 表示消息的上下文帮助 ID 号，nType 表示消息对话框的图标类型以及所包含的按钮类型，具体见表 4-47 与表 4-48。使用时，图标类型和按钮类型的标识可以用 "|" 来组合，例如下面的代码产生如图 4-34 所示的效果。

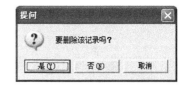

图 4-34 消息对话框

在例 4.9 中，添加一个命令按钮 Button2，在其消息处理函数中，添加如下代码：

```
void CEx4_9Dlg::OnButton2()          //当单击按钮 2 时
{   // TODO: Add your control notification handler code here
    int nChoice=MessageBox("要删除该记录吗?",
                           "提问",MB_YESNOCANCEL|MB_ICONQUESTION);
    //显示消息框。标题："提问"，提示信息："要删除该记录吗?"，3 个按钮、1 个图标
    if(nChoice==IDYES)              //如果按下了 "YES/是" 按钮
    { GetDlgItem(IDC_FILENAME)->SetWindowText("你选中了 YES!");
    //在 ID 号为 IDC_FILENAME 的控件中显示 "你选中了 YES!"
    }
}
```

表 4-47 消息对话框常用图标类型

按 钮 类 型	含 义
MB_ICONHAND、MB_ICONSTOP、MB_ICONERROR	用来表示 ✖
MB_ICONQUESTION	用来表示 ?
MB_ICONEXCLAMATION、MB_ICONWARNING	用来表示 ⚠
MB_ICONASTERISK、MB_ICONINFORMATION	用来表示 💬

表 4-48 消息对话框常用按钮类型

按 钮 类 型	含 义
MB_ABOUTRETRYIGNORE	表示含有 "关于"、"重试"、"忽略" 按钮
MB_OK	表示含有 "是" 按钮
MB_OKCANCEL	表示含有 "重试"、"取消" 按钮
MB_RETRYCANCEL	表示含有 "是"、"否" 按钮
MB_YESNOCANCEL	表示含有 "是"、"否"、"取消" 按钮

4.9.3　示例

【例 4.10】设计一个基于对话框的应用程序 Ex4_10，如图 4-35 所示。要求：单击 Color 按扭，能弹出通用颜色对话框选取颜色，并用该颜色显示：This is a color example。

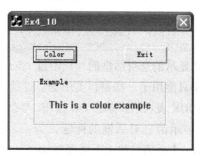

图 4-35　例 4.10 界面

```
void CEx4_10Dlg::OnColorButton()
{
    CColorDialog dlg;
    if(dlg.DoModal()==IDOK);
    {
        COLORREF m_color;
        m_color=dlg.GetColor();
        CWnd*pWnd=GetDlgItem(IDC_EXAMPLE);
        CDC*pdc;
        pdc=pWnd->GetDC();
        pdc->SetTextColor(m_color);
        pdc->SetBkMode(1);        //设置背景模式为穿透方式
        pdc->TextOut(20,20,"This is a color example");
        ReleaseDC(pDC);
    }
}
```

习　题　四

1. 填空题

（1）从程序员的角度看，对话框和控件都是＿＿＿＿＿＿。可以用 MFC 的 CWnd 成员函数来对控件操作。

（2）对话框主要有两种消息分别是：＿＿＿＿＿和＿＿＿＿＿。

（3）根据对话框的行为性质，对话框可以被分为：＿＿＿＿＿和＿＿＿＿＿。

（4）按钮控件包括：＿＿＿＿＿、＿＿＿＿＿和＿＿＿＿＿等 3 种。

（5）滚动类控件包括：＿＿＿＿＿、＿＿＿＿＿和＿＿＿＿＿，它们的特殊性是要用其所在对话框的窗口消息，分别是＿＿＿＿＿和＿＿＿＿＿消息。

（6）通用对话框的共同特点是＿＿＿＿＿。

（7）消息对话框的调用函数是＿＿＿＿＿或＿＿＿＿＿。

2．选择题

（1）将模式对话框在屏幕上显示，要调用的函数为（　　）。

　　A．Create()　　　　　　　B．DoModal()　　　　　　　　C．OnOK()

（2）将对话框正常关闭退出，可以使用的函数为（　　）。

　　A．OnOK()　　　　　　　B．Exit()　　　　　　　　　　C．return()

（3）使用（　　）可实现控件与其成员变量（值变量）之间的数据的传输。

　　A．OnInitDialog()　　　　B．UpdateData()　　　　　　　C．DoModal()

（4）一般地，对话框的初始化工作放在（　　）或构造函数中进行。

　　A．OnInitDialog()　　　　B．DoModal()　　　　C．OnOK()　　　D．OnCancel()

3．简答题

（1）简述列表框控件与组合框控件的异同？

（2）简述列表框与列表视图之间的异同？

（3）简述模式对话框的创建步骤。

（4）如何实现在运行单文档应用程序时，首先弹出一个模式
对话框？

4．操作题

　　设计一个对话框应用程序。要求：能选择字体（宋体、
黑体、楷体）、字型（粗体、斜体、下划线）、字号（1~64，
带旋转按钮）并在"示例"对话框中显示示例文字"基于对
话框的应用"，如图 4-36 所示。

图 4-36　显示字体的控制

实验指导四

【实验目的】

① 掌握模式对话框与非模式对话框的创建与使用。

② 掌握常用控件的使用方法。

③ 熟悉通用对话框和消息对话框。

④ 了解系统的集成方法。

⑤ 了解为对话框添加背景的几种方法。

【实验内容和步骤】

1．基本实验

课本中的示例，例 4.1～例 4.10。

2．拓展与提高

（1）模式对话框与非模式对话框

① 模式对话框，见例 4.1。

② 非模式对话框在单文档项目 Ex4-1 中，添加一命令，当点击该菜单项时，将密码对话框以非模式显示，在对话框中输入密码，如果为 123456，则弹出一个 OK 信息框，否则弹出 Sorry 信息框。步骤如下：

- 打开单文档项目 Ex4-1。
- 打开工作区的 Resource View 页面，打开 Menu 文件夹，双击 IDR_MAINFRAME 选项，进入菜单编辑区，在菜单的最后空白区双击，打开菜单项属性对话框，设置标题为"非模式"，选中 Pop-Up，没有 ID 号，此时添加了一个新菜单，然后为其添加一菜单项 ID 号，为 ID_MODALLESS，标题为"非模式对话框的调用"。

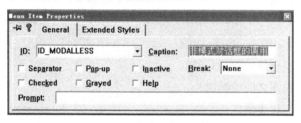

图 4-37　命令属性对话框

- 选择 View→ClassWizard...命令，弹出 MFC ClassWizard 对话框，对 ID_MODALLESS 命令进行消息 COMAND 映射，为其选择视图类 CEx4_1View，添加消息处理函数 OnModalless()，并编写代码：

```
void CEx4_1View::OnModalless()
{
    // TODO: Add your command handler code here
    if(m_Dlg==NULL)                       //m_Dlg 为 CpasswordDialog 指针对象
    {m_Dlg=new CPasswordDialog;           //动态创建
     m_Dlg->Create(IDD_PASSWORD_DIALOG,this);
    //IDD_PASSWORD_DIALOG 为对话框的资源 ID 号
    }
    m_Dlg->ShowWindow(SW_SHOW);           //显示非模态对话框
}
```

- 为视图类 Ex4_1View 添加 CPasswordDialog 的指针变量：

```
CPasswordDialog *m_Dlg;                   //指针
```

在视图类 Ex4_1View 的构造函数中将其初始化：

```
m_Dlg=NULL;
```

在视图类 Ex4_1View 的析构函数中将指针变量销毁：

```
CMyHelloView::~CMyHelloView()
{
    if(m_Dlg!=NULL)
            delete m_Dlg;                 //释放空间
}
```

- 在 Ex4_1View.cpp 中，加入对话框类的头文件

```
#include"PasswordDialog.h"
```

- 为对话框类 CPasswordDialog 添加"确定"按钮的消息处理函数，编写代码：

```
void CPasswordDialog::OnOK()
{
    UpdateData();
    if(m_Password=="123456")
```

```
        MessageBox("OK");
    else
        MessageBox("Sorry");
    CDialog::OnOK();
}
```

● 编译运行。

思考题：模式对话框与非模式对话框的创建与使用方式有何不同？

（2）为对话框添加背景

为对话框设置一幅背景图（Bitmap）有几种最常用的方法。

方法一：使用 Picture 控件：方法简单，一定保证 TabOrder 为 1。

方法二：利用图形刷子。

方法三：映射 WM_PAINT 消息，在 OnPaint()中选入位图。

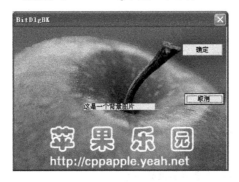

图 4-38　为对话框设置图片背景

步骤如下：

① 准备一幅 BMP 图片。

② 新建对话框应用项目 BitmapBKDlg，选择 Insert|Resource→Insert Resource→Bitmap 选项，单击 Import 按钮，将这幅位图插入到项目中，默认的 ID 号为 IDB_BITMAP1，修改其 ID 号为 IDB_BACKGROUD。

③ 为对话框设置背景图。

方法一：使用 Picture 控件。

● 向对话框模版中加入一个 PICTURE 控件，设置其 TabOrder 为 1。

● 设置 PICTURE 控件的属性，如图 4-39 所示，Type 选择为 Bitmap，Image 选择为 IDB_BACKGROUD。

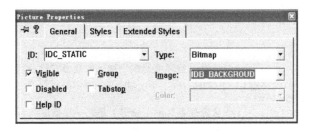

图 4-39　图片属性对话框

方法二：利用图形刷子。

- 为对话框类添加一个 private 成员变量 CBrush m_BKBrush。

- 在对话框的构造函数中，创建画刷。

```
CBitmapBKDlg::CBitmapBKDlg(CWnd*pParent/*=NULL*/):
                            CDialog(CBitmapBKDlg::IDD,pParent)
{   …
    CBitmap*pBitmap=new CBitmap;
    pBitmap->LoadBitmap(IDB-BACKGROUD);
    m-BKBrush.CreatePatternBrush(pBitmap);
    delete pBitmap;
}
```

- 映射对话框的 WM_CTLCOLOR 消息，在 OnCtlColor()中返回一个图形刷子，代码如下：

```
HBRUSH CBitmapBKDlg::OnCtlColor(CDC*pDC,CWnd*pWnd,UINT nCtlColor)
{
    if(nCtlColor==CTLCOLOR-DLG)
      return(HBRUSH)m_BKBrush.GetSafeHandle();
    return CDialog::OnCtlColor(pDC,pWnd,nCtlColor);
}
```

说明：在 OnCtlColor()中，可以用画刷为各种控件设置背景，其中：

```
CTLCOLOR_BTN-----设置按钮控件的颜色
CTLCOLOR_DLG----设置对话框的颜色
CTLCOLOR_EDIT----设置编辑框的颜色
CTLCOLOR_LISTBOX---设置列表框的颜色
CTLCOLOR_MSGBOX---设置消息框的颜色
CTLCOLOR_SCRLLBAR---设置滚动控件的颜色
CTLCOLOR_STATIC-----设置静态类控件的颜色
```

方法三：映射对话框的 WM_PAINT 消息，在 OnPaint()中加载位图，代码如下：

```
void CBitmapBKDlg::OnPaint()
{
    CPaintDC dc(this);                      //device context for painting
    CRect rc;
    GetClientRect(&rc);                     //获取客户窗口区域

    CBitmap*BackBitmap=new CBitmap;         //背景位图
    BackBitmap->LoadBitmap(IDB-BACKGROUD);  //加载位图
    CDC *m_dc=new CDC;                       //内存设备环境
    m_dc->CreateCompatibleDC(&dc);          //兼容
    m_dc->SelectObject(BackBitmap);         //位图选入环境
    dc.BitBlt(0,0,rc.right,rc.bottom,m_dc,0,0,SRCCOPY);
    delete m_dc;                            //释放内存设备环境
    delete BackBitmap;                      //释放背景位图
}
```

说明：

```
CDC::BitBlt          //从源设备环境复制一幅位图到当前设备环境
BOOL BitBlt(int x,int y,int nWidth,int nHeight,CDC* pSrcDC,int
xSrc, int ySrc, DWORD dwRop);
CDC::StretchBlt      //从源设备环境（矩形）复制一幅位图到当前设备环境（矩形），如果
                       必要，延伸或压缩
BOOL StretchBlt( int x, int y, int nWidth, int nHeight, CDC* pSrcDC, int
xSrc, int ySrc, int nSrcWidth, int nSrcHeight, DWORD dwRop );
```

思考题：在为对话框添加背景图时，读者更偏好哪种方法，为什么？

（3）一个简单计算器的设计

设计一个简单的计算器，能够实现浮点型数的加、减、乘、除、开方、倒数运算。运行界面如图 4-40 所示。

步骤如下：

① 创建一个对话框应用程序 MyCalculator。

② 打开 Project Workspace，选择 Resource View 选项卡，双击 Dialog 下的 IDD_MYCALCULATOR_DIALOG，从 IDD_MYCALCULATOR_DIALOG 对话框删除 OK 和 Cancel 及 "TODO 文本"，将对话框标题设置为 "计算器"。

③ 编辑对话框资源。向对话框添加按钮（button）控件，并设置属性（见表 4-49）。

图 4-40　计算器

表 4-49　计算器对话框对象属性

对象	控件 ID	Caption	对象	控件 ID	Caption
Button	IDC_BUTTON0	0	Button	IDC_BUTTON_MUTIPLY	*
Button	IDC_BUTTON1	1	Button	IDC_BUTTON_DIV	/
……	……	……	Button	IDC_BUTTON_CLEAR	C
Button	IDC_BUTTON9	9	Button	IDC_BUTTON_SQRT	sqrt
Button	IDC_BUTTON_POINT	.	Button	IDC_BUTTON_RECI	1/x
Button	IDC_BUTTON_SIGN	+/−	Button	IDC_BUTTON_EQUAL	=
Button	IDC_BUTTON_ADD	+	Edit Box	IDC_DISPLAY(只读)	Edit
Button	IDC_BUTTON_MINUS	−			

④ 为对话框类添加成员变量。

- double m_first;　　　　//存储一次运算的第 1 个操作数及一次运算的结果
- double m_second;　　　 //存储一次运算的第 2 个操作数
- CString m_operator;　　//存储运算符
- double m_coff;　　　　 //存储小数点的系数权值
- CString m_display;　　 //编辑框 IDC_DISPLAY 的关联变量，显示计算结果

⑤ 在对话框类的构造函数中，初始化成员变量。

```
CMyCalculatorDlg::CMyCalculatorDlg(CWnd*pParent/*=NULL*/):
                Dialog(CMyCalculatorDlg::IDD, pParent)
{   …
    m_display=_T("0.0");
    m_first=0.0;
    m_second=0.0;
    m_operator=_T("+");
    m_coff=1.0;
    …
}
```

⑥ 为对话框添加 2 个成员函数：

```
void UpdateDisplay(double lVal)—用于在编辑框中显示数据
void Calculate()---用于计算
void CMyCalculatorDlg::UpdateDisplay(double lVal)
{   //在编辑框中显示数据
    m_display.Format(_T("%f"),lVal);
    int i=m_display.GetLength();
    while(m_display.GetAt(i-1)=='0')       //格式化输出,将输出结果后的零截去
        {m_display.Delete(i-1,1);i--;}
    UpdateData(false);                        //更新编辑框变量m_display
}
void CMyCalculator::Calculate()
{   //将前一次数据与当前数据进行运算,作为下次的第一操作数,并在编辑框显示。
    switch(m_operator.GetAt(0))
    {  case '+':m_first+=m_second;break;

       case '-':m_first-=m_second;break;
       case '*':m_first*=m_second;break;
       case '/':
           if(fabs(m_second)<=0.000001)
               {m_display="除数不能为 0";
                UpdateData(false);
                return;}
           m_first/=m_second;break;
    }
    m_second=0.0;
    m_coff=1.0;
    m_operator=_T("+");
    UpdateDisplay(m_first);                    //更新编辑框显示内容
}
```

⑦ 为 Button 按钮的 BN_CLICKED 事件添加响应函数,并编写代码。

数字 N 的消息响应函数($N=0,1,\cdots 9$)。

```
void CMyCalculatorDlg::OnButtonN()
{   if(m_coff==1.0)
      m_second = m_second*10+N;                 //作为整数输入数字时
            else
            {m_second = m_second+N*m_coff;       //作为小数输入数字
             m_coff*= 0.1;}
            UpdateDisplay(m_second);            //更新编辑框的数字显示
}
```

● 运算符按钮的消息响应函数。

"+"按钮的消息处理函数。

```
void CMyCalculatorDlg::OnButtonAdd()            //加、减、乘类似
{  Calculate();
   m_operator="+";                              //减为 "-"、乘为 "*"
}
```

"/"按钮的消息处理函数。

```
void CMyCalculatorDlg::OnButtonDiv()
{  Calculate();
   m_operator.Format("%s","/");
}
```

● "1/x"按钮的消息响应函数。

```
void CMyCalculatorDlg::OnButtonReciprocal()     //1/x 按钮的消息处理函数
```

```
    {
        if(fabs(m_second)<0.000001&&fabs(m_first)<0.000001)
        {m_display = "除数不能为零";
          UpdateData(false);
          return;}
        if(fabs(m_second)<0.000001)
        {m_first=1.0/m_first;
          UpdateDisplay(m_first);
          }
            else
            {    m_second=1.0/m_second;
                UpdateDisplay(m_second);}
    }
```

- "Sqrt" 按钮的消息处理函数。

```
void CMyCalculatorDlg::OnButtonSqrt()
{
    if(m_second==0)
    {m_first=sqrt(m_first);UpdateDisplay(m_first);}
    else
    {m_second=sqrt(m_second);UpdateDisplay(m_second);}
}
```

- "." 按钮的消息处理函数。

```
void CMyCalculatorDlg::OnButtonPoint()
{
    m_coff=0.1;
}
```

- "+/-" 按钮的消息处理函数。

```
void CMyCalculatorDlg::OnButtonSign()
{
    m_second=-m_second;
    UpdateDisplay(m_second);
}
```

- "=" 按钮的消息处理函数。

```
void CMyCalculatorDlg::OnButtonEqual()
{
    Calculate();
}
```

- "C" 按钮的消息处理函数。

```
void CMyCalculatorDlg::OnButtonClear()
{    m_first=0.0;
    m_second=0.0;
    m_operator="+";
    m_coff=1.0;
    UpdateDisplay(0.0);
}
```

最后在 MyCalculatorDlg.cpp 文件首加入语句#include <math.h> ，编译并运行。

（4）系统集成

到目前为止，可以用两种方法实现系统的集成，一是模式对话框（非模式对话框），二是利用 API 函数 ShellExecute()。本实验将第 4 章中的有关对话框应用程序集成到一起。界面如图 4-41 所示。

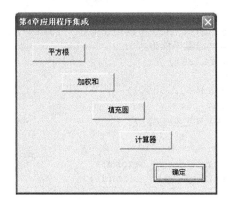

图 4-41　程序主界面

步骤如下：

① 新建一个对话框应用程序 MySystem，按图 4-41 布局主界面，设对话框的标题为"第 4 章应用程序集成"，添加命令按钮，按照表 4-50 设置各 button 的属性，并映射 BN_CLICKED 消息处理函数。

表 4-50　主界面各控件属性及消息处理函数

控件 ID	Caption	消息处理函数
IDC_BTN_SQRT	平方根	OnBtnSqrt()
IDC_BTN_SUM	加权和	OnBtnSum()
IDC_BTN_CIRCLE	填充圆	OnBtnCircle()
IDC_BTN_CALCULATOR	计算器	OnBtnCalculator()
IDOK	关闭	OnOK()

② 方法一：模式对话框。
- 插入第 1 个新的对话框资源 IDD_EX4_2_ DIALOG，界面布局，按照例 4_2，为该资源添加类 CDlg1，并为其添加成员变量和成员函数，编写代码。
- 插入第 2 个对话框资源 IDD_EX4_3_ DIALOG，界面布局，按照例 4_3，为该资源添加类 CDlg2，为其添加成员变量和成员函数，编写代码。
- 插入第 3 个对话框资源 IDC_Ex4_5_DIALOG，界面布局，按照例 4_5，为该资源添加类 CDlg3，为其添加成员变量和成员函数，编写代码。
- 插入第 4 个对话框资源 IDD_MYCALCULATOR_DIALOG，界面布局按照实验指导，为该资源添加类 CDlg4，为其添加成员变量和成员函数，编写代码。
- 编写主界面的按钮消息处理函数，实现模式对话框的调用，这里仅以平方根命令处理函数为例，其他类似。

```
void MySystemDlg::OnBtnSqrt()
{   CDlg1 dlg1;
    dlg1.DoModal();
}
```

- 在 MySystemDlg .cpp 中，添加文件包含命令。

```
#include"dlg1.h"
#include"dlg2.h"
```

```
#include"dlg3.h"
#include"dlg4.h"
```

- 编译并运行。当在主界面，单击填充圆按钮时，会弹出如图 4-42 所示的运行界面。

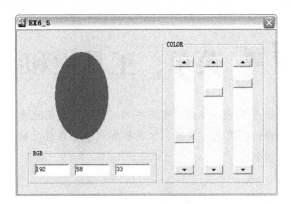

图 4-42 填充圆的运行界面

方法二：利用 API 函数 ShellExecute。

- 将各个子系统的.exe 文件复制到 debug/项目文件夹下；
- 编写"平方根"命令按钮的单击消息的处理函数，代码如下：

```
void MySystemDlg::OnBtnSqrt()
{    ShellExecute(NULL,NULL,"Ex4_2.exe",NULL,NULL,SW_SHOWNORMAL);
}
```

其他类似。编译并运行，当单击填充圆按钮时，会弹出如图 4-42 所示的运行界面。

说明：

利用 ShellExecute()，可以很方便地将各个应用程序集成在一起，其代码如下：

```
ShellExecute(handle,NULL,path_to_folder,NULL,NULL,SW_SHOWNORMAL);
```

打开或打印一个指定的文件。

思考题：这两种集成方法，哪个在运行时占用的 CPU 资源更多，为什么？

第5章　菜单、工具栏和状态栏

菜单、工具栏和状态栏是 Windows 应用程序中不可缺少的界面元素，它们的风格和外观有时直接影响着用户对软件的评价。因此，菜单、工具栏和状态栏在应用程序中也很重要，本章将介绍它们的简单用法及编程控制。

教学目标：

- 了解菜单、工具栏和状态栏的概念及相关类的基本操作。
- 掌握 Windows 编程中资源的使用。
- 能够在单文档和对话框应用程序中编程实现常用的菜单、工具栏和状态栏。

5.1　菜　　单

5.1.1　菜单概述

Windows 应用程序应该有一个良好的界面，而菜单则是程序界面中不可缺少的元素。菜单为用户提供一组命令，而且可以把命令分组，使得用户很容易访问不同类别的命令。菜单是一系列命令的列表，用户能够选中其中的菜单项（命令）并执行相应的任务。

菜单分为两种：下拉菜单和快捷菜单。下拉菜单是 Windows 应用程序中用得最多的结构。在关闭状态下，它作为菜单栏位于窗口顶部的标题栏下面，选中某一菜单时，下拉出其相应的子菜单项。图 5-1 说明了菜单的结构或元素。

图 5-1　菜单界面元素

快捷菜单是显示于窗体之上并独立于菜单栏的浮动式菜单。快捷菜单的设计也可以使用菜单编辑器。右击显示快捷菜单，所弹出的具体菜单依赖于被选中的对象或光标、鼠标在工作区域内所指的位置，所以，快捷菜单又称为上下文菜单。

为了使 Windows 程序更容易操作，许多程序员对于菜单的显示都遵循下列规则：

① 命令可以包括命令、分割符和子菜单标题。

② 若点击某命令会弹出一对话框，那么在该命令标题后加上省略号（…）标识。

③ 若某命令有子菜单，那么在该命令标题后有"▶"符号，该符号是自动加上的。

④ 若命令需要助记符，则用括号将带下划线的字母括起来。助记符与【Alt】键构成组合键。

⑤ 若某命令需要快捷键支持，则将其列在菜单标题之后。快捷键是一组合键，如【Ctrl+N】组合键。

5.1.2　用编辑器设计菜单

使用菜单编辑器，可以增加或删除菜单和菜单项，定义菜单标识符 ID，对菜单进行合理布局，设置菜单的初始状态（正常、灰色、加标记等）以及设置菜单提示等。

使用 AppWizard 创建基于 SDI 的应用程序框架时，会自动创建一个菜单资源：IDR_MAINFRAME，该菜单资源包括标准的菜单，File 菜单、Edit 菜单、View 菜单、Help 菜单。用户可以对 AppWizard 生成的菜单资源进行修改，从空白菜单基础上创建需要的菜单，也可以插入编辑新的菜单资源。

创建下拉菜单的步骤：

① 创建菜单资源。

② 打开菜单编辑器，编辑菜单：在菜单栏中双击空白方框，弹出 Menu Item Properties 对话框，设置命令属性。

③ 为菜单资源选择一个类（视图类或对话框类）。

④ 建立命令消息处理函数。

WM_COMMAND：选择命令或使用快捷键时将产生此消息。

UPDATE_COMMAND_UI：更新命令用户接口消息，当菜单在显示之前，会先通过此消息进行更新，从而得到更新后的菜单。

【例 5.1】单文档应用程序中菜单的创建和使用。

在单文档应用程序的默认菜单资源中添加一个"绘图"菜单，通过"绘图"菜单命令在窗口中绘制出不同的椭圆和矩形，程序的运行效果如图 5-2 所示。

图 5-2　"绘图"菜单的运行界面

1. 打开菜单编辑器

用 MFC AppWizard（.exe）创建一个单文档应用程序 Ex5_1，在向导的第 1 步，选择 Single Document Application，其余缺省，或选择 File→OpenWorkspace 命令，打开已建立的单文档应用程序。在项目工作区窗口中选择 ResourceView 页面，双击 Menu 项目中的 IDR_MAINFRAME，则菜单编辑器窗口出现在主界面的右边，将相应的菜单资源显示出来。此时，用户就可以设计菜单了，并且可以用 ClassWizard 来处理菜单命令。

2．编辑菜单

如图 5-3 所示，在菜单的最后一项，Visual C++为用户留出了一个空位置，用来输入新的菜单项。

在菜单的空位置上双击，则出现它的属性对话框，如图 5-4 所示。在该对话框中用户可以定义菜单的文本内容和资源 ID 号。虽然，ID 号的定义是随意的，但最好按易记的原则来确定。表 5-1 列出了菜单 General 属性的各项含义。

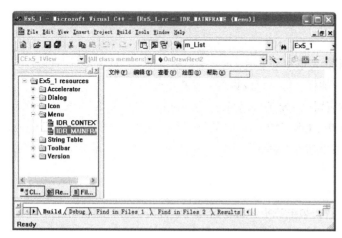

图 5-3　菜单编辑器

图 5-4　菜单项属性

表 5-1　菜单 General 属性

项　　目	含　　义
ID	菜单的资源 ID 号
Caption	命令的菜单标题。助记符字母的前面须有一个 "&" 符号，该字母与【Alt】键构成组合键
Separator	选中时，命令是一个分割线
Checked	选中时，命令标题前显示一个选中标记
Pop_up	选中时，命令含有一个弹出式子菜单
Grayed	选中时，命令显示是灰色的，用户不能选用
Inactive	选中时，命令没有被激活，用户不能选用
Help	选中时，命令在程序运行时被放在顶层菜单的最右端
Break	当为 Column 时，对于顶层菜单上的命令来说，被置放在另外一行上，而对于弹出式菜单的命令来说，则被置放在另外一列上；当为 Bar 时，与 Column 相同，只不过对于弹出式菜单来说，它还在新列与原来的列之间增加一条竖直线；这些效果只能在程序运行后才能看到
Prompt	光标移动到该命令时在状态栏上显示的提示信息

注意：

① 当选中 Pop_up 时，对话框中 ID、Separator 和 Prompt 选项无效。

② 选中 Separator 时，只有 Caption 有效，但不能输入。

③ 助记符在 Caption 属性中指定，在某字母的前面加 "&"，表示该字母是热键，也就是应

用【ALT】键的组合键。

④ 菜单的位置可以拖动到其他位置。如图 5-5，将"绘图"菜单移动到"帮助"菜单的前面。

⑤ 若某菜单项有子菜单，也即该菜单项是一个子菜单标题，它的后面将会自动添加一个"▶"符号。

在"帮助"菜单前插入一个新菜单"绘图"，并为其添加相应的菜单项，如图 5-5 所示，各菜单项的属性设置如表 5-2 所示。

图 5-5　添加的菜单

表 5-2　绘图菜单的属性设置

Caption	菜　单　ID	属　　性　　值
绘图		选中 Pop-up
椭圆		选中 Pop-up
100*100	ID_DRAW_ELLIPSE1	Prompt：绘制一个外接矩形为 100*100 的椭圆
100*200	ID_DRAW_ELLIPSE2	Prompt：绘制一个外接矩形为 100*200 的椭圆
矩形		选中 Pop-up
100*100	ID_DRAW_RECT1	Prompt：绘制一个 100*100 的矩形
100*200	ID_DRAW_RECT2	Prompt：绘制一个 100*200 的矩形
分割线		选中 Separator
清除	ID_DRAW_CLEAR	Prompt：清除窗口中的图形

3．命令的消息映射

命令、工具条的按钮以及快捷键等用户交互对象都能产生 WM_COMMAND 命令消息。命令消息能够被文档类、应用类、窗口类以及视图类等多种对象接受、处理，用户可以用 ClassWizard 对命令消息进行映射，一般情况下为菜单资源选择视图类（或对话框类）。

上述"绘图"命令的消息映射过程如下：

① 打开 MFC ClassWizard 对话框。选择 View→ClassWizard 命令或按【Ctrl+W】快捷键，弹出 MFC ClassWizard 对话框，切换到 Message Maps 选项卡；

② 消息映射。从 Class Name 列表中为菜单选择视图类 CEx5_1View，在 IDs 列表中选择菜单项的 ID 号 ID_DRAW_ELLIPSE1，然后在 Messages 框中选择 COMMAND 消息，如图 5-6 所示。然后单击 Add Function 按钮，弹出 Add Member Function 对话框，输入菜单的消息处理函数名称或取系统默认的函数名 OnDrawEllipse1，如图 5-7 所示。同样的方法为其他命令进行消息映射，结果如表 5-3 所示。

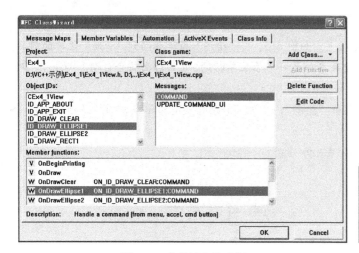

图 5-6 菜单消息的选择   图 5-7 Add Member Function 对话框

表 5-3 视图类 CEX7_1View 中各命令的消息处理函数

命令 ID	消息	消息处理函数
ID_DRAW_CLEAR	COMMAND	OnDrawClear()
ID_DRAW_ELLIPSE1	COMMAND	OnDrawEllipse1()
ID_DRAW_ELLIPSE2	COMMAND	OnDrawEllipse2()
ID_DRAW_ELLIPSE2	COMMAND	OnDrawEllipse2()
ID_DRAW_RECT1	COMMAND	OnDrawRect1()
ID_DRAW_RECT2	COMMAND	OnDrawRect2()

③ 为菜单的消息处理函数添加代码。例如：

```
void CEX5_1View::OnDrawEllipse1()        //绘制一个外接矩形为 100*100 的椭圆
{
    //TODO: Add your command handler code here
    CDC *pDC=GetDC();                    //获取窗口设备环境
    CRect r,rect;                        //定义矩形类对象
    GetClientRect(&r);                   //获取客户区窗口坐标范围
    //设置 rect 的范围，以客户区的中心为中心，长、宽各 100
    rect.bottom=r.bottom/2+50;
    rect.top=r.bottom/2-50;
    rect.right=r.right/2+50;
    rect.left=r.right/2-50;
    pDC->Ellipse(rect);                  //在 rect 指定的范围内画椭圆
}
void CEX5_1View::OnDrawClear()           // "清除"命令的消息处理函数
{
    Invalidate();  //使当前视图失效，强制程序执行 OnDraw()函数，以刷新窗口
}
```

说明：画 100*100 的矩形的函数的代码与 100*100 椭圆的函数代码基本相同，只是最后一句代码改写为：pDC->Rectangle(rect); 即可。

其他两个菜单的绘图函数，代码基本类似，请读者自己设计，这里不再重复。

④ 编译并运行。结果如图 5-2 所示。

说明：

① CRect 类：是 MFC 封装矩形区域操作的一个专用类，其结构与 Windows 中的 RECT 结构类似。

② 类型 RECT 的定义：

```
typedef struct _RECT{
    LONG left;          //矩形的左上角 x 坐标
    LONG top;           //矩形的左上角 y 坐标
    LONG right;         //矩形的右下角 x 坐标
    LONG bottom;        //矩形的右下角 y 坐标
} RECT;
```

③ 绘制椭圆函数：CDC 类的成员函数。

```
BOOL Ellipse (int x1,int y1,int x2,int y2);
BOOL Ellipse (LPCRECT lpRect);
```

④ 绘制矩形函数：CDC 类的成员函数。

```
BOOL Rectangle(int x1,int y1,int x2,int y2);
BOOL Rectangle(LPCRECT lpRect);
```

4. 使用键盘快捷键

通过菜单系统，用户可以选择所有可用的命令，但是菜单系统也有一些不足之处，如操作效率不高等，需要快捷键来支持。

键盘快捷键是一个按键或几个按键的组合，用于激活特定的命令。键盘快捷键也是一种资源，它的显示、编辑过程和菜单相似。

为一个命令定义快捷键的步骤如下：

① 打开项目工作区窗口中的 Accelerator 的资源选项，双击 IDR_MAINFRAME，出现如图 5-8 的键盘快捷键资源列表。

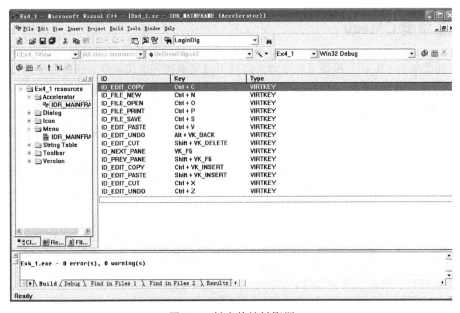

图 5-8　键盘快捷键资源

② 建立新的键盘快捷键，双击键盘快捷键列表的最下端的空行，弹出如图 5-9 所示的 Accel Properties 对话框，其中可设置的属性（见表 5-4）。

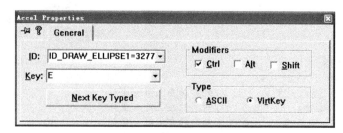

图 5-9　Accel Properies 对话框

表 5-4　键盘快捷键属性对话框的各项含义

项　目	含　义
ID	指定资源 ID 号的列表项，通常选择某菜单项的 ID 号
Modifiers	用来确定【Ctrl】、【Alt】、【Shift】键是否是构成键盘快捷键的组成部分
Type	用来确定该键盘快捷键的值是虚拟键还是 ASCII
Key	启动键盘快捷键的键盘按键
Next Key Typed	单击此按钮后，用户操作的任何键将成为此键盘快捷键的键值

③ 在上述对话框中，选择添加的"椭圆 100*100"命令的 ID 号 ID_DRAW_ELLIPSE1，选择【Ctrl】键，输入键值 E。

这样，当程序运行时按下【Ctrl+E】组合键，相当于选择菜单"椭圆 100*100"命令，将在客户区的中心位置绘制一个 100×100 的椭圆。

为了使用户能使用该快捷键，需要在"椭圆 100*100"命令标题后加入【Ctrl+E】组合键。

5.1.3　菜单类 CMenu

MFC 的菜单类 CMenu，提供了对菜单（包括下拉菜单和弹出式菜单）和命令的操作。因此，利用 CMenu 成员函数，用户可以在程序运行时控制菜单，如增加、删除菜单项、设置命令的状态等。如果想在程序中使用快捷菜单，或者在程序运行中对菜单项进行动态修改，就必须使用 MFC 的菜单类 CMenu。使用 CMenu 类可以完成大量复杂的菜单操作：创建、追踪、更新、销毁菜单等。CMenu 类成员，如表 5-5 所示。

表 5-5　CMenu 的成员

成　员	说　明
m_hMenu	Cmenu 类的数据成员，指定连接到 Cmenu 类对象的 Windows 菜单句柄
Attach()	把一个标准的 Windows 菜单句柄附加到 Cmenu 对象上
CreateMenu()	创建一个空菜单并把它附加到 Cmenu 对象上
CreatePopupMenu()	创建一个弹出式菜单并把它附加到 Cmenu 对象上
DestroyMenu()	去掉附加到 Cmenu 对象上的菜单并释放该菜单占有的任何内存
GetSafeHmenu()	返回由 Cmenu 对象封装的菜单句柄成员 m_hMenu

续表

成　　员	说　　　　　明
LoadMenu()	从可执行文件装入菜单资源并把它附到 Cmenu 对象上
LoadMenuIndirect()	从内存中的菜单模板中装入菜单并把它附到 Cmenu 对象上
DeleteMenu()	删除菜单的一个指定项
TrackPopupMenu()/ TrackPopupMenuEx()	在指定位置显示一个浮动弹出式菜单，跟踪在弹出式菜单上的选择项
AppendMenu()	把一个新项加到给定的菜单的末端
CheckMenuItem()	在弹出式菜单中，把一个校验标记放到一个命令或从一个命令中取消一个校验标记
CheckMenuRadioItem()	在此组中，把一个单选按钮放到命令旁边或从全部其他命令里取消一个已存在的单选按钮
EnableMenuItem()	使某一个命令可用或不可用
GetMenuContextHelpId()	检索与菜单结合的帮助上下文 ID
GetMenuItemCount()	在弹出式或顶层菜单中获得项数
GetMenuItemID()	获取指定位置的命令的标识
GetMenuState()	获得指定命令的状态或弹出式菜单中的菜单项数
GetMenuString()	获得指定命令的标签
GetSubMenu()	获得指向弹出式菜单的指针
InsertMenu()	在指定位置插入一个新的命令，把其他项向下移
InsertMenuItem()	在指定位置插入一个新的命令
ModifyMenu()	在指定位置改变已存在的命令
RemoveMenu()	从指定菜单删除与弹出式菜单结合的命令
SetMenuContextHelpID()	设置与菜单有关的帮助上下文 ID
SetMenuItemBitmaps()	与命令有关的指定校验标记位图

菜单和命令的基本操作包括：

（1）获取菜单指针

当窗口的 Create()或 Load Frame()被调用时，菜单的资源都被直接连到窗口中。因此，用 CWnd 的成员函数 GetMenu()获得一个指向主菜单的 CMenu 对象指针，就可以对菜单对象进行访问和更新。成员函数 GetMenu()的原形如下：

```
CMenu*CWnd::GetMenu() const;
```

得到窗口主菜单的指针后，就可以使用 CMenu 的 GetSubMenu()来获得包含在主菜单内的弹出式子菜单的指针。GetSubMenu()原型如下：

```
CMenu*CMenu::GetSubMenu(int  nPos) const;
```

其中：nPos 给定弹出式菜单的位置，开始位置为 0。若菜单不存在，则创建一个临时的菜单指针。

（2）添加命令

当菜单创建后，用户可以调用 AppendMenu()或 InsertMenu()来添加一些命令。AppendMenu 是将命令添加在菜单的末尾处，而 InsertMenu 则是在菜单的指定位置插入命令，并将后面的命令依次下移。

```
BOOL CMenu::AppendMenu(UINT nFlags, UINT nIDNewItem=0,
                                    LPCTSTR lpszNewItem=NULL);
BOOL CMenu::AppendMenu(UINT nFlags, UINT nIDNewItem,
                                    const CBitmap* pBmp);
BOOL CMenu::InsertMenu(UINT nPosition, UINT nFlags,UINT nIDNewItem=0,
                                    LPCTSTR lpszNewItem=NULL);
BOOL CMenu::InsertMenu(UINT nPosition, UINT nFlags,UINT nIDNewItem,
                                    const CBitmap *pBmp);
```

参数：

- nIDNewItem 表示新命令的资源 ID 号；
- lpszNewItem 表示新命令的内容；
- nPosition 表示新命令要插入的位置；
- pBmp 表示命令的位图指针；
- nFlags 表示要增加的新命令的状态信息，它的值影响其他参数的含义，如表 5-6 所示。

表 5-6　nFlags 的值及其对其他参数的影响

nFlags 值	含　　义	nPosition 值	nIDNewItem 值	LpszNewItem 值
MF_BYCOMMAND	命令以 ID 号来标识	命令资源 ID		
MF_BYPOSITION	命令以位置来标识	命令的位置		
MF_POPUP	命令有弹出式子菜单		弹出式菜单句柄	
MF_SEPARATOR	分割线		忽略	忽略
MF_OWNERDRAW	自画命令			自画所需的数据
MF_STRING	字符串标志			字符串指针
MF_CHECKED	设置命令的选中标记			
MF_UNCHECKED	取消命令的选中标记			
MF_DISABLED	禁用命令			
MF_ENABLED	允许使用菜单项			
MF_GRAYED	命令灰显			

注意：

① 当 nFlags 为 MF_BYPOSITION 时，nPosition 表示新命令要插入的具体位置，为 0 表示第一个命令，为-1 时，将菜单项添加到菜单的末尾。

② nFlags 的标志中，可以用"|"来组合，例如 MF_CHECKED|MF_STRING 等；但有些组合是不允许的。例如：MF_ENABLED 与 MF_ENABLED，位图与 MF_GRAYED、MF_ STRING、MF_OWENRDRAW、MF_SEPARATOR，MF_CHECKED 与 MF_UNCHECKED 等不能组合在一起。

③ 当命令增加后，不论菜单依附的窗口是否改变，都应调用 CWnd::DrawMenuBar()来更新菜单。

1．删除命令

```
BOOL CMenu::DeleteMenu(UINT nPosition, UINT nFlags);
```

功能：删除指定的命令。

参数：nPosition 表示要删除的命令位置，它由 nFlags 进行说明。当 nFlags 为 MF_BYCOMMAND

时，nPosition 表示命令的 ID 号，而当 nFlags 为 MF_BYPOSITION 时，nPosition 表示命令的位置。

窗口中菜单发生变化时，应用程序将调用 CWnd::DrawMenuBar()完成菜单的更新。

2．使命令有效和无效

```
UINT CMenu::EnableMenuItem(UINT nIDEnableItem,UINT nEnable);
```

该函数可以设置命令为可用、禁止或变灰。**nIDEnableItem** 指定要改动的命令。nEnable 指定要进行的改动。

成员函数 CreateMenu()、InsertMenu()、ModifyMenu()、LoadMenuIndirext()也能设置一个命令的状态。

3．得到指向子菜单 ID 号

```
UINT CMenu::GetMenuItemID(int nPos)const;
```

获得指定命令的 ID 号。若 nPos 是 SEPARATOR，则返回–1。

4．得到菜单的项数

```
UINT CMenu::GetMenuItemCount() const;
```

获得菜单的命令数，失败时返回–1。

5.1.4　快捷菜单的设计与使用

创建一个具体的快捷菜单，通常有两种方法：一是先创建一个菜单资源，再在程序中将编辑好的资源加载进来；二是利用 CMenu 类的强大功能，在程序中动态地创建快捷菜单。下面先介绍第一种方法。

应用程序在运行时，含有至少一个命令的任何菜单都可以作为弹出式菜单被显示。为了显示快捷菜单，可以使用 CMenu::TrackPopupMenu()，其原型如下：

```
BOOL CMenu::TrackPopupMenu(UINT nFlags,int x,int y,CWnd* pWnd,
                                        LPCRECT lpRect=NULL);
```

功能：显示一个浮动的弹出式菜单，其位置由各参数决定。

参数：

nFlags 表示菜单在屏幕显示的位置以及鼠标按钮标志，如表 5-7 所示。

表 5-7　nFlags 的值及其对其他参数的影响

nFlags 值	含　　　　义
TPM_CENTERALIGN	屏幕位置标志，表示菜单的水平中心的位置由 x 坐标确定
TPM_LEFTALIGN	屏幕位置标志，表示菜单的左边位置由 x 坐标确定
TPM_RIGHTALIGN	屏幕位置标志，表示菜单的右边位置由 x 坐标确定
TPM_LEFTBUTTON	鼠标按钮标志，表示当用户左击时弹出菜单
TPM_RIGHTALIGN	鼠标按钮标志，表示当用户右击时弹出菜单

x 和 y 表示菜单的水平坐标和菜单的顶端的垂直坐标。

pWnd 表示弹出菜单的窗口，此窗口将收到菜单全部的 WM_COMMAND 消息。

LpRect 是一个 RECT 结构或 CRect 对象指针，它表示一个矩形区域，用户单击这个区域时，弹出菜单不消失。而当 lpRect 为 NULL 时，若用户单击在菜单外面，菜单立刻消失。

下面为例 5.1 添加一个"绘图"快捷菜单，功能与下拉菜单相同，只是在鼠标点为中心绘制椭圆或矩形，运行结果如图 5-10 所示。

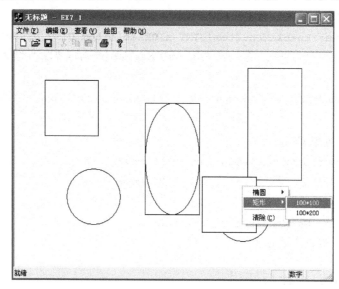

图 5-10　EX5-1 运行结果

具体步骤如下：

① 添加一个菜单资源。选择 Insert→Resource 命令或按【Ctrl+R】快捷键，向应用程序添加一个新的菜单资源，默认的 ID 号为 IDR_MENU1，本例改为 IDR_ CONTEXTMENU。

② 添加命令。用菜单编辑器，为该菜单资源中的顶层菜单的第一项加任意标题（该标题没什么作用），在此命令下依次添加各命令。为了得到与绘图菜单同样的功能和效果，使用与绘图菜单相同的 ID 标识，以便调用相同的消息处理函数。本例见表 5-8 所示。

表 5-8　快捷菜单的布局

标　题	菜　单　ID	属　　　　性
上下文菜单		选中 Pop-up
椭圆		选中 Pop-up
100*100	ID_DRAW_ELLIPSE1	Prompt：绘制一个外接矩形为 100*100 的椭圆
100*200	ID_DRAW_ELLIPSE2	Prompt：绘制一个外接矩形为 100*200 的椭圆
矩形		选中 Pop-up
100*100	ID_DRAW_RECT1	Prompt：绘制一个 100*100 的矩形
100*200	ID_DRAW_RECT2	Prompt：绘制一个 100*200 的矩形
		选中 Separator
清除(&C)	ID_DRAW_CLEAR	Prompt：清除窗口中的图形

③ 为该菜单资源连接一个类。按【Ctrl+W】快捷键打开 ClassWizard，将出现一个对话框，询问是"选择一个已存在的类"，还是"创建一个新类"。选择一个已存在的类并选定 CEX5_1View 类。

④ 为视图类添加成员变量和消息处理函数。为了区分下拉菜单和快捷菜单的绘图结果，为视图类添加 2 个成员变量：

m_bFlag　　　　　　bool　　　　　　标记是否使用了上下文菜单

m_ConPoint　　　　 Cpoint　　　　 记录右击时相对于窗口的位置

为各菜单项映射消息处理函数。由于采用与下拉菜单中相同的 ID 号，那么这些菜单项具有相同的消息处理函数。

为视图类映射消息 WM_RBUTTONDOWN 的处理函数 OnRButtonDown()，映射消息 WM_CONTEXMENU（快捷菜单）的处理函数 OnContextMenu()。

⑤ 添加程序代码。

```
CEX5_1View::CEX7_1View()
{   //在视图类构造函数中对成员变量设置初始值
    m_bFlag=false;                          //快捷菜单未在使用中
    //m_bFlag=true表示使用上下文菜单;m_bFlag=false表示未使用快捷菜单
}
void CEX5_1View::OnRButtonDown(UINT nFlags,CPoint point)
{   //右击消息
    m_ConPoint=point;                       //获取单击时相对于窗口位置的坐标
    CView::OnRButtonDown(nFlags,point);
}
void CEX5_1View::OnDrawEllipse1()
{   //修改绘图函数，以区分绘图位置
    CDC  *pDC=GetDC();                       //获取窗口设备
    CRect r,rect;                            //定义矩形类对象
    if(m_bFlag){
        rect.bottom=m_ConPoint.y+50;         //设置rect的范围
        rect.top=m_ConPoint.y-50;
        rect.right=m_ConPoint.x+50;
        rect.left=m_ConPoint.x-50;
        m_bFlag=false;
    }
    else {
        GetClientRect(&r);                   //获取客户区窗口坐标范围
        rect.bottom=r.bottom/2+50;           //设置rect的范围
        rect.top=r.bottom/2-50;
        rect.right=r.right/2+50;
        rect.left=r.right/2-50;
    }
    pDC->Ellipse(rect);                      //在rect指定的范围内画椭圆
}
void CEX5_1View::OnContextMenu(CWnd* pWnd,CPoint point)
{   //上下文菜单消息处理函数
    CMenu Drawmenu;                          //创建菜单实例
    Drawmenu.LoadMenu(IDR_CONTEXTMENU);      //加载菜单资源
    m_bFlag=true;                            //设置标记,使用快捷菜单
    //将Drawmenu菜单对象中的第一个子菜单载入为弹出菜单
    CMenu *pContextmenu=Drawmenu.GetSubMenu(0);
    //显示快捷菜单
    pContextmenu->TrackPopupMenu(
            TPM_LEFTALIGN|TPM_RIGHTBUTTON,point.x,point.y,this);
```

```
        Drawmenu.DestroyMenu();                      // 销毁菜单
    }
```

⑥ 运行并测试。

当用户在应用程序的窗口客户区中右击，都会弹出快捷菜单，并且执行结果与下拉菜单"绘图"菜单的执行效果相同。

也可以采用第二种方法，在程序运行时动态创建快捷菜单，则需要在快捷菜单消息处理函数中添加创建菜单的代码，参考代码如下：

```
void CEX5_1View::OnContextMenu(CWnd* pWnd, CPoint point)
{   //动态创建快捷菜单
    CMenu Drawmenu;                              // 创建菜单实例
    m_bFlag=true;                                // 设置标记,使用快捷菜单
    Drawmenu.CreatePopupMenu();                  // 创建空的弹出菜单
    // 添加菜单项
    Drawmenu.AppendMenu(MF_ENABLED,ID_DRAW_ELLIPSE1,"椭圆 100*100");
    Drawmenu.AppendMenu(MF_ENABLED,ID_DRAW_ELLIPSE2,"椭圆 100*200");
    Drawmenu.AppendMenu(MF_SEPARATOR);
    Drawmenu.AppendMenu(MF_ENABLED,ID_DRAW_RECT1,"矩形 100*100");
    Drawmenu.AppendMenu(MF_ENABLED,ID_DRAW_RECT2,"矩形 100*200");
    Drawmenu.AppendMenu(MF_SEPARATOR);
    Drawmenu.AppendMenu(MF_ENABLED,ID_DRAW_CLEAR,"清 除");
    // 显示弹出菜单
    Drawmenu.TrackPopupMenu(PM_LEFTALIGN|TPM_RIGHTBUTTON,
                                Tpoint.x,point.y,this);
    Drawmenu.DestroyMenu();                      // 销毁菜单
}
```

5.1.5 示例

【例 5.2】用菜单命令调用模式对话框。创建一个带有"计算"菜单的单文档应用程序 EX5_2。"计算"菜单中包含"平均成绩"菜单项。当单击该命令时，会弹出一个模式对话框，用于计算平均成绩。运行结果如图 5-11 所示。

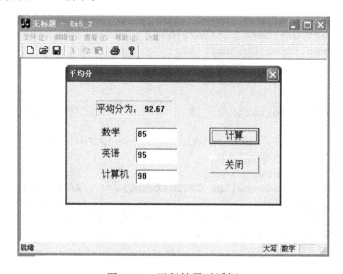

图 5-11　运行结果对话框

该例步骤如下：

① 打开或创建单文档应用程序 Ex5_2；

② 编辑菜单。在 Workspace 窗口中单击 Resource View 页面，打开 Menu 文件夹，双击 IDR_MAINFRAME，打开菜单编辑器，添加命令（见表 5-9）。

表 5-9　"计算"菜单的菜单项属性

菜　单　ID	标　　题	属　　性
	计算	Pop_up
IDM_SCORE	平均分	默认

③ 添加对话框资源。选择 Insert→Resource 命令或按【Ctrl+R】快捷键，向应用程序添加一个对话框资源，采用默认的 ID 号为 IDD_DIALOG1，标题设为"平均分"。添加各控件，属性见表5-10。

表 5-10　"平均分"对话框的各控件属性

对　象	控　件　ID	Caption	其 他 属 性	变　量	变量类型
静态文本	IDC_AVE		Sunken, Center_vertically	m_SA	CString
静态文本		数学			
编辑框	IDC_EMATH			m_Score1	int
静态文本		英语			
编辑框	IDC_EENGLISH			m_Score2	int
静态文本		计算机			
编辑框	IDC_ECOMPUTER			m_Score3	int
命令按钮	IDC_BUTTON1	计算			
命令按钮	IDOK	关闭			

④ 为对话框资源 IDD_DIALOG1 建立一个新类。按【Ctrl+W】快捷键打开 ClassWizard，将出现一对话框，询问是"选择一个已存在的类"，还是"创建一个新类"。选择创建一个新类。新类名设为 CScoreDlg，基类为 CDialog。

⑤ 为对话框类 CScoreDlg 的控件添加成员变量（见表 5-10）。加入命令按钮 IDC_BUTTON1 的 COMMAND 消息的处理函数。代码如下：

```
void CScoreDlg::OnButton1()
{
    //TODO: Add your control notification handler code here
    UpdateData();
    double m_ave;
    m-ave=(double)(m_Score1+m_Score2+m-Score3)/3;
    m-SA.Format("平均分为:%6.2f",m-ave);
    UpdateData(false);
}
```

⑥ 处理菜单项 IDM_SCORE 的 COMMAND 消息处理函数，代码如下：

```
void CEX5_1View::OnScore()
{
```

```
//TODO:Add your command handler code here
CScoreDlg dlg;
dlg.DoModal();
}
```

⑦ EX5_1View.cpp 文件的前面添加预处理命令。

```
#include "ScoreDlg.h"
```

⑧ 编译并运行。

【例 5.3】为对话框添加菜单。本例说明了如何为对话框应用程序添加菜单。创建一个对话框应用程序，然后为该对话框添加 2 个菜单，当选中某菜单项时，实现对话框的一些操作。运行界面如图 5-12 所示。

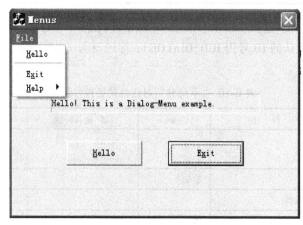

图 5-12 带有菜单的对话框

具体步骤如下：

① 应用 Application Wizard 创建 MFC（.exe）的对话框应用程序 Ex5_3。

② 利用资源编辑器，编辑对话框资源 IDD_ Ex5_3_DIALOG。将对话框标题改为 Menus 。为对话框添加 3 个控件，属性如表 5-11 所示。

表 5-11 Menus 对话框的各控件属性

对 象	控 件 ID	Caption	其 他 属 性	变 量	变 量 类 型
静态文本	IDC_SHELLO		Sunken Center_vertically	m_Hello	CString
命令按钮	IDC_BHELLO	&Hello			
命令按钮	IDC_BEXIT	E&xit			

③ 使用 Class Wizard 给静态文本框添加成员变量（见表 5-11）；为两个命令按钮添加消息处理函数，代码如下：

```
void C Ex5_3Dlg::OnBexit()
{
//TODO: Add your control notification handler code here
    OnOK();
}
void C Ex5_2Dlg::OnBhello()
{
```

```
//TODO: Add your control notification handler code here
    m_Hello="Hello! This is a Dialog-Menu example.";
    UpdateData(false);
}
```

④ 添加并定制菜单资源。选择 Insert→Resource 命令或按【Ctrl+R】快捷键，在弹出的 Insert Resource 对话框的 Resource Type 列表框中选择 Menu 选项，然后单击右边的 New 按钮，将添加一个菜单资源，默认的 ID 为 IDR_MENU1。利用菜单编辑器，为该菜单资源添加 2 个命令，各菜单的菜单项属性见表 5-12。

⑤ 菜单与对话框相关联。打开主对话框窗口，右击选择 Properties，在 Dialog Properties 对话框中的 Menu 下拉列表框中选择 IDR_MENU1，如图 5-13 所示。

表 5-12   IDR_MENU1 菜单资源的各菜单项属性

菜 单 ID	标 题	属 性	菜 单 ID	标 题	属 性
	&File	Pop_up	IDM_FILE_EXIT	E&xit	
IDM_FILE_HELLO	&Hello			&Help	Pop_up
		Separator	IDM_HELP_ABOUT	About	

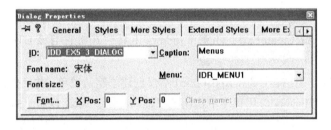

图 5-13   把菜单连入对话框窗口

⑥ 将命令与功能模块相关联。为菜单打开菜单编辑器，然后按【Ctrl+W】快捷键打开 ClassWizard，将出现一个对话框，询问是"选择一个已存在的类"，还是"创建一个新类"。选择 Select an existing class，单击 OK 按钮，在弹出的 Select Class 对话框中的 Class list 列表框中，选择对话框类 CEx_DlgMenuDlg，然后单击 Select 按钮关闭该对话框。之后，用 Class Wizard 为命令加入 COMMAND 事件处理函数。本例中，为对象 IDM_FILE_HELLO 加入一个 OnFileHello()，为 IDM_FILE_EXIT 加入 OnFileExit()。添加代码如下：

```
void C Ex5_3Dlg::OnFileExit()
{
//TODO: Add your command handler code here
    OnBexit();
}
void C Ex5_2Dlg::OnFileHello()
{
//TODO: Add your command handler code here
    OnBhello();
}
```

⑦ 编译运行。当选择 Hello 命令时，执行结果同 Hello 按钮，都将在文本框中出现 Hello! This is a Dialog-Menu example.

5.2　工　具　栏

5.2.1　CToolBar 类

工具栏包含一组用于激活命令的位图按钮，按下一个工具栏按钮，等价于选择了一个命令。按钮可被设置成像按下按钮、单选按钮或复选框的样子，工具栏通常放在父边框窗口的顶部。此外，可以将工具栏拖动并停靠在父边框窗口的任何其他边上，或浮动到应用程序上面，也可以调整它的尺寸或拖动它。当用户移动鼠标到工具栏按钮上时，工具栏还可以显示工具提示。工具提示是一个小型弹出式窗口，显示工具栏按钮用途的简短描述。

CToolBar 类用于管理工具栏。CToolBar 类的对象是带有一行位图按钮和可选分隔线的控件条。这些按钮可以像普通按钮、复选框或单选按钮那样动作。CToolBar 类常用的成员如表 5-13 所示。

Visual C++创建工具栏的一般步骤如下：

- 创建一个工具栏资源。
- 构造 CToolBar 对象。
- 调用 Create()（或 CreateEx()）创建 Windows 工具栏并将它与该 CToolBar 对象连接。
- 调用 LoadToolBar()装入工具栏资源。

当创建 SDI 和 MDI 应用程序时，AppWizard 不仅创建了默认菜单，并且创建了默认的工具栏，该工具栏具有大多数 Windows 应用程序中常用的标准功能组（New、Open、Save、Print、Cut、Copy 和 Paste）。默认工具栏资源的 ID 号为 IDR_MAINFRAME，其相应的位图为 Toolbar.bmp，保存在应用程序的 Res 文件夹中，该位图作为工具栏资源包括所有标准按钮的图象。用户可以给 AppWizard 创建的默认工具栏中添加一些按钮，也可以创建自己的工具栏。

表 5-13　CToolBar 类的常用的构造函数

方　法	含　　义	方　法	含　　义
Create()	创建一个 Windows 工具栏并把它附加到 CToolBar 对象上	SetBitmap()	设置一个位图图像
CreateEx()	用额外的样式为嵌入的 CToolBarCtrl 对象创建一个 CToolBar 对象	SetButtons()	设置按钮样式和按钮图像在位图中的索引
LoadBitmap()	加载包含位图按钮图像的位图	SetSizes()	设置按钮及位图大小
LoadToolBar()	加载用资源编辑器创建的工具栏资源	SetHeight()	设置工具栏的高度

下面介绍常用函数的使用方法与实例。

（1）创建工具栏窗口 Create()/CreateEx()

CToolBar∷Create()或 CreateEx()创建并初始化工具栏窗口对象。若创建成功，函数返回 true，否则返回 false，函数原型为：

```
BOOL Create(
    CWnd* pParentWnd,                        //pParentWnd 为指向工具栏所在
                                             //父窗口的指针
```

```
        DWORD dwStyle=WS_CHILD|WS_VISIBLE|CBRS_TOP,
        UINT nID=AFX_IDW_TOOLBAR                    //nID表示工具栏窗口的ID号
        );
    BOOL CreateEx(CWnd* pParentWnd,                 //指向父框架窗口的指针
        DWORD dwCtrlStyle=TBSTYLE_FLAT,
        DWORD dwStyle=WS_CHILD|WS_VISIBLE|CBRS_ALIGN_TOP,
        CRect rcBorders=CRect(0,0,0,0),             //工具栏的位置
        UINT nID=AFX_IDW_TOOLBAR
        );
```

其中 dwStyle 为工具栏的风格，其取值为表 5-14 中参数的组合。

表 5-14 工具条的风格

风　格	说　　明	风　格	说　　明
WS_VISIBLE	使工具条窗口初始可见	CBRS_TOOLTIPS	鼠标光标在工具按钮上暂停时，显示工具提示
CBRS_BOTTOM	初始时将工具栏放到窗口底部	CBRS_TOP	初始时将工具栏放在窗口顶部
CBRS_FLYBY	在状态栏显示命令描述	CBRS_SIZE_DYNAMIC	工具栏的尺寸是可变的
CBRS_NOALIGN	防止工具栏在其父窗口改变大小时被复位		

下面代码在父框架窗口中生成一工具栏，工具栏风格为"初始可见"，且放置在窗口"顶部"，工具栏窗口的 ID 号的 16 进制值为 9100。

```
        CToolBar m_ToolBar=new CToolBar();
        m_ToolBar.Create(this,WS_VISIBLE|CBRS_TOP,0x9100);
```

下面代码在父框架窗口中生成一工具栏，工具栏资源 ID 号为 IDR_MAINFRAME：

```
        CToolBar  m_wndToolBar;
        m_wndToolBar.CreateEx(this,TBSTYLE_FLAT,WS_CHILD|WS_VISIBLE
            |CBRS_TOP|CBRS_GRIPPER|CBRS_TOOLTIPS
            |CBRS_FLYBY|CBRS_SIZE_DYNAMIC)
        m_wndToolBar.LoadToolBar(IDR_MAINFRAME)
```

（2）装载工具栏资源 LoadToolBar()

```
        BOOL  LoadToolBar(LPCTSTR lpszResourceName);    //字符串形式定义的资源
        BOOL  LoadToolBar(UINT nIDResource);            //整型形式定义的资源
```

（3）设置工具栏风格 SetBarStyle()

```
        SetBarStyle(DWORD dwStyle);
```

（4）工具栏的浮动

默认状况下，CToolBar 工具栏只能被应用程序所移动。为使用户能够移动工具栏，需向工具栏与框架窗口发送消息。这可通过调用 CToolBar::EnableDocking 和 CFrameWnd::EnableDocking 实现。两个函数原型如下：

```
        void EnableDocking( DWORD dwStyle );  //dwStyle为工具栏的停靠风格，如表5-15所示
```

表 5-15 工具条停靠风格

风　格	意　　义	风　格	意　　义
CBRS_ALIGN_TOP	工具条可在客户区顶端移动	CBRS_ALIGN_RIGHT	工具条可在客户区右端移动
CBRS_ALIGN_BOTTOM	工具条可在客户区底端移动	CBRS_ALIGN_ANY	工具条可在客户区任意位置移动
CBRS_ALIGN_LEFT	工具条可在客户区左端移动	CBRS_FLOAT_MULTI	允许在一窗口内存在多个可移动控制条（对于 CFrame 不可用）

用户可以对工具栏进行移动或定位。或者在程序控制下,通过调用 CFrameWnd::DockControlBar 来移动。通过 CFrameWnd::FloatControlBar 来定位工具条。

（5）工具条的显隐控制

由于工具条是一个窗口,它的显示或隐藏可以通过其父类 CFrameWnd 的成员函数 ShowControlBar() 来实现。也可以通过窗口类 CWnd 的成员函数 ShowWindow()来实现。

```
void CFrameWnd::ShowControlBar(
    CControlBar*pBar,
    BOOL bShow,                //bShow 为 true, 显示; 为 false, 隐藏
    BOOL bDelay                //bDelay 为 true, 延迟显示工具条; 为 false, 立即显示
);
```

设置工具栏的初始停靠位置 CFrameWnd::DockControlBar():

```
void DockControlBar(
    CcontrolBar *pBar,         //需要停靠的工具栏指针
    UINT nDockBarID=0,         //指定工具栏在客户区中的停靠位置, 其值见表 5-16
    LPCRECT lpRect=NULL        //无客户区时工具栏的停靠位置
);
```

表 5-16　工具栏的停靠位置

位 置 标 志	意　　义
0	停靠在客户区的任意位置
AFX_IDW_DOCKBAR_TOP	停靠在客户区的顶端
AFX_IDW_DOCKBAR_BOTTOM	停靠在客户区的底端
AFX_IDW_DOCKBAR_LEFT	停靠在客户区的左端
AFX_IDW_DOCKBAR_RIGHT	停靠在客户区的右端

MFC 应用程序向导默认生成的应用程序具有标准的工具栏,一般是由主框架窗口类 CMainFrame 控制,因此工具栏的具体代码是在主框架窗口类中定义一个 CToolBar 对象,然后在 CMainFrame::OnCreate()中添加工具栏的创建和设置代码。下面的代码可以在当前框架窗口中创建一个浮动工具栏。

```
CToolBar  m_wndToolBar;
CToolBar  m_ToolBar;
int CMainFrame::OnCreate(LPCREATESTRUCT lpCreateStruct)
{…
    //m_wndToolBar 是 AppWizard 创建的缺省的标准工具栏, 资源号 IDR_MAINFRAME
    if(!m_wndToolBar.CreateEx(this,TBSTYLE_FLAT,WS_CHILD|WS_VISIBLE|CBRS_
TOP|
    CBRS_GRIPPER|CBRS_TOOLTIPS|CBRS_FLYBY|CBRS_SIZE_DYNAMIC)
    ||!m_wndToolBar.LoadToolBar(IDR_MAINFRAME))
    {
        TRACE0("Failed to create toolbar\n");
        return -1;                       //fail to create
    }
    m_wndToolBar.EnableDocking(CBRS_ALIGN_ANY);
    EnableDocking(CBRS_ALIGN_ANY);
    //框架窗口函数, 使工具栏可任意位置移动, 不管有多少个工具栏, 只调用一次
    DockControlBar(&m_wndToolBar);     //框架窗口函数, 定位该工具条的初始停靠位置
    …
    //用户自己创建的工具栏 m_ToolBar, 资源号 IDR_TOOLBAR1
```

```
    m-ToolBar.Create(this);                    //在当前窗口创建工具栏
    m-ToolBar.LoadToolBar(IDR-TOOLBAR1);//加载工具栏资源 IDR_TOOLBAR1
    m-ToolBar.SetBarStyle(m-ToolBar.GetBarStyle()|CBRS-TOOLTIPS|CBRS-
FLYBY|CBRS-SIZE_DYNAMIC);
      //设定工具条的风格为默认风格 + 显示工具提示 + 工具条可以浮动 + 工具条大小可变
    m-ToolBar.EnableDocking(CBRS-ALIGN-ANY);
      //工具条可在客户区任意位置移动
    DockControlBar(&m-ToolBar);              //框架窗口函数,定位该工具条的初始停靠位置
    return 0;
}
```

5.2.2 工具栏编辑器

新建或打开一个单文档应用程序,在项目工作区窗口中选择 Resource View 标签,双击 Toolbar 文件夹下的 IDR_MAINFRAME,则在窗口的右边出现工具栏编辑器,如图 5-14 所示。

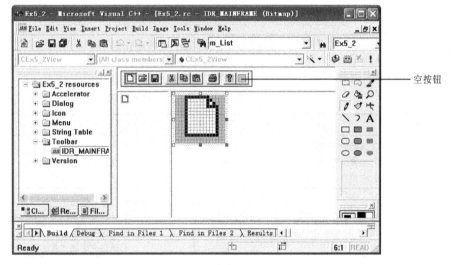

图 5-14 工具栏编辑器

对工具栏的基本操作有:

(1)创建一个新的工具栏按钮

在新建的工具栏中,最右端有一个空按钮,双击该按钮弹出其属性对话框,在 ID 栏中输入其标识符名称,则在其右端又出现一个新的空按钮。单击该按钮,在编辑器的视窗内进行编辑,这个编辑就是绘制一个按钮位图,它同一般的图形编辑器操作相同。

(2)移动一个工具栏按钮

在工具栏中移动一个按钮,单击并拖动到相应位置即可。若在移动的同时,按下【Ctrl】键,则复制一个按钮在新位置。

(3)删除一个工具栏按钮

将选中的工具栏按钮拖离工具栏,则该按钮就消失了,即删除了。需要注意的是,选中某按钮,按【Delete】键并不能删除该按钮,只是将其中的图形以背景色填充。

(4)在工具栏中插入空格

① 前插空格。如果按钮前没有任何空格,拖动该按钮向右移动并当覆盖相邻按钮的一半以上时,释放鼠标,则此按钮前出现空格。

② 后插空格。如果按钮前有空格而按钮后没有空格，拖动该按钮向左移动并当按钮的左边界接触到前面按钮时，释放鼠标，则此按钮后出现空格。

③ 删除空格。如果按钮前后均有空格，拖动该按钮向右移动并当接触到相邻按钮时，释放鼠标，则此按钮前的空格保留，按钮后的空格消失。相反，拖动该按钮向左移动并当接触到前一个相邻按钮时，释放鼠标，则此按钮后的空格保留，按钮前的空格消失。

（5）工具栏按钮属性的设置

双击按钮弹出其属性对话框，如图 5-15 所示。

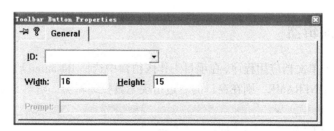

图 5-15　工具栏按钮属性对话框

属性对话框中的各项说明如表 5-17 所示。

表 5-17　工具栏按钮属性对话框的各项含义

项　目	含　义	项　目	含　义
ID	工具栏按钮的标识符，用户可以输入自己的标识符名称，也可以从 ID 框的下拉列表中选取标识符名称	Height	工具栏按钮的像素高度
Width	工具栏按钮的像素宽度	Prompt	工具栏按钮提示信息。若为"建立新文档\n 新建"，则表示当鼠标指向该按钮时，在状态栏中显示"建立新文档"，而在弹出的提示信息中出现"新建"

5.2.3　工具栏与菜单结合

工具栏与菜单结合是指当选择工具栏按钮或命令时，操作结果是一样的。使它们结合的方法是在工具栏按钮的属性对话框中将按钮的 ID 号设置为相关联的命令 ID。

用户也可以为工具栏按钮指定其他的 ID 号，但需用 ClassWizard 映射其 COMMAND 消息，在处理函数中添加相应的代码。

例如，下面的步骤是将命令与工具按钮相结合：

将前面的单文档应用程序 Ex5_1 打开；

利用工具栏编辑器在默认工具栏资源 IDR_MAINFRAME 中加入 5 个工具按钮，如图 5-16 所示。

双击该工具按钮，在其属性对话框中，将其 ID 号设为 ID_DRAW_ELLIPSE1，在 Prompt 框内输入"绘制一个外接矩形为 100*100 的椭圆\n 小椭圆"；其他 4 个按钮的设计类似，分别与命令大椭圆、小矩形、大矩形、清除相对应。

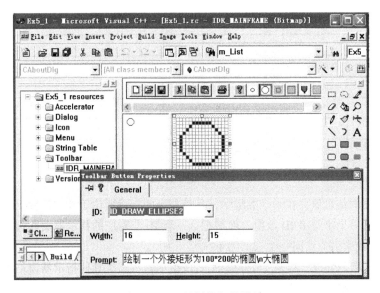

图 5-16 工具栏按钮的设计

重新编译并运行。在 Ex5_1 工具栏上，将鼠标指针移到显示新的按钮上，会在状态栏上显示"绘制一个外接矩形为 100*100 的椭圆"字样，同时还会弹出提示小窗口，显示"小椭圆"字样。当单击该按钮时，其结果同单击"椭圆 100*100"的菜单。

5.3 状 态 栏

状态栏是位于主窗口底部的一水平长条，它可以分割成几个窗格，用来显示多组信息，其信息包括两部分：一是提示信息，二是指示器信息。MFC 的 CStatusBar 类封装了状态栏的大部分操作。

5.3.1 CStatusBar 类

一个 CStatusBar 对象是一个带有一行文本输出窗格的控件，或者称为"指示器"。这些输出窗格常被用来作为消息行和状态指示器。例如，简单解释所选工具按钮命令信息，作为显示【ScrollLock】、【NumLock】键以及其他键状态的指示器。CStatusBar 类的成员函数如表 5-18 所示。

表 5-18 CStatusBar 类的成员函数

成 员 函 数	含 义
Create	创建状态栏，把它连接到 CStatusBar 对象，返回初始字体和状态高度
CreateEx	用额外的样式为嵌入的 CstatusBarCtrl 对象创建一个 CStatusBar 对象
SetIndicators	设置指示器 ID
CommandToIndex	获取一个给定指示器 ID 的索引
GetItemID	获取一个给定索引的指示器 ID
GetItemRect	获取一个给定索引的指示器矩形
GetPaneInfo	获取一个给定索引的指示器 ID、样式和宽度

成 员 函 数	含 义
GetPaneStyle	获取一个给定索引的指示器样式
GetPaneText	获取一个给定索引的指示器文本
GetStatusBarCtrl	允许直接访问下属的公用控件
SetPaneInfo	设置一给定索引的指示器 ID、样式和宽度
SetPaneStyle	设置一个给定索引的指示器样式
SetPaneText	设置一个给定索引的指示器文本

框架将指示器的信息保存在一个数组中，且最左边的指示器位于 0 的位置上。当创建一个状态栏时，可以使用一个字符串 ID 数组，框架把这一组 ID 与对应的指示器关联起来。此后，就可以使用字符串 ID 或索引值访问一个指示器了。

默认情况下，第一个指示器是"可伸缩的"，该指示器占据了其他指示器窗格未用到的状态栏长度，因此，其他窗格是右对齐的。

可以按照下列步骤创建一个状态栏：

① 构造 CStatusBar 对象；

② 调用 Create（或 CreateEx）函数来创建状态栏窗口并将它连接到 CStatusBar 对象；

③ 调用 SetIndicators 函数将字符串 ID 与每一个指示器联系起来。

5.3.2　CStatusBar 类的使用方法

用 AppWizard 默认创建的 SDI 或 MDI 应用程序具有标准的状态栏，一般是由主框架窗口类控制，状态栏对象是作为主框架窗口的一个子窗口，因此，状态栏的具体代码是在主框架窗口类中定义了一个 CStatusBar 对象，如下所示：

```
Protected:
    CStatusBar  m_wndStatusBar;
```

然后在 CMainFrame 类的实现文件 MainFrm.cpp 中定义一个状态行指示器数组，如下所示：

```
static UINT indicators[]=
{
    ID_SEPARATOR,            //用来标识信息行窗格，显示命令或工具按钮的信息
    ID_INDICATOR_CAPS,       //用来标识【CapsLock】键的状态
    ID_INDICTOR_NUM,         //用来标识【NumLock】键的状态
    ID_INDICATOR_SCRL,       //用来标识【ScrollLock】键的状态
};
```

最后在 CMainFrame::OnCreate()中添加状态栏的创建和状态行指示器的设置代码，如下所示。

```
int CMainFrame::OnCreate(LPCREATESTRUCT lpCreateStruct)
{
    …
    if(!m_wndStatusBar.Create(this)||
      !m_wndStatusBar.SetIndicators(indicators,sizeof(indicators)/
sizeof(UINT)))
    {
        TRACE0("Failed to create status bar\n");
        return -1;   //未能创建
    }
```

```
    …//其他
    return 0;
}
```

如果要更改默认的状态栏，一般只需要修改 indicators[] 的值即可。

5.3.3　状态栏的常用操作

1．增加和减少窗格

状态栏的窗格分为信息行窗格和指示器窗格。

（1）增加和减少信息行窗格

在 indicators[] 中的适当位置增加一个 ID_SEPARATOR 标识即可增加一个信息行窗格；反之，删除该数组的一个 ID_SEPARATOR 元素即可减少一个信息行窗格。

（2）增加和减少指示器窗格

在 indicators[] 中的适当位置增加一个在字符串表中定义过的资源 ID，其字符串的长度表示指示器窗格的大小。反之，删除该数组的一个资源 ID 即可减少一个指示器窗格。

2．在状态栏上显示信息

① 调用函数 CWnd::SetWindowText() 设置第一个窗格中的文本。由于状态栏也是一种窗口，所以可直接调用该函数。例如，状态栏变量为 m_wndStatusBar，则语句 m_wndStatusBar.SetWindowText("信息行文本") 将会在第一个窗格内显示"信息行文本"。注意，该函数仅设置第一个窗格中的文本。

② 调用函数 **CStatusBar**::SetPaneText() 更新任何窗格的文本，其原型如下：

```
BOOL SetPaneText(int nIndex,LPCTSTR lpszNewText,BOOL bUpdate=true);
```

参数：

nIndex 表示窗格索引，第一个窗格的索引为 0，其余递加 1；

lpszNewText 表示要显示的信息；

bUpdate 为 true，则系统自动更新显示结果。

③ 手动添加状态栏窗格的 ON_UPDATE_COMMAND_UI 事件的消息映射，添加 afx_msg void 类型的带一个参数消息处理函数 OnUpdateIndicatorXY(CCmdUI *pCmdUI)，并在该消息处理函数中调用 CCmdUI::SetText()。

3．改变状态栏的风格

在 MFC 的 CStatusBar 类中，有两个成员函数可以改变状态栏的风格：

```
void SetPaneInfo(int nIndex,UINT nID,UINT nStyle,int cxWidth);
void SetPaneStyle(int nIndex,UINT nStyle);
```

参数：

- nIndex 表示要设置的状态栏窗格的索引；
- nID 用来为状态栏窗格指定新的 ID；
- cxWidth 表示窗格的像素宽度；
- nStyle 表示窗格的风格类型，用来指定窗格的外观（见表 5-19）。

表 5-19　状态栏窗格的风格类型

风 格 类 型	含　　　义
SBPS_NOBORDERS	窗格周围没有 3D 边框
SBPS_POPOUT	反显边界以使文字凸出来
SBPS_DISABLED	禁用窗格，不显示文本
SBPS_SIRETCH	拉伸窗格，并填充窗格不用的空白空间。但状态栏只能有一个窗格具有这种风格
SBPS_NORMAL	普通风格

5.3.4　示例

创建一个单文档应用程序，在状态栏的最左边两个窗格中显示出当前鼠标在窗口客户区的位置，在最右边的窗格中显示当前时间，如图 5-17 所示。

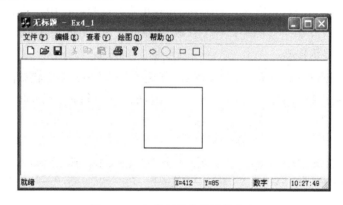

图 5-17　在状态栏中显示的信息

步骤如下：

① 打开前面的单文档应用程序 Ex5_1。

② 增加两个字符串资源。将项目工作区窗口切换到 ResourceView 选项卡，双击 String Table 的 String Table 图标，则在主界面的右边出现字符串编辑器。在字符串列表的最后一行的空项上双击，弹出"字符串属性"对话框，如图 5-18 所示。

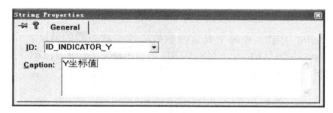

图 5-18　字符串属性对话框

在字符串属性对话框，指定相应的 ID 和字符串标题，本例加入 3 个字符串资源 **ID_INDICATOR_X**、**ID_INDICATOR_Y** 与 **ID_INDICATOR_TIME**，其标题中字符的多少决定窗格的大小。这里，标题分别设为"X 坐标值"、"Y 坐标值"和"00:00:00"。

③ 打开 MainFrm.cpp 文件，修改 indicators[]如下：

```
static UINT indicators[]=
{
    ID_SEPARATOR,                           //status line indicator
    ID-INDICATOR_X,
    ID-INDICATOR_Y,
    ID_INDICATOR_CAPS,
    ID_INDICATOR_NUM,
    ID_INDICATOR_SCRL,
    ID_INDICATOR_TIME,
};
```

④ 用 ClassWizard 在 C Ex5_1View 类中加入 WM_MOUSEMOVE 消息处理函数，并添加代码。

```
void C Ex5_1View::OnMouseMove(UINT nFlags,CPoint point)
{
    //TODO: Add your message handler code here and/or call default
    CMainFrame*pFrame=(CMainFrame*)AfxGetApp()->m-pMainWnd;
    CStatusBar*pStatus=&pFrame->m-wndStatusBar;
    CString str;
    if(pStatus)
    {
        str.Format("X=%d",point.x);
        pStatus->SetPaneText(1,str);
        str.Format("Y=%d",point.y);
        pStatus->SetPaneText(2,str);
    }
    CView::OnMouseMove(nFlags,point);
}
```

⑤ 将类 CMainFrame 中的保护型状态栏对象 m_wndStatusBar 修改为公共变量。

⑥ 在 Ex_SDIMenuView.cpp 文件的开始处增加下列语句：

#include"MainFrm.h"

⑦ 在 CMainFrame 类的 OnCreate()函数中，设置定时器，代码如下：

```
int CMainFrame::OnCreate(LPCREATESTRUCT lpCreateStruct)
{    …
    SetTimer(1,1000,NULL);                  //设置定时器
    return 0;
}
```

⑧ 为 CMainFrame 类映射 WM_TIMER 消息的处理函数，并添加代码如下：

```
void CMainFrame::OnTimer(UINT nIDEvent)
{
    //TODO: Add your message handler code here and/or call default
    CTime tmCurr;
    CString strTime;
    tmCurr=CTime::GetCurrentTime();   //获取系统当前时间
    strTime=tmCurr.Format("%H:%M:%S");
    //设置状态栏 ID_INDICATOR_TIME 窗格文本内容
            m-wndStatusBar.SetPaneText(
            m-wndStatusBar.CommandToIndex(ID-INDICATOR-TIME),
            strTime);
        CFrameWnd::OnTimer(nIDEvent);
}
```

⑨ 编译并运行。结果如图 5-18 所示。

习 题 五

1．填空题

（1）常见的菜单类型有_____、_____两种。

（2）在单文档应用程序中，AppWizard 创建的默认菜单资源 ID 为：_____，默认快捷键资源 ID 为_____。

（4）命令消息有 2 种，分别为_____和_____。

（5）在 MFC 中，菜单由类_____来管理，工具栏的功能由类_____实现。

（6）在单文档应用程序中，AppWizard 创建的缺省工具栏资源 ID 号为_____。

（7）可以使用 CToolBar 的_____函数或_____函数，来创建工具栏窗口。

（8）设置工具栏的停靠特性，需要调用_____函数。

（9）状态行指示器数组为_____，在单文档程序中它的定义在_____源文件中。

（10）可以调用类 CStatusBar 的函数_____来设置某窗格文本。

2．选择题

（1）VC++中提供的资源编辑器，不能编辑（   ）。

    A．菜单　　　　　B．工具栏　　　　C．状态栏　　　　D．位图

（2）在编辑某菜单项时，要指明该菜单项是一个弹出式菜单，必须选择属性为（   ）。

    A．Separator　　　B．Pop-up　　　　C．Inactive　　　D．Grayed

（3）当鼠标在工具按钮上暂停时，要能显示按钮提示，必须设置工具栏的风格为（   ），且要设置工具按钮的提示属性的值为 "\n 按钮提示" 的形式。

    A．CBRS_TOOLTIPS　　　　　　　B．CBRS_FLYBY

    C．CBRS_NOALIGN　　　　　　　D．WS_VISIBLE

（4）在单文档应用程序，MFC 应用程序框架为状态栏定义的静态数组 indicators 放在文件（   ）中。

    A．MainFrm.cpp　　B．MainFrm.h　　C．**View.cpp　　D．**View.h

3．简答题

（1）简述菜单设计的步骤？

（2）什么是快捷键？它是如何定义的？

（3）什么是快捷菜单？用程序实现一般需要哪些步骤？

（4）简述工具栏的创建步骤。

（5）状态栏的窗格分几类？如何添加或减少相应的窗格？

4．操作题

在状态栏中添加一个用户指示器窗格（其 ID 号为 ID_TEXT_PANE），当用户在客户区双击时，在该窗格中显示 "第*次双击" 字样。（*为双击次数）

实验指导五

【实验目的】

① 掌握单文档应用程序中菜单（弹出式菜单）、快捷键、工具栏、状态栏的创建与用法。

② 了解用菜单集成对话框的系统集成方法与技巧。

③ 熟悉为对话框应用程序添加菜单、工具栏、状态栏的方法与技巧。

【实验内容和步骤】

1．基本实验

① 练习课本中的示例 EX5-1，掌握菜单、弹出式菜单、工具栏、状态栏的基本用法。

② 练习课本中的示例 EX5-2，使用命令调用模式对话框。

③ 练习课本中的示例 EX5-3，为对话框关联菜单。

2．拓展与提高

（1）系统集成（二）

在单文档应用程序中，通过菜单集成各对话框。将第 3 章中的各个对话框示例集成到一个单文档应用程序中，步骤如下：

① 创建（或打开）一个单文档应用程序 EX5_4；

② 插入并编辑 4 个对话框资源，IDD_DIALOG1、IDD_DIALOG2、IDD_DIALOG3、IDD_DIALOG4，并为其添加对话框类 CDlg1、CDlg2、CDlg3、CDlg4。各对话框的布局、各控件的关联变量、消息处理函数、成员函数，见第 4 章。

③ 编辑菜单资源 IDR_MAINFRAME，添加"对话框"菜单，各菜单项属性设置见表 5-20。

表 5-20　菜单项属性及消息处理函数

菜　单　ID	属　　　性	消息 COMMAND 处理函数
	标题：对话框 选中 POP-UP	
IDM_ SQRT	标题：平方根	CEx5_4View::OnSqrt()
IDM_SUM	标题：加权和	CEx5_4View::OnSum()
IDM_ CIRCLE	标题：填充圆	CEx5_4View::OnCircle()
IDM_SCORE	标题：学生成绩	CEx5_4View::OnScore()

④ 为菜单选择视图类 CEx5_4View，并进行 WM_COMMAND 消息映射，消息处理函数如表 5-20 所示。

⑤ 编写各消息处理函数，添加代码如下：

```
void CEx5_4View::OnSqrt()
{
    // TODO: Add your command handler code here
    CDlg1 dlg1;
```

```
        dlg1.DoModal();
    }
```

其他函数类似，不再重复。

⑥ 在 CEX5_4View.cpp 文件开头加入各对话框类的头文件：

```
#include"dlg1.h"
#include"dlg2.h"
#include"dlg3.h"
#include"dlg5.h"
```

⑦ 编译运行。当选择菜单"对话框"的有关命令时，会弹出相应的对话框，即可进行相应的操作。

（2）为对话框添加菜单、工具栏和状态栏

如图 5-20 所示，具有菜单、工具栏、状态栏的对话框应用程序。创建步骤如下：

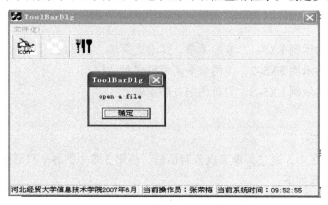

图 5-20　带有菜单、工具栏、状态栏的对话框

① 创建一个对话框应用程序 EX5_5；

② 插入菜单资源 IDR_MENU1，布局菜单，设置命令及其属性（见表 5-21）。

③ 用 ClassWizard 为命令进行消息映射，为菜单资源选择对话框类，映射各命令的 COMMAND 消息，并编写命令的命令消息处理函数代码。

表 5-21　命令属性及消息处理函数

菜 单 ID	属　　　　　性	消 息 处 理 函 数
	标题：文件(&F) 选中 POP-UP	
IDM_OPEN	标题：打开	CToolBarDlgDlg::OnOpen()
IDM_NEW	标题：新建	CToolBarDlgDlg::OnNew()
IDM_SAVE	标题：保存	CToolBarDlgDlg::OnSave()
分隔线	选中 Separator	

```
    void CToolBarDlgDlg::OnOpen()
    {
        MessageBox("open a file");
    }
    void CToolBarDlgDlg::OnNew()
    {
```

```
        MessageBox("new file");
    }
    …
```

④ 为对话框关联菜单资源，在对话框属性页的 MENU 中选择菜单 ID 号，然后编译运行。

⑤ 插入工具栏资源 IDR_TOOLBAR1，编辑工具栏，为工具栏按钮添加位图图片，设置 ID，ID 号与菜单项相同

⑥ 在对话框类中创建工具栏实例，并在对话框初始化中添加代码，以显示工具栏。

```
CToolBar m_toolbar;                          //为对话框类添加成员变量 m_toolbar
BOOL CToolBarDlgDlg::OnInitDialog()
{
…
    //工具栏的设置
    m_toolbar.CreateEx(this,TBSTYLE_FLAT,WS_CHILD|WS_VISIBLE|CBRS_
ALIGN_TOP| CBRS_GRIPPER|CBRS_TOOLTIPS,CRect(0,0,0,0));
    m_toolbar.LoadToolBar(IDR-TOOLBAR1);     //加载工具栏资源
    m_toolbar.ShowWindow(SW_SHOW);           //工具栏可见
    RepositionBars(AFX_IDW_CONTROLBAR_FIRST,AFX_IDW_CONTROLBAR_LAST,0);
…}
```

⑦ 为对话框添加状态栏。有两种方法：一是使用 CStatusBarCtrl 类 ；二是使用状态栏控件。

方法一：使用 CStatusBarCtrl 类，其创建函数原型如下：

```
BOOL CStatusBarCtrl::Create( DWORD dwStyle, //风格
                const RECT& rect,            //矩形区
                CWnd* pParentWnd,            //父窗口指针
                UINT nID                     //状态栏控件资源 ID
                 );
```

步骤如下：

- 在 ToolBarDlgDlg.cpp 中定义状态栏控件资源 ID

```
#define ID_STATUS_BAR_CTRL  110              //定义资源 ID
```

- 为对话框类添加一成员变量

```
CStatusBarCtrl m_StatusBarCtrl;              //定义状态栏控件对象
```

- 在对话框初始化函数中添加代码，创建状态栏。

```
BOOL CToolBarDlgDlg::OnInitDialog()
{  …
    //状态栏的设置
    CRect rect;
    this->GetClientRect(&rect);
    int indicators[3];                       //定义指示器数组
    indicators[0]=rect.Width()*3/7;
    indicators[1]=rect.Width()*2/3;
    indicators[2]=rect.Width();
    m_StatusBarCtrl.Create(WS_CHILD|WS_VISIBLE|CCS_BOTTOM,rect,this,
    ID_STATUS_BAR_CTRL);                     //创建状态栏
    m_StatusBarCtrl.SetParts(3,&indicators[0]); //状态栏与指示器数组关联
    CString str;
    str="河北经贸大学信息技术学院 2007 年 6 月";
    m_StatusBarCtrl.SetText(str,0,0);                  //设定第 1 窗格文本
    m_StatusBarCtrl.SetText("当前操作员: 张荣梅",1,0); //设定第 2 窗格文本
    CTime t=CTime::GetCurrentTime();
    CString s=t.Format("%H:%M:%S");
    s="当前系统时间:"+s;
    m_StatusBarCtrl.SetText(s,2,0);                    //设定第 3 窗格文本
```

```
this->SetTimer(1,1000,NULL);                    //设置定时器
}
```

- 为对话框映射 WM_TIMER 消息，并编写消息处理函数代码，以在状态栏中显示系统的当前时间。

```
void CToolBarDlgDlg::OnTimer(UINT nIDEvent)
{
    //TODO: Add your message handler code here and/or call default
    CTime t=CTime::GetCurrentTime();
    CString s=t.Format("%H:%M:%S");
    s="当前系统时间: "+s;
    this->m_StatusBarCtrl.SetText(s,2,0);
    CDialog::OnTimer(nIDEvent);
}
```

- 编译运行。

方法二：利用状态栏控件。

- 插入状态栏控件 Project→Add to Project→Commend and ActiveX control Microsoft StatusBar
- 设置状态栏控件属性

在 Control 选项卡，选中 Enabled 复选框去掉 ShowTips。

在 Panels 选项卡，设置各窗格的索引、文本、样式、宽度等。

常用样式如下：

- 0–sbrText　　　设置文本
- 1–sbrCaps　　　设置大写键
- 2–sbrNum　　　设置数字键
- 3–sbrIns　　　设置插入键
- 4–sbrScrl　　　设置滚动键
- 5–sbrTime　　　设置时间
- 6–sbrDate　　　设置日期

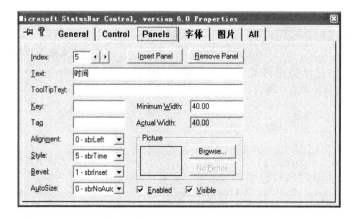

图 5-21　状态栏控件的属性页

第**6**章 图形设备接口与绘图

图形设备接口是 Windows 的核心部分。在 Windows 应用程序中，图形和文本的输出都是通过 GDI 以图形方式来处理的。本章将介绍常用 GDI 对象的使用和图形与文本的绘制技巧。

教学目标：

- 了解设备环境和图形设备接口（GDI）的基本概念。
- 掌握常用 GDI 对象的使用方法。
- 掌握如何绘制图形和输出文本。

6.1　设备环境和设备环境类

6.1.1　设备环境

图形设备接口（Graphics Device Interface，GDI）是 Windows 的重要组成部分，用户通过调用 GDI 函数使用硬件设备，GDI 通过不同设备提供的驱动程序将绘图语句转换为对应的绘图指令，避免了用户对硬件直接进行操作，从而实现了设备无关性。

为了体现 Windows 的设备无关性，应用程序的输出不直接面向显示器或打印机等物理设备，而是面向一个称为设备环境（Device Context，DC）的虚拟逻辑设备。设备环境也叫设备描述表或设备上下文，它是 Windows 定义的一个数据结构，该数据结构包含了向设备输出时所需要的绘图属性。在使用任何 GDI 函数之前，必须首先创建一个设备环境。

图 6-1 描述了 Windows 应用程序通过设备环境操作物理设备的绘图过程。

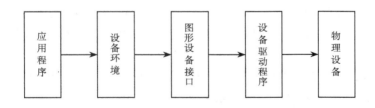

图 6-1　Windows 应用程序的绘图过程

6.1.2　设备环境类

为了方便用户使用设备环境，MFC 封装了 DC，提供了设备环境类 CDC 及其派生类。

1. 设备环境类及其功能

MFC 提供了几种不同的设备环境类，包括：CDC、CClientDC、CWindowDC、CPaintDC、和CMetaFileDC，各设备环境类的功能如下：

① CDC：CDC 类是设备环境类的基类，对 GDI 的所有绘图函数进行了封装，可用来直接访问整个显示器或非显示设备（如打印机等）的上下文。

② CClientDC：代表窗口客户区的设备环境。所谓客户区，是指窗口区域中除去边框、标题栏、菜单栏或可能有的状态栏、对话栏等以外的部分。坐标(0,0)通常指客户区的左上角。如使用CClientDC 在视图中绘图，绘图区域不包括文档窗口的边框、标题栏、菜单栏、状态栏；如在对话窗口中绘图，绘图区域不包括对话框的边框和标题条；如在控制中绘图，绘图区域不包括控制的边框。在使用 CClientDC 绘图时，通常先调用窗口的 GetCClientRect()函数来获取用户区的大小。

③ CWindowDC：代表整个窗口（客户区和非客户区）的设备环境。允许在显示器的任意位置绘图。坐标(0,0)指整个屏幕的左上角。在使用 CWindowDC 绘图时，通常先调用 GetWindowRect()函数，获取窗口在屏幕坐标系中的外边框坐标。除非要自行绘制窗口边框和按钮，否则一般不用它。

④ CPaintDC：用于响应窗口重绘消息（WM_PAINT）的绘图输出，不仅可对客户区进行操作，还可以对非客户区进行操作。一般用在 OnPaint()函数中，OnPaint()函数首先构造一个 CPaintDC 对象，再调用 OnPrepareDC()函数将其准备好，最后以这个准备好的 CPaintDC 对象指针为参数，调用 OnDraw()函数进行绘图操作。

⑤ CMetaFileDC：代表了 Windows 图元文件的设备环境。一个 Windows 图元文件包括一系列的图形设备接口命令，可以通过重放这些命令来创建图形。对 CMetaFileDC 对象进行的各种绘制操作可以被记录到一个图元文件中。

2. 设备环境类 CDC 的内容

设备环境类 CDC 的内容十分丰富．包括了有关绘图的方方面面。从功能上来看，CDC 的内容可以有以下几类：

① 当前 GDI 绘图对象及其管理：GDI 绘图对象包括画笔、画刷、调色板、字体、区域、位图等。在 MFC 中，它们分别由类 CPen、CBrush、、CPalette、CFont、CRgn、CBitmap 表示。绘图的效果依赖于这些绘图对象的具体状态。CDC 使用 SelectObject()函数选进新的 GDI 对象或恢复旧的 GDI 对象。

② 映射模式：在窗口中绘图时．除了使用设备坐标外，大多数情况下要使用逻辑坐标，以利于绘图操作的设备无关性和图形的不同比例的显示。映射模式实现对设备坐标和逻辑坐标的相互转换。

③ 绘图操作：CDC 提供了基本的绘图操作函数，如画点、画线、画矩形、画圆、画多边形等，另外还有区域的运算及操作、文本的输出等。

6.1.3 获取设备环境

绘图前，必须准备好设备环境 DC。采用 MFC 编程时，只需在程序中声明一个设备环境类的对象，就会自动获取一个设备环境，而当该对象被删除时也就自动释放了获取的设备环境，下面是获取设备环境的几种方法。

1. 在视图类的 OnDraw()中输出图形或文本

使用 MFC AppWizard 生成 SDI 或 MDI 应用程序时，视图类的 OnDraw()的参数 pDC 就是一个指向 CDC 的指针，在 OnDraw()中绘图就是使用指针 pDC 标志的设备环境。该指针是在程序响应 WM_PAINT 消息时由 OnPain()创建并传递给 OnDraw()的。下面的代码实现了在视图的客户区中输出一行文本和绘制一个矩形：

```
void CEx6_1View::OnDraw(CDC*pDC)
{
    CEx6_1Doc*pDoc=GetDocument();
    ASSERT_VALID(pDoc);
    //TODO: add draw code for native data here
    CString str="大家好";
    pDC->TextOut(10,10,str);                //输出文本
    pDC->Rectangle(50,50,200,200);          //绘制矩形
}
```

2. 使用设备环境类的对象获取设备环境

如果不是在视图类的 OnDraw()中绘图，则需要自己声明设备环境类的对象，并使用 this 指针初始化该对象。下面是单击消息处理函数中绘制一个椭圆的代码：

```
void CEx6_1View::OnLButtonDown(UINT nFlags, CPoint point)
{
    //TODO: Add your message handler code here and/or call default
    CClientDC dc(this);                     //声明客户区设备环境
    CRect r;
    GetClientRect(&r);                      //获取客户区大小
    dc.Ellipse(r);                          //绘制椭圆
    CView::OnLButtonDown(nFlags, point);
}
```

3. 使用 CWnd 类的 GetDC()获取设备环境

如果绘图操作不是在 WM_PAINT 消息处理函数中，还可以通过调用 CWnd 类的成员函数 GetDC()获取设备环境，调用 ReleaseDC()释放设备环境。例如，右击消息处理函数中绘制一个圆角矩形的代码如下：

```
void CEx6_1View::OnRButtonDown(UINT nFlags, CPoint point)
{
    //TODO: Add your message handler code here and/or call default
    CDC*pDC=GetDC();                        //申请设备环境
    pDC->RoundRect(80,80,400,400,50,50);    //绘制圆角矩形
    ReleaseDC(pDC);                         //释放设备环境
    CView::OnRButtonDown(nFlags, point);
}
```

使用设备环境时须注意：在 Windows 环境中，可以申请的设备环境的数量是有限制的。如果设备环境没有被及时释放，计算机资源会很快消耗，Visual C++也会在调试窗口中报错。

6.2　GDI 绘图对象

6.2.1　GDI 对象分类

在默认情况下，当用户申请一个设备环境并在其中绘图时，系统使用设备环境默认的绘图工

具及其属性。如果要使用不同风格和颜色的绘图工具进行绘图，用户必须重新为设备环境设置和定义绘图工具，这些绘图工具统称为 GDI 对象。

MFC 把不同的绘图工具封装到不同的类中，主要有 CPen 类、CBrush 类、CFont 类、CRgn 类、CPalcttc 类、CBitmap 类，它们都是 CGdiObject 类的派生类。

CPen 类：封装了 GDI 画笔，用来画线及绘制有形边框。默认的画笔用于绘制一个像素宽的黑色实线。

CBrush 类：封装了 GDI 画刷，用来对一个封闭区域内部填充颜色。默认的画刷颜色是白色。

CFont 类：封装了 GDI 字体，用来绘制文本。可以用来设置文本的输出效果，例如文本的大小、是否加粗、是否斜体等。

CRgn 类：封装了 GDI 区域，区域是窗口中的一块多边形或椭圆形。可以利用它来进行填充、裁剪以及鼠标点中操作。

CBitmap 类：封装了 GDI 位图。位图是一种位矩阵，每一个显示像素都对应于其中的一个或多个位。用户可以利用位图来填充区域或创建画刷。

CPalette 类：封装了 GDI 调色板，包含系统可用的色彩信息，是应用程序与彩色输出设备（如显示器）的接口。

6.2.2　CPen 类

画笔用来画线及绘制有形边框。Windows 提供了两种笔：装饰笔和几何笔。装饰笔用设备单位画线，不考虑当前映射模式；几何笔则用逻辑单位画线。它们都受当前映射模式的影响。

1．库存画笔

库存画笔由 Windows 操作系统提供，用户可以直接使用。库存画笔有三种：BLACK_PEN（黑色画笔）、WHITE_PEN（白色画笔）和 NULL_PEN（空画笔）。如果要使用这些画笔，只需调用 CDC 类的的成员函数 SelectStockObject()即可，格式如下：

```
virtual CGdiObject*SelectStockObject(int nIndex);
```

其中，nIndex 指定需要选入的库存对象，可以是三种画笔之一。例如：

```
CPen*pOldPen=(CPen*)pDC->SelectStockObject(WHITE_PEN);   //选入白色画笔
…                                                        //进行绘图操作
pDC->SelectObject(pOldPen);                              //恢复原来的画笔
```

2．自定义画笔

如果要使用自己的画笔绘图，必须首先创建一个画笔，然后将画笔选入设备环境，最后还要恢复原来的画笔。

（1）创建画笔

可用两种方法创建指定画笔：

方法一：使用 CPen 类的带参构造函数定义画笔对象，函数原型如下：

```
CPen(int nPenStyle,int nWidth,COLORREF crColor);
```

其中，参数 nPenStyle 指定笔的样式，默认值为 PS_SOLID，可以使用的样式如表 6-1 所示。

表 6-1 画笔样式

样　式	说　明
PS_SOLID	实线笔
PS_DASH	虚线笔，当笔的宽度为 1 像素或更小时有效
PS_DOT	点线笔，当笔的宽度为 1 像素或更小时有效
PS_DASHDOT	点和线交替出现的画笔，当笔的宽度为 1 像素或更小时有效
PS_DASHDOTDOT	线和双点交替出现的画笔，当笔的宽度为 1 像素或更小时有效
PS_NULL	不可见笔，当然也就不能画图了
PS_INSIDEFRAME	边框实线笔，仅在几何笔中有效

参数 nWidth 指定笔的宽度，默认值为 1 像素宽度。

参数 crColor 指定笔的颜色，默认值为黑色。Windows 中的常用颜色如表 6-2 所示。

示例代码如下：

```
CPen NewPen(PS_DASH,1,RGB(255,0,0));          //创建一个宽度为 1 的红色虚线笔
```

方法二：使用 CPen 类的无参构造函数定义画笔对象，再调用 CreatePen()创建指定画笔。CreatePen()原型如下：

```
BOOL CreatePen(int nPenStyle,int nWidth,COLORREF crColor);
```

其中的参数含义与构造函数相同。示例代码如下：

```
CPen NewPen;                                  //定义画笔对象
NewPen.CreatePen (PS_DOT, 1, RGB(0,255,0)); //创建一个宽度为 1 的绿色点线笔
```

表 6-2 Windows 中常用颜色的 RGB 值

红	绿	蓝	颜　色	红	绿	蓝	颜　色
0	0	0	黑色	0	0	128	深蓝色
255	255	255	白色	0	128	0	深绿色
255	0	0	红色	0	128	128	深青色
0	255	0	绿色	128	0	0	深红色
0	0	255	蓝色	128	0	128	深品红色
255	255	0	亮黄色	128	128	0	深黄色
0	255	255	青色	128	128	128	深灰色
255	0	255	品红色	192	192	192	浅灰色

说明：

① 画笔的样式。如果创建画笔时使用了 PS_DASH、PS_DOT、PS_DASHDOT、PS_DASHDOTDOT 样式，则当笔的宽度大于 1 时，会创建实心笔，即采用 PS_SOLID 样式。

② 颜色的设置。在绘制图形和图像时，颜色是一个重要的因素。Windows 中用 COLORREF 类型的数据存放颜色，它实际上是一个 32 位整数。任何一种颜色都是由红、绿、蓝 3 种基本颜色组成，每一种颜色分量的取值范围都是 0～255。

直接设置 COLORREF 类型的数据不太方便，MFC 提供了 RGB 宏来设置颜色，格式为：

```
COLORREF RGB(
BYTE bRed,                                    //红色分量的值
  BYTE bGreen,                                //绿色分量的值
```

```
        BYTE bBlue                        //蓝色分量的值
    );
```

例如，RGB(0,0,0) 表示黑色，RGB(255,0,0) 表示红色，RGB(0,255,0) 表示绿色，RGB(0,0,255)
表示蓝色等。表 6-2 列出了一些常用颜色的 RGB 值。

（2）装载画笔

创建一个画笔后,必须将画笔选入设备环境才能使用。可以使用CDC类的成员函数SelectObject()
将新的画笔选入设备环境，该函数原型如下：

```
    CPen*SelectObject(CPen*pPen);
```

其中参数 pPen 是要选入设备环境的画笔对象的指针,函数调用成功,将返回原来的画笔指针,
应该保存该指针以便恢复原来的画笔。示例代码如下：

```
    CPen *pOldPen=pDC->SelectObject(&NewPen);
    pDC->Rectangle(50,50,200,200);   //使用新画笔绘制矩形
```

（3）还原画笔

当绘图完成后，应该调用 CDC 类的成员函数 SelectObject()恢复设备环境原来的画笔，并调用
CGdiObject 类的成员函数 DeleteObject()释放画笔所占的内存资源。示例代码如下：

```
    pDC->SelectObject(pOldPen);       //恢复原来的画笔
    NewPen.DeleteObject();            //释放画笔资源
```

6.2.3　CBrush 类

画刷是 Windows 编程时用来填充控件、窗口或其他区域的 GDI 对象。

1．库存画刷

同画笔一祥，库存画刷由 Windows 操作系统提供，用户可以通过 CDC 类的成员函数
SelectStockObject()将库存画刷选入设备环境。库存画刷有：BLACK_BRUSH（黑色画刷）、
DKGRAY_BRUSH（深灰色画刷）、GRAY_BRUSH（灰色画刷）、LTGRAY_BRUSH（浅灰色画刷）、
NULL_BRUSH（空画刷，即内部不填充）和 WHITE_BRUSH（白画刷）。例如：

```
    CBrush*pOldBrush=(CBrush*)pDC->SelectStockObject(GRAY_BRUSH);//选入灰色画刷
    …                                  //进行绘图操作
    pDC->SelectObject(pOldBrush);      //恢复原来的画刷
```

2．自定义画刷

和画笔一样，使用自己定义的画刷，也包括创建画刷、选择画刷和还原画刷等步骤。在 Visual
C++中用户可以创建不同类型画刷。

实心画刷：与实心画笔相似，可以通过 COLORREF 在创建画刷时设置颜色。

阴影画刷：用预定义阴影图案来填充区域。

位图画刷：用 8 像素×8 像素的位图填充区域。

与创建画笔不同，类型不同的画刷要使用不同的函数创建。下面介绍几个常用的创建函数。

（1）创建实心画刷函数 CreateSolidBush()

函数原型为：

```
    BOOL CreateSolidBrush( COLORREF crColor );
```

例如创建一个红色的实心画刷的代码如下：

```
    CBrush NewBrush;
    NewBrush.CreateSolidBrush(RGB(255,0,0));
```

（2）创建阴影画刷函数 CreateHatchBrush ()

函数原型为：

```
BOOL CreateHatchBrush( int nIndex, COLORREF crColor );
```

其中：参数 nIndex 指定画刷的阴影样式，它的值如图 6-2 所示。

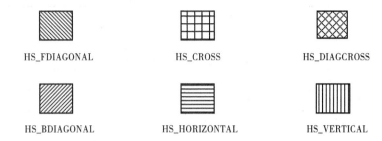

图 6-2　阴影画刷的填充样式

例如创建一个具有水平阴影线的红色画刷的代码如下：

```
CBrush NewBrush;
NewBrush.CreateHatchBrush(HS_HORIZONTAL,RGB(255,0,0));
```

（3）创建位图画刷函数 CreatePatternBrush()

函数原型为：

```
BOOL CreatePatternBrush( CBitmap* pBitmap );
```

其中：参数 pBitmap 指定填充的位图。一般用 8×8 的位图，如果位图不是 8×8 的，则自动选取左上角的像素 8×8 像素的部分。

创建位图画刷的示例代码如下：

```
CBitmap mybmp;
mybmp.LoadBitmap(IDB_MYBMP);  //IDB_MYBMP 是已经导入的位图资源
CBrush NewBrush;
NewBrush.CreatePatternBrush(&mybmp);
```

创建画刷后，将画刷选入设备环境和还原画刷的方法与画笔相同，不再赘述。

6.2.4　CFont 类

在输出文本时，可以设置文本的属性从而实现不同的输出效果，CFont 类封装了 Windows 的 GDI 字体并且提供了操作字体的成员函数。在使用字体时，首先要声明一个 CFont 对象，由于 CFont 类只有一个无参构造函数，所以对象声明后不能马上使用，还必须调用 CreateFont、CreateFontIndirect、CreatePointFont 或 CreatePointFontIndirect 函数对字体对象进行初始化，然后才可以使用该对象的成员函数操纵字体。下面介绍 CFont 类常用的初始化函数。

1. CreateFont()

CreateFont()的原型如下：

```
BOOL CreateFont(int nHeight,int nWidth,int nEscapement,int nOrientation,
int nWeight,BYTE bItalic,BYTE bUnderline,BYTE cStrikeOut,BYTE nCharSet,
BYTE  nOutPrecision,BYTE  nClipPrecision,BYTE  nQuality,BYTE  nPitchAnd
Family,LPCTSTR lpsz Facename);
```

其中的参数说明如表 6-3 所示。

表 6-3　CreateFont 函数的参数说明

参　　数	说　　　　　　　　　　明
nHeight	以逻辑单位度量的字体高度，为 0 时采用系统默认值
nWidth	以逻辑单位度量的字体平均宽度，为 0 时由系统根据高度取最佳值
nEscapement	文本行与 x 轴的夹角（以 1/10 度为单位）
nOrientation	字符基线与 x 轴的夹角（以 1/10 度为单位）
nWeight	字体的浓度即字体的粗细程度，取值为 0～1 000，为 0 时使用默认值
bItalic	为真时表示字体是斜体
bUnderline	为真时表示字体带下画线
cStrickeOut	为真时表示字体带删除线（字体的中间有一条横线）
nCharSet	指定字体所属字符集：ANSI_CHARSET、DEFAULT_CHARSET、SYMBOL_CHARSET、SHIFTJIS_CHARSET、OEM_CHARSET
nOutPrecision	指定字符的输出精度：OUT_CHARACTER_PRECIS、OUT_DEFAULT_PRECIS、OUT_DEVICE_PRECIS、OUT_RASTER_PRECIS、OUT_STRING_PRECIS、OUT_STROKE_PRECIS、OUT_TT_PRECIS
nClipPrecision	指定裁剪精度：CLIP_CHARACTER_PRECIS、CLIP_DEFAULT_PRECIS、CLIP_ENCAPSULATE、CLIP_LH_ANGLES、CLIP_MASK、CLIP_STROKE_PRECIS、CLIP_TT_ALWAYS
nQuality	指定字体的输出质量，默认质量（DEFAULT_QUALITY）、草稿质量（DRAFT_QUALITY）、正稿质量（PROOF_QUALITY）
nPitchAndFamily	指定字体间距（DEFAULT_PITCH、FIXED_PITCH、VARIABLE_PITCH）和所属的字库族（FF_DECORATIVE、FF_DONTCARE、FF_MODERN、FF_ROMAN、FF_SCRIPT、FF_SWISS）
lpszFacename	指定所用字体名，如果为 NULL，则使用默认字体名

2．CreateFontIndirect()

CreateFontIndirect()的原型如下：

```
BOOeaL CrteFontIndirect(const LOGFONT*lpLogFont );
```

其中的参数 lpLogFont 指定一个 LOGFONT 结构变量。LOGFONT 结构定义如下：

```
typedef struct tagLOGFONT{
    LONG lfHeight;
    LONG lfWidth;
    LONG lfEscapement;
    LONG lfOrientation;
    LONG lfWeight;
    BYTE lfItalic;
    BYTE lfUnderline;
    BYTE lfStrikeOut;
    BYTE lfCharSet;
    BYTE lfOutPrecision;
    BYTE lfClipPrecision;
    BYTE lfQuality;
    BYTE lfPitchAndFamily;
    TCHAR lfFaceName[LF_FACESIZE];
}LOGFONT;
```

其中各结构成员的含义与 CreateFont()的参数相同。

【例 6.1】CFont 类的使用。本例使用 CFont 类的成员函数 CreateFont()和 CreateFontIndirect()创建 CFont 对象，输出不同效果的文本。程序运行效果如图 6-3 所示。

图 6-3 【例 6.1】运行结果

步骤如下：

① 使用 MFC AppWizard（.exe）新建一个单文档应用程序，项目名为 Font。

② 在 CFontView 类的 OnDraw() 中添加以下代码：

```
void CFontView::OnDraw(CDC*pDC)
{
    CFontDoc*pDoc = GetDocument();
    ASSERT_VALID(pDoc);
    //TODO: add draw code for native data here
    CFont NewFont;                                    //CFont 声明对象
    //使用 CreateFont 函数创建新字体
    NewFont.CreateFont(15,0,100,0,400,false,false,0,ANSI-CHARSET,
        OUT-DEFAULT-PRECIS,CLIP-DEFAULT-PRECIS,
        DEFAULT-QUALITY, DEFAULT-PITCH|FF_SWISS,"Arial");
    //将新字体选入设备环境
    CFont*pOldFont=pDC->SelectObject(&NewFont);
    pDC->TextOut(10,40,"使用函数 CreateFont 创建字体");  //输出文本
    pDC->SelectObject(pOldFont);                        //恢复原来的字体
    NewFont.DeleteObject();                             //释放资源
    //使用 CreateFontIndirect 函数创建新字体
    //填写 LOGFONT 结构
    LOGFONT lf;
      lf.lfHeight=20;                                   //字体高度
      lf.lfWidth=10;                                    //字体宽度
      lf.lfItalic=true;                                 //字体为斜体
      lf.lfUnderline=true;                              //字体有下画线
      lf.lfStrikeOut=true;                              //字体带删除线
      lf.lfOrientation=0;
      lf.lfWeight=700;                                  //黑体
      lf.lfEscapement=0;
      lf.lfCharSet=GB2312_CHARSET;
      lf.lfPitchAndFamily=FIXED-PITCH|FF_MODERN;
    NewFont.CreateFontIndirect(&lf);                    //创建字体
    pOldFont=pDC->SelectObject(&NewFont);
    pDC->TextOut(10,70,"使用函数 CreateFontIndirect 创建字体");  //输出文本
    pDC-> SelectObject(pOldFont);
    NewFont.DeleteObject();                             //释放资源
}
```

③ 编译运行程序，结果如图 6-3 所示。

6.2.5 CBitmap 类

位图是常用的图像存储格式，可以利用位图来表示图像，也可以利用它来创建画刷。MFC 将

有关位图的操作封装在 CBitmap 类中。

在 VC++中使用位图的一般步骤为：首先声明一个 CBitmap 类对象，然后对位图对象进行初始化并选入设备环境，位图使用完毕后还要调用 DeleleObject()将其清除。

常用的位图操作函数有以下几个。

1. LoadBitmap()

该函数用于将指定位图资源加载到内存并与 CBitmap 类对象关联起来。函数原型为：

```
BOOL LoadBitmap(LPTSTR lpszResourceName);
BOOL LoadBitmap(UNIT nIDResource);
```

其中，参数 lpszResourceName 指定位图的文件名；参数 nIDResource 指定位图资源的 ID 值。

2. CreateCompatibleBitmap()

该函数用于创建一个与指定的设备环境兼容的位图。函数原型为：

```
BOOL CreateCompatibleBitmap(CDC*pDC,int nWidth,int nHeight);
```

其中，参数 pDC 指定一个设备环境；参数 nWidth 和 nHeight 指定位图的宽度和高度（以像素为单位）。

3. BitBlt()

该函数用于把源设备环境中的位图复制到当前设备环境中。函数原型为：

```
BOOL BitBlt(int x,int y,int nWidth,int nHeight,CDC* pSrcDC,int xSrc,int
ySrc, DWORD dwRop);
```

其中参数的说明如表 6-4 所示。

表 6-4　BitBlt 函数的参数说明

参　　数	说　　　　明
x, y	目标矩形左上角的逻辑坐标
nWidth, nHeight	位图的宽度与高度
pSrcDC	源位图的设备环境
xSrc, ySrc	源位图左上角的逻辑坐标
dwRop	进行位图复制时的光栅操作方式。

【例 6.2】位图的使用。本例将演示如何在视图中显示一幅位图。程序运行效果如图 6-4 所示。步骤如下：

① 使用 MFC AppWizard（.exe）新建一个单文档应用程序，项目名为 Bitmap。

② 导入位图资源。在工作区的 ResourseView 中右击根目录，在弹出的快捷菜单中选择 Import →Import Resourse 对话框，在其中选择准备显示的位图文件，然后单击 Import 按钮。

③ 在 CBitmapView 类的 OnDraw()中添加以下代码：

```
void CBitmapView::OnDraw(CDC*pDC)
{
    CBitmapDoc*pDoc=GetDocument();
    ASSERT_VALID(pDoc);
    //TODO: add draw code for native data here
    CBitmap Bitmap;
    Bitmap.LoadBitmap(IDB_BITMAP1);        //加载位图
    CDC MemDC;
    MemDC.CreateCompatibleDC(pDC);          //创建与 pDC 兼容的内存设备环境
```

```
CBitmap *pOldBmp=MemDC.SelectObject(&Bitmap);   //选入位图
CRect rc;
this->GetClientRect(&rc);                        //取得视图客户区大小
pDC->BitBlt(0,0,rc.Width(),rc.Height(),&MemDC,0,0,SRCCOPY);
//显示位图
MemDC.SelectObject(pOldBmp);                      //恢复原来的位图
}
```

④ 编译运行程序，结果如图 6-4 所示。

图 6-4　【例 6.2】运行结果

6.2.6　CRgn 类

一个区域是由多边形、椭圆或二者组合形成的一种范围，可以利用它来进行填充、裁剪某个区域。CRgn 类封装了一个 Windows GDI 区域对象，该类提供了区域的创建、更改等操作。

1. 构造 CRgn 对象

CRgn 类只有一个无参构造函数，因此在声明了一个区域对象后，必须使用下面的初始化函数对区域对象进行创建后才可使用。

2. 初始化 CRgn 对象

初始化区域对象常用的方法如下：

① 使用成员函数 CreateRectRgn()创建一个矩形区域，函数原型为：

```
BOOL CreateRectRgn(int x1,int y1,int x2,int y2);
```

其中的四个参数指定了一个矩形的左上角和右下角的坐标。

② 使用成员函数 CreateRectRgnIndirect()间接创建一个矩形区域，函数原型为：

```
BOOL CreateRectRgnIndirect(LPCRECT lpRect);
```

参数 lpRect 指向一个 RECT 结构或 CRect 对象，RECT 结构的定义如下：

```
typedef  struct tagRECT{
        int left;
        int top;
```

```
        int right;
        int bottom;
    }RECT;
```

③ 使用成员函数 CreateEllipicRgn()创建一个椭圆形区域，函数原型为：

```
    BOOL CreateEllipticRgn(int x1,int y1,int x2,int y2);
```

其中的四个参数指定了椭圆的外接矩形的左上角和右下角的坐标。

④ 使用成员函数 CreateEllipticRgnIndirect ()间接创建一个椭圆形区域，函数原型为：

```
    BOOL CreateEllipticRgnIndirect(LPCRECT lpRect);
```

参数 lpRect 的意义同上。

⑤ 使用成员函数 CreatePolygonRgn()创建一个多边形区域，函数原型为：

```
    BOOL CreatePolygonRgn(LPPOINT lpPoints,int nCount,int nMode);
```

其中的参数 lpPoints 指向一个 POINT 结构或 CPoint 对象的数组，此数组的每个元素存放了多边形顶点的 x 和 y 坐标值。POINT 结构的定义如下：

```
    typedef struct tagRECT{
        int x;
        int y;
    }POINT;
```

参数 nCount 指定多边形的顶点数；参数 nMode 指定该区域的填充模式。其值可以为 ALTERNATE 或 WINDING。

3．删除 CRgn 对象

使用完 CRgn 对象后，需要调用基类的成员函数 DeleteObject()释放 CRgn 对象所占资源。

4．常用区域操作函数

① PtInRegion()：该函数用于判断给定点是否在区域内部。下面说明其函数原型如下

```
    BOOL PtInRegion(int x,int y) const;
    BOOL PtInRegion(POINT point) const;
```

其中，参数 x 和 y 表示给定点的坐标；参数 point 的两个分量 x 和 y 的含义相同。

② CombineRgn()：该函数用于组合两个指定的区域。下面说明其函数原型。

```
    int CombineRgn(CRgn* pRgn1,CRgn* pRgn2,int nCombineMode);
```

其中，参数 pRgn1 和 pRgn2 指定要组合的两个区域；参数 nCombineMode 指定区域的组合方式，取值如表 6-5 所示。

表 6-5　参数 nCombineMode 的取值

取　　值	说　　　　　　　　明
RGN_AND	使用两个区域相互重叠的部分，即相交的部分
RGN_COPY	创建参数 pRgn1 标识的区域的一个复本
RGN_DIFF	创建一个区域，该区域是由区域 1（pRgn1）去除区域 2（pRgn2）中的部分而形成
RGN_OR	组合两个区域的所有部分
RGN_XOR	组合两个区域，去除相互重叠的部分

【例 6.3】CBrush 类和 CRgn 类的使用。本例演示了一个正方形和一个圆的组合，组合时去除了二者的相交部分，并用蓝色的阴影画刷填充二者不相交的部分。运行结果如图 6-5 所示。

步骤如下：

① 使用 MFC AppWizard（.exe）新建一个对话框应用程序，项目名为 Region。

② 在 CRegionDlg 类的 OnPaint ()中添加以下代码:

```
void CRegionDlg::OnPaint()
{
    if(IsIconic())
    {
        …
    }
    else
    {
        CPaintDC dc(this);                        //申请设备环境
        CRgn Rgn1, Rgn2;                          //定义区域对象
        CBrush NewBrush;
        //创建蓝色的阴影画刷
        NewBrush.CreateHatchBrush(HS_DIAGCROSS,RGB(0,0,255));
        Rgn1.CreateRectRgn(30,30,100,100);        //创建一个矩形区域
        Rgn2.CreateEllipticRgn(30,30,200,200);    //创建一个圆形区域
        //合并两个区域,取不相交的部分
        Rgn2.CombineRgn(&Rgn1,&Rgn2,RGN_XOR );
        dc.FillRgn(&Rgn2,&NewBrush);              //填充区域
        CDialog::OnPaint();
    }
}
```

③ 编译运行程序,结果如图 6-5 所示。

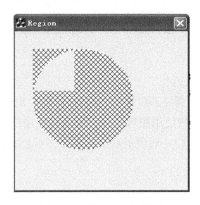

图 6-5　例 6.3 运行结果

6.3　CDC 中的绘图操作

6.3.1　设置绘图模式

绘图模式是指系统使用当前绘图工具(包括画笔、画刷等)的颜色和屏幕显示的颜色进行混合以得到新的显示颜色的方式。绘图模式决定了颜色混合的算法。默认的绘图模式是 R2_COPYPEN,在这种模式下,系统简单地将画笔的颜色复制到显示设备上。用户可以通过 CDC 的成员函数 SetROP2()改变绘图模式:

```
int SetROP2(int nDrawMode);
```

其中,nDrawMode 指定了新的绘图模式,可能的取值如表 6-6 所示。

表 6-6　常用的绘图模式

绘　图　模　式	说　　　　　　明
R2_BLACK	像素总是黑色的
R2_WHITE	像素总是白色的
R2_NOP	像素颜色保持不变
R2_NOT	像素颜色为屏幕颜色的相反色
R2_COPYPEN	像素颜色为画笔的颜色
R2_NOTCOPYPEN	像素颜色为画笔颜色的相反色
R2_MERGEPENNOT	像素颜色为画笔颜色或屏幕颜色的反转色，(NOT screen pixel) OR pen
R2_MASKPENNOT	像素颜色为屏幕颜色和画笔颜色的反转色的组合，NOT screen pixel) AND pen
R2_MERGENOTPEN	像素颜色为画笔颜色的反转色或屏幕颜色，(NOT pen) OR screen pixel
R2_MASKNOTPEN	像素颜色为画笔颜色的反转色和屏幕颜色的组合，(NOT pen) AND screen pixel
R2_MERGEPEN	像素颜色为画笔颜色或屏幕颜色，pen OR screen pixel
R2_MASKPEN	像素颜色为画笔颜色和屏幕颜色的组合，pen AND screen pixel
R2_NOTMASKPEN	像素颜色为 R2_MASKPEN 的反转色，NOT(pen AND screen pixel)
R2_NOTMERGEPEN	像素颜色为的 R2_MERGEPEN 反转色，NOT(pen OR screen pixel)
R2_XORPEN	像素颜色为画笔颜色和屏幕颜色进行异或运算的结果，pen XOR screen pixel
R2_NOTXOPEN	像素颜色为 R2_XORPEN 的反转色，NOT(pen XOR screen pixel)

6.3.2　绘图函数

CDC 中的绘图函数有画线（直线、曲线），画几何图形（矩形、椭圆、多边形），图形填充，位图填充等。绘图函数的参数一般使用逻辑坐标，有少数使用设备坐标。在绘图前，应设置有关的绘图参数、当前画笔和画刷等 GDI 对象的状态；在绘图后还要保证 GDI 对象与 CDC 类对象的分离和清除。

1．画点

与点有关的常用函数有：

```
CPoint GetCurrentPosition() const;      //取得当前点的位置
CPoint MoveTo(int x,int y);             //设置新的当前点位置
CPoint MoveTo(POINT point);             //设置新的当前点位置
```

2．画直线

可以使用 LineTo()绘制一条直线，函数原型如下：

```
BOOL  LineTo(int x,int y);
BOOL  LineTo(POINT point);
```

该函数使用当前画笔绘制一条从当前点到终点的线段，并将当前点移至线段终点，参数指定了线段的终点。

3．画椭圆

可以使用 Ellipse()绘制一个椭圆，函数原型如下：

```
BOOL Ellipse(int x1,int y1,int x2,int y2);
BOOL Ellipse(LPCRECT lpRect);
```

该函数使用当前画笔绘制椭圆边框，并用当前画刷填充椭圆内部。参数指定了椭圆外接矩形的大小和位置。

4．画矩形

可以使用 Rectangle ()绘制一个矩形，函数原型如下：

```
BOOL Rectangle(int x1,int y1,int x2,int y2);
BOOL Rectangle(LPCRECT lpRect);
```

该函数使用当前画笔绘制矩形边框，并用当前画刷填充矩形内部。参数指定了矩形的大小和位置。

6.3.3　输出文本

在默认情况下输出文本时，字体颜色为黑色，背景颜色为白色，背景模式为不透明模式（OPAQUE）。用户可以通过调用 CDC 类的成员函数重新设置字体颜色、背景颜色和背景模式等。

1．设置背景颜色

用户可以调用 CDC 成员函数 SetBkColor()来设置新的背景色：

```
virtual COLORREF SetBkColor(COLORREF crColor);
```

其中，参数 crColor 用来指定新的背景色。

下面代码将背景色设为蓝色：

```
pDC->SetBkColor(RGB(0,0,255));
```

2．设置背景模式

设置背景颜色后，需要使用 CDC 成员函数 SetBkMode()设置背景模式后，设置的背景颜色才能在输出时有效。SetBkMode()原型如下：

```
int SetBkMode(int nBkMode);
```

其中，参数 nBkMode 指定背景模式，其值可以是 OPAQUE 或 TRANSPARENT。如果选择 OPAQUE，则在输出文本、使用画笔前使用当前设置的背景颜色填充背景，而选择 TRANSPARENT，则在绘图之前背景不改变。默认方式为 OPAQUE。

3．设置文本对齐方式

输出文本时，可以使用 SetTextAlign()设置文本的对齐方式，该函数的原型如下：

```
UINT SetTextAlign(UINT nFlags);
```

其中，参数 nFlags 用来指定文本对齐的方式，可能的取值如表 6-7 所示。

表 6-7　文本对齐方式

对齐方式	说　　明	对齐方式	说　　明
TA_CENTER	水平居中	TA_BOTTOM	底端对齐
TA_LEFT	左对齐，是默认设置	TA_TOP	顶端对齐，是默认设置
TA_RIGHT	右对齐	TA_NOUPDATECP	调用文本输出函数后不更新当前位置
TA_BASELINE	基线对齐	TA_UPDATECP	调用文本输出函数后更新当前的 x 位置

4．设置文本颜色

设置文本颜色可以使用 SetTextColor()，该函数原型如下：

```
virtual COLORREF SetTextColor(COLORREF crColor);
```

其中参数 crColor 用于指定新的文本颜色。

5．常用文本输出函数

CDC 类中常用的文本输出函数有以下 4 种：

（1）TextOut()

该函数使用当前设定的字体、颜色、对齐方式在指定位置输出文本，函数原型为：

```
virtual BOOL TextOut(int x,int y,LPCTSTR lpszString,int nCount);
BOOL TextOut(int x,int y,const CString& str);
```

其中：参数(x,y)指定输出文本的开始位置；参数 lpszString 和 str 为要输出的文本串，参数 nCount 指定文本串的长度。

（2）DrawText()

该函数在给定的矩形区域内输出文本，并可调整文本在矩形区域内的对齐方式以及对文本进行换行处理等。函数原型为：

```
virtual int DrawText(LPCTSTR lpszString,int nCount,LPRECT lpRect,UNIT
    nFormat);
BOOL DrawText(const CString& str,LPRECT lpRect,UNIT nFormat);
```

其中，参数 lpszString 和 str 为要输出的文本串，可以使用换行符"\n"；参数 nCount 指定文本串长度；参数 lpRect 指定用于显示文本串的矩形区域；参数 nFormat 指定如何格式化文本串。

（3）ExtTextOut()

该函数的功能与 TextOut()相似，但可以根据指定的矩形区域裁剪文本串，并调整字符间距。函数原型为：

```
virtual BOOL ExtTextOut(int x,int y,UNIT nOptions,LPCRECT lpRect,
        LPCTSTR lpszString,UNIT nCount,LPINT lpDxWidths);
BOOL ExtTextOut(int x,int y,UNIT nOptions,LPCRECT lpRect,const CString& str,
        LPINT lpDxWidths);
```

其中：参数(x,y)指定输出文本串的坐标；参数 nOptions 用于指定裁剪类型，可为 ETO_CLIPPED（裁剪文本以适应矩形）或 ETO_OPAQUE（用当前背景颜色填充矩形）；参数 lpRect 用于指定裁剪矩形；参数 lpszString 和 str 为要输出的文本串；参数 nCount 为要输出的字符数；参数 lpDxWidths 为字符间距数组，若该参数为 NULL，则使用默认的间距。

（4）TabbedTexOut()

该函数的功能与 TextOut()相似，但可按指定的制表间距扩展制表符。函数原型为：

```
virtual CSize TabbedTexOut(int x,int y,LPCTSTR lpszString,int nCount,
        int nTabPositions,LPINT lpnTabStopPositions,int nTabOrigin);
CSize TabbedTexOut(int x,int y,const CString& str,int nTabPositions,
        LPINT lpnTabStopPositions,int nTabOrigin);
```

其中，参数(x,y)指定输出文本串的开始位置；参数 lpszSting 和 str 为要输出的文本串；参数 nCount 指定文本串的长度。参数 nTabPositions、lpnTabStopPositions 和 nTabOrigin 用于指定制表间距。

6.4 绘 制 时 钟

【例 6.4】本例通过绘制一个时钟来演示设备环境的获取和释放，画笔、画刷、字体等 GDI 对象的使用，以及文本的输出、背景模式和文本颜色的设置。运行结果如图 6-6 所示。

图 6-6　时钟程序运行结果

在本例中，时钟的表盘通过绘制一个圆形来实现，表的时针、分针和秒针通过绘制不同宽度的直线实现，通过创建新字体实现表盘数字的绘制。

具体步骤如下：

① 用 MFC AppWizard（.exe）创建一个对话框应用程序，项目名为 Clock。

② 编辑对话框资源。将对话框中原来的控件删除，然后放置一个静态图片控件和一个编辑控件，控件属性如表 6-8 所示。

表 6-8　对话框对象属性

控　件	ID 值	Caption	属　　　　性	
静态图片	IDC_CLOCK		Type: Frame	Modal Frame
编辑框	IDC_TIME		Read-only	

③ 为控件关联变量。使用 ClassWizard 为编辑框（IDC_TIME）关联一个 CString 类型的变量 m_strTime，用于显示当前日期和时间。

④ 绘制时钟。在 CClockDlg 类的 OnPaint() 中添加绘制时钟的代码如下。

```
void CClockDlg::OnPaint()
{
…
CWnd*pWnd=GetDlgItem(IDC-CLOCK);      //获取静态 picture 控件指针
CRect rc;
pWnd->GetClientRect(&rc);             //取得静态 picture 控件的大小
//计算时钟的中心点
int xCenter=rc.right/2;
int yCenter=rc.bottom/2;
CString strDigits;
int i,x,y;
CSize size;
CDC*pDC=pWnd->GetDC();                //获取设备环境
pDC->SetBkMode(TRANSPARENT);          //设置背景模式
//创建一个宽度为 5 的紫色实线笔，用于绘制时钟边框
CPen NewPen(PS_SOLID,5,RGB(128,0,255));
//将新画笔选入设备环境
CPen*pOldPen=pDC->SelectObject(&NewPen);
//创建一个浅绿色实心画刷，用于填充时钟表盘
```

```
CBrush NewBrush;
NewBrush.CreateSolidBrush(RGB(0,255,192));
//将新画刷选入设备环境
CBrush*pOldBrush=pDC->SelectObject(&NewBrush);
//绘制表盘
pDC->Ellipse(5,5,rc.right-5,rc.bottom-5);
//还原绘图对象并释放资源
pDC->SelectObject(pOldPen);
pDC->SelectObject(pOldBrush);
NewPen.DeleteObject();
NewBrush.DeleteObject();
//创建新字体，用于绘制时钟数字
CFont NewFont;
NewFont.CreateFont(30,0,0,0,700,false,false,false,GB2312_CHARSET,
OUT_DEFAULT_PRECIS,CLIP_DEFAULT_PRECIS,
DEFAULT_QUALITY,DEFAULT_PITCH,"楷体");
//将新字体选入设备环境
CFont*pOldFont=pDC->SelectObject(&NewFont);
//设置文本颜色为蓝色
pDC->SetTextColor(RGB(0,0,255));
double radians;
//绘制时钟数字 1-12
for ( i=1;i<=12;i++)
{
        strDigits.Format("%d",i);
        //取得文本尺寸
        size=pDC->GetTextExtent(strDigits,strDigits.GetLength());
        // 计算数字输出位置
        radians=i*6.28/12;
        x=xCenter-(size.cx/2)+(int)(sin(radians)*(xCenter-20));
        y=yCenter-(size.cy/2)-(int)(cos(radians)*(yCenter-20));
        // 输出数字
        pDC->TextOut(x,y,strDigits);
}
//取得系统当前时间
CTime time=CTime::GetCurrentTime();
//开始绘制时针

radians=time.GetHour()+time.GetMinute()/60.0+time.GetSecond()/3600.0;
radians*=6.28/12;
//创建宽度为7的黑色实心笔,用于绘制时针
NewPen.CreatePen(PS_SOLID,7,RGB(0,0,0));
pOldPen=pDC->SelectObject(&NewPen);
pDC->MoveTo(xCenter, yCenter);
pDC->LineTo(xCenter+(int)(sin(radians)*(xCenter/3)),
            yCenter-(int)(cos(radians)*(yCenter/3)));
//还原画笔并释放资源
pDC->SelectObject(pOldPen);
NewPen.DeleteObject();
//开始绘制分针
radians=time.GetMinute()+time.GetSecond()/60.0;
radians*=6.28/60;
//创建宽度为4的黑色实心笔,用于绘制分针
NewPen.CreatePen(PS-SOLID,4,RGB(0,0,0));
```

```
pOldPen=pDC->SelectObject(&NewPen);
pDC->MoveTo(xCenter, yCenter);
pDC->LineTo(xCenter+(int)(sin(radians)*(xCenter*2/3)),
            yCenter-(int)(cos(radians)*(yCenter*2/3)) );
//还原画笔并释放资源
pDC->SelectObject(pOldPen);
NewPen.DeleteObject();
//开始绘制秒针
radians=time.GetSecond();
radians*=6.28/60;
//创建宽度为 2 的红色实心笔,用于绘制秒针
NewPen.CreatePen(PS_SOLID,2,RGB(255,0,0));
pOldPen=pDC->SelectObject(&NewPen);
pDC->MoveTo(xCenter,yCenter);
pDC->LineTo(xCenter+(int)(sin(radians)*(xCenter*4/5)),
            yCenter-(int)(cos(radians)*(yCenter*4/5)) );
//还原画笔并释放资源
pDC->SelectObject(pOldPen);
NewPen.DeleteObject();
//格式化当前日期和时间
m_strTime.Format("现在是%d 年%d 月%d 日%d 时%d 分%d 秒",
    time.GetYear(),time.GetMonth(),time.GetDay(),
    time.GetHour(),time.GetMinute(),time.GetSecond());
//获取编辑控件指针
CWnd*pWndEdit=GetDlgItem(IDC-TIME);
pWndEdit->SetFont(&NewFont);            //设置编辑控件中的字体
UpdateData(false);                      //显示当前日期和时间
//还原字体并释放资源
pDC->SelectObject(pOldFont);
NewFont.DeleteObject();
ReleaseDC(pDC);                         //释放设备环境
}
```

⑤ 为对话框增加消息处理函数。以上代码仅绘制静止的钟面,要让时钟动起来,还需要在 CClockDlg 类的 OnInitDialog()函数中添加下面语句:

```
BOOL CClockDlg::OnInitDialog()
{
    …
    //TODO: Add extra initialization here
    SetTimer(1,1000,NULL);              //设置定时器
    return true;                        //return true unless you set the
                                        //focus to a control
}
```

然后为 CClockDlg 类映射 WM_TIMER 消息,并在 OnTimer()中加入下面语句。

```
void CClockDlg::OnTimer(UINT nIDEvent)
{
    //TODO: Add your message handler code here and/or call default
    Invalidate();                       //使客户区无效
    CDialog::OnTimer(nIDEvent);
}
```

⑥ 最后在 ClockDlg.cpp 文件的开始处,添加预处理命令。

```
#include <math.h>
```

⑦ 编译、运行程序,效果如图 6-6 所示。

习　题　六

1. 填空题

（1）Windows 引入 GDI 的主要目的是为了实现_____。

（2）一个 MFC 应用程序中获得 DC 的方法主要有两种：一种是_____；另一种是_____，并使用_____指针为该对象赋值。

（3）Windows 用_____类型的数据存放颜色，它实际上是一个_____位整数。采用 3 个参数表示红、绿、蓝分量值，这 3 个值的取值范围为_____。

（4）创建画笔后必须调用 CDC 类的成员函数_____将创建的画笔选入当前设备环境。

2. 选择题

（1）下面（　　）不是 MFC 设备环境类 CDC 类的派生类。

　　A. GDI 类　　　　　　B. CPaintDC 类　　　C. CClientDC 类　　D. CWindowDC 类

（2）下面（　　）不是 GDI 对象。

　　A. CFont 类　　　　　B. CPalette 类　　　　C. CClientDC 类　　D. CBitmap 类

3. 简答题

（1）什么是设备环境？什么是设备接口？

（2）默认状态下的绘图模式是什么？

（3）如何设置背景颜色和模式？

（4）在 Windows 中有哪些绘图工具？其主要使用步骤是什么？

实验指导六

【实验目的】

　　① 熟悉设备环境的获取方法。

　　② 掌握常用 GDI 绘图对象的使用。

　　③ 掌握常用绘图函数的使用。

　　④ 掌握文本的输出方法。

【实验内容和步骤】

1. 基本实验

　　① 练习课本中的例 6.1，掌握字体的使用。

　　② 练习课本中的例 6.2，掌握位图的使用。

　　③ 练习课本中的例 6.3，掌握画刷和区域的使用。

　　④ 练习课本中的例 6.4，掌握常用绘图对象的使用和绘图属性的设置。

2．拓展与提高

利用 VC++中的绘图函数和绘图工具绘制柱形图，用来描述学生成绩的分布情况。该功能可以作为学生成绩管理系统的一部分。

具体功能为：用户首先在编辑框中输入学生成绩各分数段的人数（在学生成绩管理系统中，这些数据可以由程序统计得出），然后单击"绘图"按钮，则在窗口左边绘制 5 个不同颜色的小矩形，以图形方式描述每个分数段的人数分布情况，同时在每个矩形的上方输出该分数段的人数所占的比例。运行效果如图 6-7 所示。

实验步骤如下：

（1）创建项目

新建一个基于对话框的应用程序，项目名为 ScoreAnalyse。

（2）编辑对话框资源

将对话框中原来的静态控件和取消按钮删除，然后按照图 6-8 设计对话框界面，对话框和控件的属性如表 6-9 所示。

（3）为编辑控件关联变量

使用 ClassWizard 为每个编辑框关联一个成员变量，用于保存各分数段的人数。变量的名称和类型如表 6-9 所示。

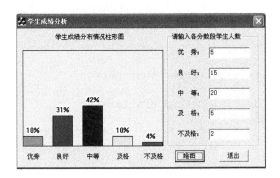

图 6-7　学生成绩分布柱形图

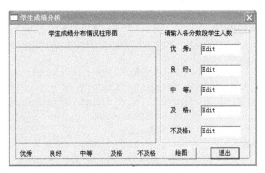

图 6-8　对话框界面设计

表 6-9　对话框及控件属性

对　象	ID　值	Caption	属　性	关联的成员变量
对话框	IDD_SCOREANALYSE_DIALOG	学生成绩分析		
静态文本	IDC_STATIC	成绩分布情况柱形图		
静态图片	IDC_DRAW		Type: Frame	
静态文本	IDC_STATIC	优秀		
静态文本	IDC_STATIC	良好		
静态文本	IDC_STATIC	中等		
静态文本	IDC_STATIC	及格		
静态文本	IDC_STATIC	不及格		
分组框	IDC_STATIC	请输入各分数段学生人数		

对　象	ID　值	Caption	属　性	关联的成员变量
静态文本	IDC_STATIC	优　秀：		
编辑框	IDC_EDIT_BEST			m_nBest（int）
静态文本	IDC_STATIC	良　好：		
编辑框	IDC_EDIT_GOOD			m_nGoog（int）
静态文本	IDC_STATIC	中　等：		
编辑框	IDC_EDIT_MIDDLE			m_nMiddle（int）
静态文本	IDC_STATIC	及　格：		
编辑框	IDC_EDIT_PAST			m_nPast（int）
静态文本	IDC_STATIC	不及格		
编辑框	IDC_EDIT_FAILURE			m_nFailure（int）
命令按钮	IDOK	退出		
命令按钮	IDOK	绘图		

（4）添加消息处理函数

利用 ClassWizard 为"绘图"命令按钮添加 BN_CLICKED 消息处理函数 OnButtonDraw()，编辑代码如下：

```
void CScoreAnalyseDlg::OnButtonDraw()
{
    //TODO: Add your control notification handler code here
    UpdateData(true);
    int c[5]={m_nBest,m_nGoog,m_nMiddle,m_nPast,m_nFailure};
        int num=0;                     //总人数
    //计算总人数
    for(int k=0;k<5;k++)
        num+=c[k];
    if(0==num)
    {
        MessageBox("请先输入学生人数!");
        return;
    }
    CRect rectPic;
    //获取静态图片控件的大小
    CWnd*pWnd=this->GetDlgItem(IDC_DRAW);
    pWnd->GetClientRect(&rectPic);
    CDC*pDC=pWnd->GetDC();          //获取设备环境指针
    //重新填充静态图片区域
    CBrush NewBrush;
    NewBrush.CreateSolidBrush(RGB(238,238,237));
    CBrush*pOldBrush=pDC->SelectObject(&NewBrush);
    pDC->Rectangle(&rectPic);
    pDC->SelectObject(pOldBrush);
    //定义柱形条间距
    int nDistance=20;
    //确定每个柱形条的宽度
    int nWidth=(rectPic.Width()-4*nDistance)/5;
```

```
//定义五种颜色,用来填充柱形
COLORREF RGBArray[5]={RGB(0,255,0),RGB(128,0,255),RGB(0,0,255),
                      RGB(255,255,0),RGB(255,0,0) };
CRect rect;                      //定义一个矩形,表示柱形条
CString str;                     //保存每个分数段的比例
for(int i=0;i<5;i++)
{    //确定柱形条的位置
    rect.left=rectPic.left+i*(nWidth+nDistance);
    rect.top=rectPic.bottom-rectPic.Height()*c[i]/num;
    rect.right=rectPic.left+(i+1)*nWidth+i*nDistance;
    rect.bottom=rectPic.bottom;
    //创建画刷,填充图形
    CBrush NewBrush;
    NewBrush.CreateSolidBrush(RGBArray[i]);
    CBrush*pOldBrush=pDC->SelectObject(&NewBrush);
    pDC->Rectangle(&rect);
    pDC->SelectObject(pOldBrush);
    //输出所占比例
    str="";
    str.Format("%d",(int)(100.0*c[i]/num));
    str=str+"\%";
    pDC->TextOut(rect.left+7,rect.top-20,str);
}
ReleaseDC(pDC);                  //释放设备环境
}
```

编译运行程序，运行结果如图 6-7 所示。

第7章 数据库编程

有很多应用程序都使用数据库系统，数据库编程是 Visual C++ 的高级应用之一。Visual C++ 提供了 4 种不同的技术来使应用程序访问数据库，即 Data Access Objects(DAO)、ODBC、OLE DB 和 ActiveX Data Objects(ADO)。其中，最简单也最常用的是 ODBC，而 ADO 则是目前最流行的一种数据库编程方法，因而本章重点介绍基于 ODBC 的应用程序与基于 ADO 的应用程序的开发方法与编程技巧。

教学目标：

- 了解 ODBC 的概念。
- 掌握 MFC ODBC 中的 CDatabase 类、CRecordset 类、CRecordView 类的使用方法。
- 掌握常用的 SQL 语句。
- 掌握 MFC ODBC 开发数据库应用程序的方法和技巧。
- 掌握 ADO 编程模型。

7.1 数据库的访问和 ODBC

7.1.1 数据库和 DBMS

数据库是指以一定的组织形式存放在计算机上的相互关联的数据的集合。例如，把一个学校的教师、学生和课程等数据有序地组织起来，就构成了一个数据库。

为了有效地管理数据库，常常需要一些数据库管理系统（DBMS）为用户提供对数据库操作的各种命令、工具及方法，包括数据库的建立和记录的输入、修改、检索、显示、删除和统计等。

如果要创建单用户应用程序，可以使用多种基于 PC 的数据库，例如 Microsoft 的 Access、FoxPro 或 Borland 的 Paradox。如果应用程序要访问大型共享式应用程序，可以使用网络数据库，例如 SQL Server 或 Oracle。这些 DBMS 都提供了一个 SQL 接口。

7.1.2 开放式数据库接口 ODBC

微软认为，数据库之间的不兼容是一个需要解决的问题。各种数据库管理系统都有自己的开发语言，但这些语言与别的数据库管理系统是不兼容的。这给需要在不同环境下使用不同数据库的开发者带来不小的问题，他们必须为每一种数据库学会一种特定的语言，而且以前学会的语言派不上用场。因此，程序开发人员如果想把他们掌握的编程语言用于别的数据库，就必须有一种与每一种数据库都兼容的标准化的数据库接口。

开放数据库接口 ODBC 是一种标准的基于 SQL 的接口，它提供了应用程序与数据库之间的接口，使得任何一个数据库都可以通过 ODBC 驱动器与指定的 DBMS 相连。用户的程序可以通过调用 ODBC 驱动管理器中的相应的驱动程序达到管理数据库的目的，如图 7-1 所示。

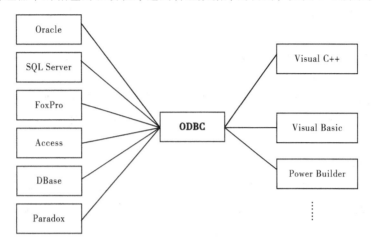

图 7-1　ODBC 是数据库与应用程序之间的桥梁

7.1.3　MFC ODBC 概述

MFC 的 ODBC 类对较复杂的 ODBC API 进行了封装，提供了简化的调用接口，从而大大方便了数据库应用程序的开发。程序员不必了解 ODBC API 和 SQL 的具体细节，利用 ODBC 类即可完成对数据库的大部分操作。MFC 的 ODBC 类主要包括如下 5 类：

① CDatabase 类：主要功能是建立与数据源的连接，可以在整个应用程序中共享这些信息。

② CRecordset 类：代表从数据源选择的一组记录。CRecordset 类允许指定要运行的 SQL 查询，它将运行查询并维护自数据库返回的记录集。可以修改和更新记录，还可增加、删除记录，并将所做的变动反馈到该数据库中。

③ CRecordView 类：提供了一个表单视图与某个记录集直接相连，利用对话框数据交换（DDX）机制在记录集与表单视图的控件之间传输数据。

④ CFieldExchange 类：支持记录字段数据交换（DFX），即记录集字段数据成员与相应的数据库的表的字段之间的数据交换。

⑤ CDBException 类：代表 ODBC 类产生的异常。

7.2　使用 ODBC

7.2.1　CDatabase 类的用法

在 CRecordset 能够发挥作用之前，必须将它连接到一个数据库。这种连接可通过使用 CDatabase 类来实现。一个 CDatabase 对象代表了一个与数据源的连接，通过它可以对数据源进行操作。一个数据源就是一个由数据库管理系统所支持的数据库实例。在一个应用程序中，可以存在一个或多个

CDatabase 对象，用来连接一种或多种数据源。

要想使用 CDatabase 类，必须创建 CDatabase 对象并调用成员函数 OpenEx()，以创建一个连接。当要使用 CRecordset 对象操作已连接的数据源时，必须将代表这一连接的 CDatabase 对象指针传递给 CRecordset 的构造函数。当完成对数据库的操作时，要关闭与数据源的连接，这时需要调用 Close()。

在编程的时候，不需要创建或设置 CDatabase 类实例，CRecordset 类的第一个实例已完成这一任务。当使用 AppWizard 创建应用程序并选择包括对 ODBC 数据库的支持时，AppWizard 将把数据库连接信息包括在它所创建的第一个 CRecordset 派生类中。如果这种 CRecordset 派生类在创建时没有为其传递 CDatabase 对象，那么它将使用由 AppWizard 添加的默认连接信息，来建立自己的数据库连接。

1. CDatabase 类的成员

数据成员 m_hdbc：ODBC 与数据源的连接句柄，类型为 HDBC。一般情况下不常用，只有在使用 ODBC API 函数时，把它当作参数传给 ODBC API 函数。表 7-1 列出了 CDatabase 类的成员函数。

表 7-1　CDatabase 类的成员函数

成 员 函 数	说　　明
CDatabase	构造一个 CDatabase 对象。必须调用 Open 或 OpenEx 初始化该对象
Open	通过 ODBC 建立到数据源的连接
OpenEx	通过 ODBC 建立到数据源的连接
Close	断开与当前数据源的连接，但关闭连接并不破坏 CDatabase 对象，可以重新利用此对象建立与其他数据源的连接
GetConnect	若 Open 或 OpenEx 被调用，则返回当前的 ODBC 连接串，否则返回空串
IsOpen	若 CDatabase 对象当前连接到一些数据源，则该函数返回非 0
GetDatabaseName	返回当前使用的数据库的名字
CanUpdate	若 CDatabase 对象允许修改，则返回非 0
CanTransact	若数据源支持事务，则返回非 0
SetLoginTimeout	设置在多少秒后数据源连接尝试将中断
SetQueryTimeout	设置在多少秒后数据库查询操作将中断，它将影响所有随后的 Open、AddNew、Edit 和 Delete 调用
GetBookmaikPersistence	确定通过记录集对象中的哪一个书签操作
GetCursorCommitBehavior	确定在一个打开的记录集对象中提交一项事务的效果
GetCursorRollbackBehavior	确定在一个打开的记录集对象中回滚一项事务的效果
BeginTrans	开始一次事务，只有当数据源支持事务时才起作用。如果支持，则调用该函数将会启动事务手动提交，调用之后，对数据源做的任何修改是否有效，将决定于之后使用的 CommitTrans 还是 Rollback，如果是前者，则修改生效，否则无效。返回到先前状态
CommitTrans	完成一次由 BinginTrans 开始的事务，实现事务中改动数据源的命令
Rollback	回滚当前事务期间的所有变化，数据源返回到先前的状态（在 BiginTrans 调用中定义）不变
Cancel	取消一个数据库的异步操作或者另外一个线程的操作
ExcuteSQL	执行一个 SQL 语句，忽略任何结果和错误
OnSetOptions	由框架调用，用来设置标准连接选项

2. 用 CDatabase 类建立与数据源的连接

要想建立与数据源的连接，必须创建 CDatabase 对象，然后用 Open() 或 OpenEx() 初始化此对象。下面的一段代码可以创建一个与数据源 EMPLOYEEDB 的连接。

```
#include<afxdb.h>    //ODBC 类的定义在 afxdb.h 文件中
CDatabase m_db;
TRY
    {m_db.OpenEx(_T("DSN=EMPLOYEEDB;UID=;PSW="),CDatabase::noOdbcDialog);
    }
    CATCH(CDBException,ex)
    {
        AfxMessageBox(ex->m_strError);
        AfxMessageBox(ex->m_strStateNativeOrigin);
    }
    AND_CATCH(CMemoryException, pEx)
    {
        pEx->ReportError();
        AfxMessageBox("Memorry Exception");
    }
    AND_CATCH(CException,e)
    {
        TCHAR szError[100];
        e->GetErrorMessage(szError,100);
        AfxMessageBox(szError);
    }
END_CATCH
```

3. 用 CDatabase 类实现事务管理

事务是指对数据库的一个或者一批操作，如修改、删除和插入，这样的操作一般会改变数据库的内容。但是 CDatabase 对象是否能够实现事务处理，依赖于 ODBC 驱动程序和作为后台的数据库管理系统。连接时创建的 CDatabase 对象通过它的成员函数 CanTransact() 来确定是否支持事务处理。通过 BeginTrans() 来定义事务的开始，用 CommitTrans() 来提交事务，用 RollBack() 来循环事务，用 ExcuteSQL() 来执行语句，它们是构成事务的最基本的元素。

可以使用 CDatabase 对象的 ExcuteSQL()，实现对表记录的插入、删除、修改，下面的语句分别实现这些操作。

假设表 Employees 有以下字段：

```
Emp_id     INTEGER,        //职工号
Emp_name   CHAR(10),       //职工姓名
Title      CHAR(20),       //职务
Wage       DOUBLE,         //工资
Dep_id     INTEGER,        //部门代号
```

（1）插入记录

```
CString sql="insert into Employees VALUES(6,'张晓','女','部门经理',2000.00,5)"
                            //向表 Employees 插入一条新记录
TRY
{
    m_db.ExecuteSQL(sql);
    }
CATCH(CDBException,ex){…}    //同前
```

```
        AND_CATCH(CException,e){…}
        END_CATCH
```

（2）删除记录

```
        CString sql="delete from Employees where Dep_id =5"
         //删除表Employees中部门代号为5的记录
        TRY
        {
            m_db.ExecuteSQL(sql);
        }
        CATCH(CDBException,ex){…}           //同前
        AND_CATCH(CException,e){…}
        END_CATCH
```

（3）修改记录

```
        CString sql="update Employees SET Dep_id =4 WHERE Dep_id =5"
        //修改表Employees中部门代号为5的记录的部门代号为4
        TRY
            {m_db.ExecuteSQL(sql);}
        CATCH(CDBException,ex){…}           //同前
        AND_CATCH(CException,e){…}
        END_CATCH
```

（4）查询记录

```
        CString sql="select*from Employees where Dep_id=4"
        //查询表Employees中部门代号为4的记录
        TRY
            {m_db.ExecuteSQL(sql);}
        CATCH(CDBException,ex){…}           //同前
        AND_CATCH(Cexception,e){…}
        END_CATCH
```

7.2.2 CRecordset 类的用法

一个 CRecordset 对象代表了一组从数据源查询出来的记录，称为记录集。一般是从 CRecordset 类派生出一个特定的记录集类，记录集从数据源中查询出数据，然后可以进行以下操作：

① 在记录间来回滚动。

② 添加、修改记录。

③ 对记录集进行过滤。

④ 对记录集进行排序。

⑤ 参数化记录集，保证在程序运行时随机改变查询条件。

使用记录集对象，首先应建立与数据源的连接，这时应当创建并初始化 CDatabase 对象，然后将创建的 CDatabase 对象的指针传给 CRecordset 对象的构造函数，这样记录对象创建成功，最后使用 Open()对数据源进行数据查询。

1. CRecordset 类的成员

CRecordset 类有一些重要的数据成员和成员函数，如表 7-2 和表 7-3 所示。

表 7-2　CRecordset 类的数据成员

数据成员	说　　明
m_hstmt	包含记录集的 ODBC 语句句柄,用来指向 ODBC 语句的数据结构,结构为 HSTMT,每一个对 ODBC 数据源的查询都与一个 HSTMT 结构有关。但是在记录集未打开之前,不能使用 m_hstmt
m_nfields	包含记录集中的字段的个数。类型为 UNIT,记录集对象的构造函数一定会正确地初始化该成员
m_nParams	包含记录集中的参数数据成员的数目,类型为 UNIT
m_pDatabase	包含指向 CDatabase 对象的指针,通过该指针将记录集连接到一个数据源
m_strFilter	包含 CString 对象,此对象指定结构化查询语言 SQL 语句的 WHERE 子句。此成员可作过滤器,只选择符合某一标准的那个记录
m_strSort	包含一个 CSting 对象,此对象指定 SQL ORDER BY 子句。此成员可用于控制记录的排序

表 7-3　CRecordset 类的成员函数

成员函数	说　　明
CRecordset	构造一个 CRecordset 对象,应用程序的派生类必须提供一个指向 CDatabase 对象的指针或 NULL,如果不是 NULL,且 CDatabase 对象已经通过 Open()初始化,即已经建立了连接,则记录集对象创建在这个连接上;如果传递的是 NIULL,则 CDatabase 对象自动被创建,且与默认连接相连
Open	通过检索数据表或执行查询来创建记录集
Close	关闭记录集
CanAppend	如果新记录可通过 AddNew 成员函数增加到记录集中,则返回非 0
Canbookmark	若记录支持书签,则返回非 0
CanRestart	如果可调用 Requery 以再次进行记录集的查询,则返回非 0
CanScroll	若应用程序可以滚动记录,则返回非 0
CanTransact	若数据源支持事务,则返回非 0
CanUpdate	若记录集可修改,则返回非 0
GetODBCFieldCount	返回记录集中字段的数目
GetRecordCount	返回记录集中记录的数目
GetStatus	获取记录集的状态,用来确定当前记录在记录集中的索引,或者判断是否达到最后记录
GetTableName	获取记录集所基于的表名
GetSQL	获取用于选择记录的 SQL 语句
IsOpen	如果前面已经调用了 Open(),则返回非 0
IsBOF	如果记录集定位在第一个记录前,则返回非 0
IsEOF	如果记录集定位在最后一个记录后,则返回非 0
IsDeleted	如果记录集定位在一个已删除的记录上,则返回非 0
AddNew	增加新记录,须调用 Update 完成增加
CancelUpdate	取消所有由 AddNew 和 Edit 操作所引发的待决的更新操作
Delete	删除当前记录
Edit	编辑当前记录,须调用 Update 以完成编辑
Update	保存由 AddNew 增加的记录或 Edit 编辑的记录
Getbookmark	将记录的书签赋值到参数对象
Move	将记录集双向定位到距离当前记录指定数目的位置
MoveFirst	将记录移动到第一条记录
MoveLast	将记录移动到最后一条记录上
MoveNext	将记录移动到当前记录的下一条记录上

成员函数	说　明
MovePrev	将记录移动到当前记录的前一条记录上
SetAbsolutePosition	在记录集中按指定的记录号定位记录
Setbookmark	在记录集中定位由书签指定的记录
Cancel	取消一次异步操作
FlushResultSet	当使用预定义查询时，若获取的是另一个结果，则返回非 0
GetFieldValue	返回记录集中一个字段的值
GetODBCFieldInfo	返回记录集中字段的指定类型的信息
GetRowsetSize	返回在一次存取数据期间期望获取的记录数
GetRowFetched	返回在一次存取数据期间实际获取的记录数
GetRowStatus	返回在一次存取数据之后行的状态
IsFieldDirty	如果当前记录中指定字段已改变，则返回非 0
IsFieldNull	如果当前记录中指定字段为 NULL，则返回非 0
IsFieldNullable	如果字段的数据成员可以被置为 NULL，则返回非 0
RefreshRowset	更新指定行的数据和状态
Requery	重新运行记录的查询语句，来刷新查询记录
SetFieldDirty	标记当前记录中指定字段的数据成员为已改变
SetFieldNull	将当前记录中的指定字段的值设置为 NULL
SetLockingMode	设置加锁方式
SetParamNull	将指定参数设置为 NULL
SetRowsetCursorPosition	将光标定位在指定行
DoFieldExchange	在记录集的字段数据成员和数据源对应记录间交换数据
GetDefaultConnect	获取默认的连接串
GetDefaultSQL	获取要执行的默认 SQL 串
OnSetOptions	为指定 ODBC 语句设置选项
SetRowsetSize	指定在数据存取期间期望获取的记录数

2．打开和关闭记录集

一旦创建了 CRecordset 对象并将其连接到数据库，就必须打开记录集，以便从数据库中检索记录集。这可通过调用 CRecordset 对象的 Open()成员函数来完成。

Open()的第 1 个参数是记录集的类型，默认值 AFX_DB–USE_DEFAULT_TYPE，表示以记录集的瞬态图方式打开记录集。表 7-4 列出了 4 种记录集的类型。当指定数据源时，AppWizard 中只有两种记录集类型可用。一种是动态记录集（dynaset），另一种为快照（snapshot）。动态记录集与数据的修改保持同步，而快照则是数据的静态视图。每一种形式都代表了当记录集被打开时确定的一组记录，但是在动态记录集中滚动到另一条记录时，它马上反映出对记录的改变，这种改变可能是其他用户造成的，也可能是本程序造成的。

Open()的第 2 个参数是用来给记录集赋值的 SQL 语句。如果为该参数传递 NULL，则执行 AppWizard 创建的默认 SQL 语句。

表 7-4　记录集类型

类　型	说　　　明
CRecordset::dynaset	可通过调用 Fetch 函数来刷新的记录集，这样可以看到其他用户对该记录的改动
CRecordset::snapshot	如果不关闭并重新打开记录集就不能刷新的记录集
CRecordset::dynamic	和 CRecordset::dynaset 类型非常相似，但在许多 ODBC 驱动程序不可用
CRecordset::forwardonly	一种只读记录集，只能从第一个记录卷动到最后一个记录的方式浏览记录

Open() 的第 3 个参数是一组标志，用来指定检索记录集的方式。这些标志中的大部分在使用时要求对 ODBC 接口有一个深入的理解，以理解在应用程序中如何使用它们，以及应该如何使用它们。因此，在表 7-5 中仅讨论其中的几个标志。

表 7-5　记录集的打开标志

标　志	说　　　明
CRecordset::none	此参数的默认值；表示该记录集的打开和使用方式没有特殊要求
CRecordset::appendOnly	禁止用户编辑或删除记录集中的任何现有记录。用户只能在该记录集中添加新的记录。此标志不能和 CRecordset::readOnly 标志共同使用
CRecordset::readOnly	该标志指定记录集为只读的，用户不能对其做任何更改。此标志不能和 CRecordset::appendOnly 标志共同使用

下面的代码可以实现检索记录集 Employees 的功能：

```
CRecordset  rs(&m_db);                //定义CRecordset 对象并将其连接到数据库对象m_db
TRY
{
    CString sql="select*from Employees";
    rs.Open(CRecordset::snapshot,sql)        //打开记录集
    int nId;                            //职工代号
    CString strname, strtitle;          //职工姓名，职务
    double wage;                        //工资
    int i=0;                            //记录号
    CString StrInfo="记录号 职工代号   姓名    职称   工资\n";
while(!rs.IsEOF())
{
    i++;
    CDBVariant var;                     //定义变体对象
    rs.GetFieldValue((short)0,var,SQL_C_SLONG);   //获取第一个字段的值，整型
    if(var.m_dwType!=DBVT_NULL)
        nId=var.m_lVal;
    var.Clear();
    rs.GetFieldValue(1,strname);         //获取第二个字段的值，文本型
    rs.GetFieldValue(2,strtitle);        //获取第三个字段的值，文本型
    rs.GetFieldValue(3,var,SQL_C_DOUBLE);  //获取第四个字段的值，double 型
    if(var.m_dblVal!=DBVT_NULL)
        wage=var.m_dblVal;
    var.Clear();
    CString strField;
    strField.Format("%d %d %s %s %7.2f\n",i,nId,strname,strtitle,wage);
    StrInfo+=strField;
    rs.MoveNext();                       //移动记录指针
}
```

```
        MessageBox(StrInfo,"职工信息");
        rs.Close();                              //关闭记录集
        m_db.Close();                            //关闭数据库
    }
    CATCH(CDBException,ex){…}                     //同前
    AND_CATCH(CMemoryException, pEx){…}
    AND_CATCH(CException,e){…}
    END_CATCH
```

在完成对记录集的操作以后，可以调用 Close()来关闭记录集并释放被该记录集占用的资源。Close()不带任何参数。

3．在记录集中定位

在数据库检索到记录集之后，必须能够在该记录集中定位。CRecordset 类提供了若干个用来在记录集中定位的函数，通过它们，可以访问到记录集中的任何一条记录。表 7-6 列出了用来在记录集中导航的函数。

表 7-6　记录集导航函数

函　　数	说　　　　　明
MoveFirst	移动到记录集的第一条记录
MoveLast	移动到记录集的最后一条记录
MoveNext	移动到记录集的下一条记录
MovePrev	移动到记录集的上一条记录
Move	从当前记录或第一条记录移动指定数量的记录
SetAbsolutePosition	移动到记录集中指定的记录
IsBof	如果当前记录是记录集的第一条记录，则返回 true
IsEof	如果当前记录是记录集的最后一条记录，则返回 true
GetRecordCount	返回记录集的记录个数

在所有这些定位和信息性函数中，只有两个记录集 Move()和 SetAbsolutePosition()带有参数。SetAbsolute Position()用一个数值型参数来指定要移动到的记录的行号。如果将 0 传递给该参数，则移动到文件的开始 BOF 位置；如果是 1，则移动到记录集的第一条记录。可以将负数传递给该函数，使其从记录集的最后一条记录起倒数计数。

Move()有 2 个参数。第 1 个参数是需要移动的行数，可以为正数或负数；负数表示向回移动。第 2 个参数指定移动的方式。表 7-7 列出了该参数的可能值及其对定位的影响的说明。

表 7-7　移动类型

类　　型	说　　　　　明
SQL_FETCH_RELATIVE	从当前行移动指定的行数
SQL_FETCH_NEXT	移动到下一行，忽略指定的行数。如同调用 MoveNext()
SQL_FETCH_PRIOR	移动到上一行，忽略指定的行数。如同调用 MovePrev()
SQL_FETCH_FIRST	移动到第一行，忽略指定的行数。如同调用 MoveFirst()
SQL_FETCH_LAST	移动到最后一行，忽略指定的行数。如同调用 MoveLast()
SQL_FETCH_ABSOLUTE	从第一行开始移动指定的行数。如同调用 SetAbsolutePosition()

4. 添加、删除和更新记录

在数据库的记录集中定位只是具备的一部分能力，还必须能够在记录集中添加新的记录、编辑和更新现有记录，以及删除记录。CRecordset 类中提供了完成所有这些操作的各种函数，如表7-8 所示。

表 7-8　记录集的编辑函数

函　　数	说　　　　明
AddNew	向记录集添加一条新记录
Delete	从记录集中删除当前记录
Edit	允许编辑当前记录
Update	将当前更改存入数据库
Requery	重新执行当前 SQL 查询，以刷新记录集

以上这些函数都不带参数。但是，其中一些函数要求遵循一些特定步骤才能正确工作。

为了向数据库中添加新的记录，可调用 AddNew()。然后给那些要求赋值的字段赋值。接着，必须调用 Update() 以将新记录添加到数据库中。如果在调用 Update() 之前试图移动到另一条记录，这条新记录将丢失。保存了新的记录以后，还必须立即调用 Requery() 来刷新记录集，这样才能访问到这条新记录并让用户编辑它。这些函数的调用步骤通常如下：

```
m_pSet.AddNew();          //增加一条新记录
m_pSet.m_ID=m_ID;         //为新记录的字段赋值
…
m_pSet.Update();          //保存记录
m_pSet.Requery();         //刷新记录集
m_pSet.MoveLast();        //移动到新记录
```

如果需要删除当前记录时，只需调用 Delete()。在删除了当前记录以后，需要马上移动到另一条记录上，这样用户就不会仍然停留在刚刚被删除的记录处。如果删除了当前记录，在移动到另一条记录之前，就不存在所谓的当前记录了。由于定位函数已经调用了 Update()，因此不必再对 Update() 进行显式调用。可编写下列代码来删除当前记录：

```
m_pSet.Delete();          //删除当前记录
m_pSet.Requery();         //刷新记录集
m_pSet.MovePrev();        //移动到前一条记录
```

最后，为了使用户能够编辑当前记录，必须调用 Edit()。该函数允许用户输入值或用应用程序计算出的新值更新记录中的字段。在完成对当前记录更改以后，必须调用 Update() 来保存所做的更改：

```
m_pSet.Edit();            //允许用户编辑当前记录
//完成所有的数据交换，更新记录中的字段
…
m_pSet.Update();
```

那么，如何实现对记录中字段的访问和更新呢？当 AppWizard 为应用程序创建 CRecordset 的派生类时，把记录中的所有字段都作为成员变量添加进来。因此，可以顺序访问这些成员变量，以访问和操纵记录集中的数据库记录中的字段。

5．排序和查找

以下是一些排序和查找的实例代码：

```
m_pSet->m_strSort="age";           //按照字段 age 排序，升序
m_pSet->Open();                    //打开记录集
…                                  //其他操作
m_pSet->Close();                   //关闭
CString str;
Str="name='张三'";
m_pSet->m_strFilter=str;           //查找 name 为张三的记录
m_pSet->Open();                    //打开记录集
```

7.2.3　CRecordView 类

CRecordView 对象是在控件中显示数据库记录的视图对象，是直接连接到 CRecordView 对象上的表单视图。该视图从对话框模板资源中创建，并将 CRecordView 对象的字段显示在对话框模板的控件中。CRecordView 对象利用对话数据交换（DDX）和记录字段交换（RFX）机制，使表单上的控件和记录集的字段间的数据交换自动化。CRecordView 还提供移动到数据源第一个、下一个、上一个或最后一个记录的默认实现，以及用于更新视图当前记录的接口。创建应用程序定制记录视图的最常用方法是利用 AppWizrd 在初始化应用程序框架中创建记录视图类及相关联的记录集类。如果只需要一种记录视图格式，则用 AppWizard 比较简单。利用 ClassWizard 可以确定只使用一个记录视图，也可以分别创建一个记录视图和一个记录集，然后将其连接，这种方式较灵活，可以使同一记录集有多个记录视图相对应。为使记录视图中记录移动比较容易，AppWizard 为移动操作创建了菜单和工具栏。CRecordView 类的成员函数如表 7-9 所示。

表 7-9　CRecordView 类的成员函数

成 员 函 数	说　　　明
CRecordView	构造 CRecordView 对象
OnGetRecordset	返回指向 CRecordView 派生类对象的指针
IsOnFirstRecord	如果当前记录是相关记录集中的第一个记录，则返回 true
IsOnLastRecord	如果当前记录是相关记录集中的最后一个记录，则返回 true
OnMove	如果当前记录已经修改，则在数据源上更新该记录，然后移动到指定记录

7.2.4　CDBException 类

CDBException 类由 CException 类派生，以 3 个继承的成员变量反映对数据库操作的异常：

① m_nRetCode：以 ODBC 返回代码的形式表明造成异常的原因。

② m_strError：字符串，描述造成抛出异常的错误原因。

③ m_strStateNativeOrigin：字符串，用以描述以 ODBC 错误代码表示的异常错误。

7.2.5　了解 SQL

SQL（structured query language）即结构化查询语言，是关系数据库存储的工业标准。一般而言，SQL 语句根据功能的不同，可以分为以下 6 大类：

- 数据定义语言（data definition language，DDL）
- 数据操作语言（data manipulation language，DML）
- 操作管理语言（transaction management language，TML）
- 数据控制语言（data control language，DCL）
- 数据查询语言（data query language，DQL）
- 游标控制语言（cursor control language，CCL）

1. 数据定义

数据定义语言是一种定义对象的语言或语言子集，SQL 使用下面 3 个命令来定义 SQL 对象：CREATE、ALTER、DROP。

（1）定义表

使用 CREATE TABLE 语句来定义一个表。例如，定义一个 Employees 表，包含 5 个字段，职工号、职工姓名、职务、工资和部门代号。可使用下面的语句：

```
CREATE TABLE Employees
    ( Emp_id    INTEGER,              //职工号
      Emp_name VARCHAR(10),           //职工姓名
      Title     VARCHAR(20),          //职务
      Wage      NUMERIC(7,2),         //工资
      Dep_id    INTEGER,              //部门代号
    )
```

要删除一个表（物理删除），使用 DROP TABLE 语句。例如，删除刚才定义的表 Employees，使用下面的语句：

```
DROP TABLE Employees
```

要为表增加列或删除列（字段），使用 ALTER TABLE 语句。例如，在表 Employees 中增加一个 Sex 列，可以使用下面的语句：

```
ALTER TABLE Employees ADD COLUMN Sex VARCHAR(5)
```

从表中删除一列，可以使用下面的语句：

```
ALTER TABLE Employees DROP COLUMN Sex
```

（2）索引

索引用于提供某些条件下的快速存取，也可用于保证列的唯一性。索引对于选择性较强的查询极有用。

CREATE INDEX 命令可以定义一个索引。例如，要在刚才建立的 Employees 表的 Emp_id 上建立索引，使用下面的语句：

```
CREATE UNIQUE INDEX Emp_idIndex ON Employees(Emp_id)
```

要删除索引，可使用下面的语句：

```
DROP INDEX Emp_idIndex
```

2. 数据操纵

SQL 中的数据操纵语言是一组操纵表中数据的语句。SQL 中的 DML 只有 4 个命令：DELETE、INSERT、UPDATE、SELECT。

（1）DELETE 语句

DELETE 语句用于删除表中的记录。例如，要删除表 Employees 中的所有记录，可使用：

```
DELETE From Employees
```

若要删除某些特定的记录，需要加上 WHERE 子句。例如：

```
DELETE FROM Employees WHERE Dep_id=5
```

（2）INSERT 语句

INSERT 语句用于在表中插入记录。例如在表 Employees 中增加一条记录，职工代号为 6，姓名为张晓，性别为女，标题为部门经理，工资为 2 000，部门代号为 5，则使用下面的语句：

```
INSERT INTO Employees
VALUES(6,'张晓','女', '部门经理', 2000.00,5)
```

（3）UPDATE 语句

UPDATE 语句用于修改表中的现有数据。例如将表 Employees 中，所有部门代号为 5 的记录的部门代号修改为 4，则使用下面的语句：

```
UPDATE Employees SET Dep_id =4 WHERE Dep_id =5
```

（4）SELECT 命令

SELECT 命令用于对数据源的查询。它具有许多功能强大的语句，用它可以实现许多关系操作，以实现查询的目的。SELECT 语句的基本结构如下：

```
SELECT 子句 [INTO 子句] FROM 子句 [WHERE 子句]
        [GROUP BY 子句] [HAVING  子句] [ORDER BY 子句]
```

除了以上子句，SELECT 语句中经常出现的关键字还包括 UNION 运算符、COMPUTE 子句、FOR 子句和 OPTION 子句。各子句的作用如表 7-10 所示。

表 7-10 SELECT 语句中各子句的说明

SELECT 子句	描 述
SELECT 子句	指定由查询返回的列。在 SELECT 后面可带谓词 ALL、DISTINCT、DISTINCTROW、TOP，也可以用 AS 为字段取别名
INTO 子句	创建新表并将结果行插入新表中
FROM 子句	指定了 SELECT 语句中字段的来源。FROM 子句后面是包含一个或多个表达式，其中的表达式可为单一表名称、已保存的查询或由 INNER JOIN、LEFT JOIN 或 RIGHT JOIN 得到的复合结果
WHERE 子句	指定查询条件。搜索条件包括比较、范围、组属、模式匹配和空值测试等
GROUP BY 子句	指定查询结果的分组条件。指明按照哪几个字段来分组
HAVING 子句	指定组或聚合的搜索条件。常与 GROUP BY 子句一起使用，用于汇总数据
ORDER BY 子句	指定结果集的排序。可以按一个或多个（最多 16 个）字段排序查询结果，可以升序 ASC，也可以降序 DESC
UNION 运算符	将两个或更多查询的结果组合为单个结果集，该结果集包含联合查询中的所有查询的全部行
COMPUTE 子句	生成合计作为附加的汇总列出现在结果集的最后。当与 BY 一起使用时，COMPUTE 子句在结果集内生成控制中断和分类汇总。可在同一查询内指定 COMPUTE BY 和 COMPUTE
FOR 子句	指定 BROWSE 或 XML 选项
OPTION 子句	指定查询提示。每个查询提示只能指定一次，但允许指定多个查询提示

① 简单的查询语句。

```
SELECT*[列名] FROM 表名列表 [WHERE 子句]
```

其中，表名为需要查询的数据表的名称，列名为需要返回表中的某些字段名，可以省略。如果列名缺省应用 "*" 代替所有字段，则返回表中的所有列。

WHERE 子句可用于过滤返回的记录。

例如，下面的语句可以查询表 Employees，并返回所有记录和所有字段：

```
SELECT*FROM Employees
```

如果只显示表的符合条件的记录的部分字段，要列出字段名，并加 WHERE 子句，例如，下面的语句用于查询部门代号为3的记录的姓名和工资：

```
SELECT Emp_name AS 姓名,wage AS 工资 FROM Employees WHERE Dep_id=3
```

如果有重复的记录，只返回一个，可以用谓词 DISTINCTROW，语句如下：

```
SELECT  DISTINCTROW*FROM Employees
```

② ORDER BY 子句。

在不定义的情况下，查询结果所返回的记录是按任意顺序排列的。如果要将查询结果排列，可以使用 ORDER BY 子句。其语法格式为：

```
SELECT 字段名表 FROM 表名 [WHERE 子句]
                        ORDER BY  字段名表[顺序模式]
```

其中 ORDER BY 后面的字段名为记录排列的依据；顺序模式是指记录依某字段值以升序还是降序排列，升序用 ASC，降序用 DESC。

例如，按工资降序排列查询结果，语句如下：

```
SELECT*FROM Employees ORDER BY wage DESC
```

③ GROUP BY 子句、HAVING 子句与统计函数。

GROUP BY 子句、HAVING 子句与统计函数常一起使用，实现分类汇总统计。常用的统计函数有：COUNT()、AVG()、SUM()、MAX()和 MIN()。其中：

COUNT()是统计记录的数量。例如要查询表 Employees 中的员工总数，可以使用以下命令：

```
SELECT COUNT(*) FROM Employees
```

AVG()是统计列的平均值。例如要查询表 Employees 中的员工的平均收入，可以使用以下命令：

```
SELECT AVG(Wage) FROM Employees
```

SUM()用来统计列值之和。例如要查询表 Employees 中员工的工资总数，可以使用以下命令：

```
SELECT SUM(Wage) FROM Employees
```

MAX()用来统计列的最大值。例如要查询表 Employees 中员工的最高工资数，可以使用以下命令：

```
SELECT MAX(Wage) FROM Employees
```

MIN()用来统计列的最小值。例如要查询表 Employees 中员工的最低工资数，可以使用以下命令：

```
SELECT MIN(Wage) FROM Employees
```

在某些情况下，需要对记录进行分组统计，例如按部门统计工资总额，可以使用以下命令：

```
SELECT Dep_id AS 部门代号,SUM(Wage) AS 工资总额 FROM  Employees
                        GROUP  BY  Dep_id
```

如果带条件进行统计，则需要 HAVING 子句。例如查询平均工资大于 3 000 元的部门，则可以使用以下命令：

```
SELECT Dep_id AS 部门代号,AVG(Wage) AS 工资总额 FROM  Employees
                        GROUP  BY  Dep_id  HAVING AVG(Wage)>3000
```

④ 多表查询。

多表查询主要是通过建立表的连接关系，并从多个表或视图中提取数据，组合成一个结果集。

例如，要查询所有员工的部门名称、姓名和职务信息，需要从表 Department 和表 Employees 中提取数据，可以使用以下命令：

```
SELECT d.Dep_name,e.Emp_name,e.Title FROM Department AS d,Employees AS e
    WHERE d.Dep_id=e.Dep_id
```

或者使用 INNER JOIN 连接词，实现同样的目的，属于内部连接，语句如下：

```
SELECT d.Dep_name,e.Emp_name,e.Title FROM Department AS d INNER JOIN
Employees AS e ON d.Dep_id=e.Dep_id
```

内部连接其实是比较字段的值，挑选出匹配的记录，并把它们合并起来。如果要在结果中保留不匹配的记录，不管存不存在满足条件的记录，都要返回另一侧的所有记录，就要用外部连接。外连接的两个表有主次之分，以主表的每一行数据去匹配从表中的数据列，符合连接条件的数据将直接返回到结果集中，对那些不符合条件的列，将被填上 NULL 值后再返回到结果集中。外部连接分为左连接 LEFT JOIN 和右连接 RIGHT JOIN，如果主表在左侧，则称之为左连接；反之，则称为右连接。下面是一个使用链接的实例：

```
SELECT d.Dep_name,e.Emp_name FROM Department d LEFT JOIN Employees e ON
d.Dep_id=e.Dep_id
```

7.3 使用 ODBC 创建数据库应用程序示例

【例 7.1】本节要创建的数据库应用程序是一个简单的学生成绩管理系统，用来管理某门课程的成绩单。当教师登录以后，可以对学生成绩进行添加、删除、修改、查询操作，还可以将成绩表导出到 Excel 文件。而当学生登录以后，只能对成绩进行查询、显示操作。运行界面如图 7-2～图 7-4 所示。

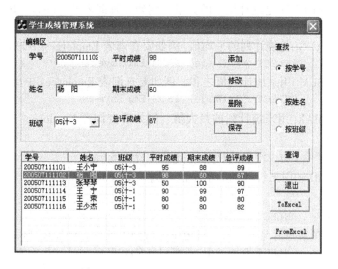

图 7-2 用户登录界面

图 7-3 学生成绩管理系统主界面

图 7-4 查询界面

步骤如下：

① 创建数据库（2 张表，用户表和学生成绩表），配置数据源。

② 创建对话框应用程序框架。

③ 添加 2 个 CRecordset 的派生类，映射数据库的 2 张表。

④ 主对话框的设计及代码实现。

⑤ 添加"成绩查询"界面，设计并实现。

⑥ 添加"登录"对话框，设计与实现。

⑦ 编译运行。

7.3.1　准备数据库，创建数据源

在开始创建使用数据库应用系统之前，首先必须有一个可供程序使用的数据库。几乎所有的数据库管理系统都有用来创建新数据库的工具。需要使用这些工具来建立所需要的数据库，然后使用 ODBC Administrator 来配置新数据库的数据源。

1. 设计数据库

数据库表、表之间的关系构成了一个数据库。作为示例，这里用 Microsoft Access 创建一个数据库 StudentDB.mdb，其中包含 2 个表：用户表 USER 和成绩单表 SCORE，如表 7-11 和表 7-12 所示。

表 7-11　用户表 USER

序　号	字　段　名	字段类型	字段大小	字　段　含　义
1	UserName	文本	10	用户名
2	UserPswd	文本	10	密码
3	UserType	数字	整型	用户类型，0-教师 1-学生

用户名 (UserName)	密码（UserPswd）	用户类型（UserType）
Zhang	111111	0
Liang	222222	0
Zhao	333333	1

表 7-12　成绩单表 SCORE

序　号	字　段　名	字段类型	字段大小	字　段　含　义
1	StuID	文本	12	学生学号
2	StuName	文本	10	学生姓名
3	StuClass	文本	10	班级
4	UsualScore	数字	整形	平时成绩
5	TestScore	数字	整形	考试成绩
6	TotalScore	数字	整形	总评成绩

学号 （stuID）	姓名 （StuName）	班级 （StuClass）	平时成绩 （UsualScore）	期末成绩 （TestScore）	总评成绩 （TotalScore）
200507111101	王小凤	05 计-3	80	80	
200507111102	李小波	05 计-3	60	88	
200507111103	赵丽霞	05 计-3	90	78	
200507111104	高海英	05 计-3	95	89	

2．定义 ODBC 的数据源

建立了数据库之后，必须配备 ODBC 数据源，使其指向刚刚建立的数据库。如果操作系统是 Windows 2000/XP，则运行控制面板中的"管理工具"下的"数据源 ODBC"。

双击 ODBC 图标，进入 ODBC 数据源管理器。在这里用户可以设置 ODBC 数据源的一些信息，其中的"用户 DSN"选项卡是用户定义的在本地计算机使用的数据源名（DSN），如图 7-5 所示。定义用户的 DNS 的步骤如下：

① 单击"添加"按钮，弹出"创建新数据源"对话框，如图 7-6 所示。

图 7-5　ODBC 数据源管理器

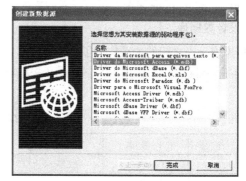

图 7-6　"创建新数据源"对话框

② 为新的数据源选择数据库驱动程序。由于使用的是 Access 数据库，所以选择 Microsoft Access Driver 选项，并单击"完成"按钮。

③ 在如图 7-7 所示的"ODBC Microsoft Access 安装"对话框中，应为该数据源起一个简短的名称。应用程序将使用该名称来指定用于数据库连接的 ODBC 数据源配置，因此它应反映出该数据库的用途，或者与使用该数据库的应用程序名称类似。对于该例，则将该数据源命名为 StudentDB，并在"说明"文本框中输入对该数据库的说明。

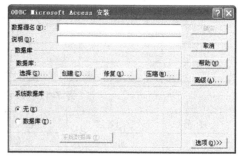

图 7-7　"ODBC Microsoft Access 安装"对话框

④ 指定数据库的位置。单击"选择"按钮，然后指定所创建的 Access 数据库。

⑤ 单击"确定"按钮，刚才创建的用户数据源被添加在"ODBC 数据源管理器"的"用户数据源"列表框中。

7.3.2 创建 MFC AppWizard 应用程序

在本章的示例应用程序中，将创建一个对话框应用程序。如下面的过程：

① 用 MFC AppWizard（.exe）创建一个对话框应用程序 ScoreODBC。为了使程序能支持数据库对象，在头文件 stdafx.h 中加入#include<afxdb.h>。

② 用 ClassWizard 为数据库中的每一个表映射一个记录集类。

打开项目工作区的 ClassView 页面，选择项目名称，右击，弹出快捷菜单，选择 New Class 命令，弹出如图 7-8 所示的 New Class 对话框，输入记录集类名称，并为其选择基类 CRecordset，单击 OK

图 7-8 定义记录集类 CloginSet

按钮，弹出如图 7-9 所示的 Database Options 对话框，为记录集类选择 ODBC 数据源，单击 OK 按钮，弹出如图 7-10 所示的 Select Database Tables 对话框，为记录集类选择数据库表，单击 OK 按钮，即完成记录集类的定义。

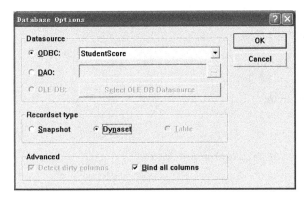

图 7-9 为 CloginSet 类选择 ODBC 数据源

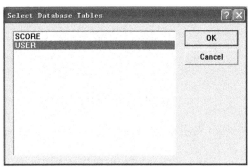

图 7-10 为 CloginSet 类选择数据表

以下是用 ClassWizard 为数据库中的每一个表映射一个记录集类。

```
USER 表: CLoginSet 类
//CLoginSet 类的声明 loginSet.h
class CLoginSet: public CRecordset
{
public:
    CLoginSet(CDatabase*pDatabase=NULL);
    DECLARE_DYNAMIC(CLoginSet)
//Field/Param Data
  //{{AFX_FIELD(CLoginSet,CRecordset)
    CString    m_UserName;
    CString    m_UserPswd;
    int        m_UserType;
  //}}AFX_FIELD
//Overrides
```

```
    //ClassWizard generated virtual function overrides
    //{{AFX_VIRTUAL(CLoginSet)
    public:
    virtual CString GetDefaultConnect();      //Default connection string
    virtual CString GetDefaultSQL();          //Default SQL for Recordset
    virtual void DoFieldExchange(CFieldExchange* pFX);  //RFX support
    //}}AFX_VIRTUAL
//Implementation
#ifdef _DEBUG
    virtual void AssertValid() const;
    virtual void Dump(CDumpContext& dc) const;
#endif
};
//CLoginSet 类的实现 loginSet.cpp
CLoginSet::CLoginSet(CDatabase* pdb): CRecordset(pdb)
{
    //{{AFX_FIELD_INIT(CLoginSet)
    m_UserName=_T("");
    m_UserPswd=_T("");
    m_UserType=0;
    m_nFields=3;
    //}}AFX_FIELD_INIT
    m_nDefaultType=dynaset;
}
CString CLoginSet::GetDefaultConnect()
{
    return _T("ODBC;DSN=StudentDB");
}
CString CLoginSet::GetDefaultSQL()
{
    return _T("[USER]");
}
void CLoginSet::DoFieldExchange(CFieldExchange* pFX)
{
    //{{AFX_FIELD_MAP(CLoginSet)
    pFX->SetFieldType(CFieldExchange::outputColumn);
    RFX_Text(pFX,_T("[UserName]"),m_UserName);
    RFX_Text(pFX,_T("[UserPswd]"),m_UserPswd);
    RFX_Int(pFX,_T("[UserType]"),m_UserType);
    //}}AFX_FIELD_MAP
}
SCORE 表: CScoreSet 类
//ScoreSet.h:header file
//CScoreSet 类的声明 scoreSet.h
class CScoreSet:public CRecordset
{
public:
    CScoreSet(CDatabase* pDatabase=NULL);
    DECLARE_DYNAMIC(CScoreSet)
//Field/Param Data
//{{AFX_FIELD(CScoreSet,CRecordset)
    CString  m_StuID;
    CString  m_StuName;
```

```cpp
    CString m_StuClass;
    int     m_UsualScore;
    int     m_TestScore;
    int     m_TotalScore;
//}}AFX_FIELD
//Overrides
//ClassWizard generated virtual function overrides
//{{AFX_VIRTUAL(CScoreSet)
  public:
      virtual CString GetDefaultConnect();  //Default connection string
      virtual CString GetDefaultSQL();        //Default SQL for Recordset
      virtual void DoFieldExchange(CFieldExchange* pFX);  //RFX support
  //}}AFX_VIRTUAL
//Implementation
#ifdef _DEBUG
  virtual void AssertValid() const;
  virtual void Dump(CDumpContext& dc) const;
#endif
};
//ScoreSet.cpp:implementation file
```

CScoreSet 类的实现

```cpp
IMPLEMENT_DYNAMIC(CScoreSet,CRecordset)

CScoreSet::CScoreSet(CDatabase* pdb)
  :CRecordset(pdb)
{
    //{{AFX_FIELD_INIT(CScoreSet)
    m_StuID=_T("");
    m_StuName=_T("");
    m_StuClass=_T("");
    m_UsualScore=0;
    m_TestScore=0;
    m_TotalScore=0;
    m_nFields=6;
    //}}AFX_FIELD_INIT
    m_nDefaultType=snapshot;
}

CString CScoreSet::GetDefaultConnect()
{
    return _T("ODBC;DSN=StudentDB");
}
CString CScoreSet::GetDefaultSQL()
{
    return _T("[SCORE]");
}

void CScoreSet::DoFieldExchange(CFieldExchange* pFX)
{
    //{{AFX_FIELD_MAP(CScoreSet)
    pFX->SetFieldType(CFieldExchange::outputColumn);
    RFX_Text(pFX, _T("[StuID]"), m_StuID);
    RFX_Text(pFX, _T("[StuName]"), m_StuName);
```

```
        RFX_Text(pFX, _T("[StuClass]"), m_StuClass);
        RFX_Int(pFX, _T("[UsualScore]"), m_UsualScore);
        RFX_Int(pFX, _T("[TestScore]"), m_TestScore);
        RFX_Int(pFX, _T("[TotalScore]"), m_TotalScore);
        //}}AFX_FIELD_MAP
    }
```

③ 主界面的设计与实现

首先，修改主窗口标题为"学生成绩管理系统"。然后，按照图 7-11 布置主窗体，按照表 7-13 添加各控件，设置其属性，用 ClassWizard 为有关控件关联成员变量，进行消息映射。

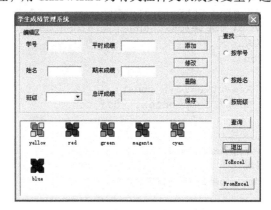

图 7-11　主窗体 IDD_SCOREODBC_DIALOG 设计

表 7-13　对话框对象属性关联变量、消息处理函数

控　件	ID　　号	Caption/其他属性	关　联　变　量	消息处理函数
列表视图	IDC_LIST_SCORE		CListCtrl m_ListScore	OnClickListScore
分组框	IDC_STATIC	编辑区		
编辑框	IDC_EDIT_STUID		CString m_stuid	
编辑框	IDC_EDIT_STUNAME		CString m_stuname	
编辑框	IDC_EDIT_USUALSCORE		int m_usualscore	
编辑框	IDC_EDIT_TESTSCORE		int m_testscore	
编辑框	IDC_EDIT_TATOLSCORE	选中 Read-Only	int m_totalscore	
组合框	IDC_COMBO_CLASS	Data: 05 计-1 05 计-2 05 计-3 05 计-4	CString m_stuclass	
命令按钮	IDC_BUTTON_ADD	添加	CButton m_btnAdd	OnButtonAdd
命令按钮	IDC_BUTTON_EDIT	修改	CButton m_btnEdit	OnButtonEdit
命令按钮	IDC_BUTTON_DEL	删除	CButton m_btnDel	OnButtonDel
命令按钮	IDC_BUTTON_UPDATE	保存	CButton m_btnUpdate	OnButtonUpdate
命令按钮	IDC_ BTN _TOEXCEL	ToExcel	CButton m_ToExcel	OnToExcel
分组框	IDC_STATIC	查找		
单选按钮	IDC_RADIO_STUID	按学号　Group	int m_radio	

控 件	ID　　　号	Caption/其他属性	关 联 变 量	消息处理函数
单选按钮	IDC_RADIO_STUNAME	按姓名		
单选按钮	IDC_RADIO_STUCLASS	按班级		
命令按钮	IDC_BUTTON_SERCH	查询		OnButtonSerch
命令按钮	IDOK	退出		
对话框	IDD_SCOREODBC_DIALOG	学生成绩管理系统		OnInitDialog

之后，编写各函数代码。

- 对话框的初始化函数代码如下：

```
BOOL CScoreODBCDlg::OnInitDialog()
{
    //TODO: Add extra initialization here
    //打开成绩表，指针移动到第一条记录上，显示字段值在编辑框中
    CScoreSet m_scoreset;    //定义记录集对象
    m_scoreset.Open();
    m_scoreset.MoveFirst();
    m_stuid=m_scoreset.m_StuID;
    m_stuname=m_scoreset.m_StuName;
    m_stuclass=m_scoreset.m_StuClass;
    m_testscore=m_scoreset.m_TestScore;
    m_usualscore=m_scoreset.m_UsualScore;
    m_totalscore=m_scoreset.m_TotalScore;
    UpdateData(false);

    //设置列表框控件的扩展风格
    DWORD dwExStyle=LVS_EX_FULLROWSELECT|LVS_EX_GRIDLINES|LVS_EX_HEADERD
    -RAGDROP|LVS_EX_ONECLICKACTIVATE ;
    m_ListScore.ModifyStyle(0,LVS_REPORT|LVS_SINGLESEL|LVS_SHOWSELALWAYS);
    //设置列表框控件的颜色
    m_ListScore.SetExtendedStyle(dwExStyle);
    //初始化列表，插入 6 列，加标题，设置宽度
    m_ListScore.InsertColumn(0,"学号",LVCFMT_CENTER,80,0);
    m_ListScore.InsertColumn(1,"姓名",LVCFMT_CENTER,65,0);
    m_ListScore.InsertColumn(2,"班级",LVCFMT_CENTER,65,0);
    m_ListScore.InsertColumn(3,"平时成绩",LVCFMT_CENTER,65,0);
    m_ListScore.InsertColumn(4,"期末成绩",LVCFMT_CENTER,65,0);
    m_ListScore.InsertColumn(5,"总评成绩",LVCFMT_CENTER,65,0);

    CString strSQL;
    strSQL.Format("select*from SCORE order by StuID");
    ListAll(strSQL);    //打开成绩单表，按照学号的排序将所有记录显示在列表中
    m_radio=0;          //查询条件初始为按学号
UpdateData(false);
if(m_UserType==1)
{ //如果用户类型为学生，则增加、删除、修改、保存、导出按钮不可用
    m_btnAdd.EnableWindow(false);
    m_btnEdit.EnableWindow(false);
    m_btnUpdate.EnableWindow(false);
    m_btnDel.EnableWindow(false);
    m_ToExcel.EnableWindow(false);
```

```
    }
    return true;
    }
```

- 为对话框类添加成员函数 ListAll(CString strSQL)，用于在列表视图中显示所有记录。

```
void CScoreODBCDlg::ListAll(CString strSQL)
{
    m_ListScore.DeleteAllItems();        //清空列表视图
    CScoreSet m_scoreset;                //定义成绩单记录集
    try
    {
        if(m_scoreset.IsOpen())          //如果记录集是打开的，关闭之
        m_scoreset.Close();
        if(!m_scoreset.Open(CRecordset::snapshot,strSQL))
            //以 snapshot 的方式打开成绩表，如果不能打开，报错处理
        {
        MessageBox("打开数据库失败!","数据库错误",MB_OK);
        return;
        }
    }
    catch(CDBException *e)                //异常捕获
    {       e->ReportError();
    }
    int nIndex=0;                        //列表视图指向第 1 行
    m_scoreset.MoveFirst();              //记录指针指向第 1 条记录
    CString strScore1,strScore2,strScore3;
                                         //用于将 3 个 int 成绩转换为字符串
    while(!m_scoreset.IsEOF())
    {
      LV_ITEM lvItem;
      lvItem.mask=LVIF_TEXT;
      lvItem.iItem=nIndex;               //行
      lvItem.iSubItem=0;                 //列
      lvItem.pszText="";
      m_ListScore.InsertItem(&lvItem);   //在列表视图中插入一行，每行 6 列
      m_ListScore.SetItemText(nIndex,0,m_scoreset.m_StuID);
      m_ListScore.SetItemText(nIndex,1,m_scoreset.m_StuName );
      m_ListScore.SetItemText(nIndex,2,m_scoreset.m_StuClass );

      strScore1.Format("%3d",m_scoreset.m_UsualScore);
      strScore2.Format("%3d",m_scoreset.m_TestScore);
      strScore3.Format("%3d",m_scoreset.m_TotalScore);

      m_ListScore.SetItemText(nIndex,3,strScore1);
      m_ListScore.SetItemText(nIndex,4,strScore2);
      m_ListScore.SetItemText(nIndex,5,strScore3);
      m_scoreset.MoveNext();             //后移记录
      nIndex++;                          //行数加 1
      }
    m_scoreset.Close();                  //关闭记录集
    }
```

- "添加"按钮的消息处理函数代码，"添加"按钮与"保存"按钮配合使用，完成添加记录的功能。

```
void CScoreODBCDlg::OnButtonAdd()
{
```

```
        //TODO: Add your control notification handler code here
        RefreshData();                      //各字符串编辑框置空，数字编辑框置为 0
    }
```

- "保存"按钮的消息处理函数代码如下：

```
    void CScoreODBCDlg::OnButtonUpdate()
    {
        //TODO: Add your control notification handler code here
        UpdateData();                       //将编辑框中的数据传送给关联变量
        CScoreSet m_ScoreSet;               //定义成绩单记录集
        try
        {   if(m_ScoreSet.IsOpen())
            m_ScoreSet.Close();
            CString strSQL;
            strSQL.Format("select * from SCORE WHERE StuID='%s'",m_stuid);
            m_ScoreSet.Open(CRecordset::snapshot,strSQL);   //打开记录集
            //判断数据库中是否有同一学号，如果有则退出
            if(m_ScoreSet.GetRecordCount()!=0)
            {
                m_ScoreSet.Close();
                MessageBox("同一学号学生已经存在!");
                return;
            }
            //如果没有同一学号学生，则执行正常的添加操作
            m_ScoreSet.AddNew();
            m_ScoreSet.m_StuID=m_stuid;                     //字段赋值
            m_ScoreSet.m_StuName=m_stuname;
            m_ScoreSet.m_StuClass=m_stuclass;
            m_ScoreSet.m_UsualScore=m_usualscore;
            m_ScoreSet.m_TestScore=m_testscore;
            //计算总成绩，平时成绩占 20%
        m_ScoreSet.m_TotalScore=(int)(m_usualscore*0.2+m_testscore*0.8);
            m_totalscore=m_ScoreSet.m_TotalScore;   //同时在总评成绩编辑框中显示
            m_ScoreSet.Update();        //保存记录
            MessageBox("学生成绩添加成功! ");
            m_ScoreSet.Close();         //关闭记录集
        }
        catch(CDBException *e)          //异常捕获
        {   e->ReportError();
            return;
        }
        UpdateData(false);
        CString strSQL;
        strSQL.Format("select*from SCORE order by StuID");  //以学号的排序方式
        ListAll(strSQL);                //显示在列表框
    }
```

- 为对话框类添加成员函数 RefreshData()，用于刷新编辑框，代码如下：

```
    void CScoreODBCDlg::RefreshData()
    {
        m_stuid="";
        m_stuname="";
        m_stuclass="";
        m_usualscore=0;
        m_testscore=0;
        m_totalscore=0;
```

```
        UpdateData(false);
    }
```

- 列表视图的单击消息处理函数。当在列表视图中选择某一行，单击时，将对应记录显示在编辑区。

```
void CScoreODBCDlg::OnClickListScore(NMHDR* pNMHDR,LRESULT* pResult)
{   //TODO: Add your control notification handler code here
    int nItem=m_ListScore.GetNextItem(-1,LVNI_SELECTED);
    //获取当前选择行的索引值
    if(nItem!=-1)
    {
      m_stuid=m_ListScore.GetItemText(nItem,0);    //CString
      m_stuname=m_ListScore.GetItemText(nItem,1);
      m_stuclass=m_ListScore.GetItemText(nItem,2);
      m_usualscore=atoi(m_ListScore.GetItemText(nItem,3));
      m_testscore=atoi(m_ListScore.GetItemText(nItem,4));
      m_totalscore=atoi(m_ListScore.GetItemText(nItem,5));
    }
    UpdateData(false);
    *pResult=0;
}
```

- "修改"按钮的消息处理函数，代码如下：

```
void CScoreODBCDlg::OnButtonEdit()
{
    //TODO: Add your control notification handler code here
    //执行修改命令 Edit()，保存修改
    UpdateData();
    CString strSQL;
    CScoreSet m_ScoreSet;
      try
    {   if(m_ScoreSet.IsOpen())
          m_ScoreSet.Close();
        strSQL.Format("select*from SCORE WHERE StuID='%s'",m_stuid);
        m_ScoreSet.Open(CRecordset::snapshot,strSQL);
        //判断数据库中是否有同一学号，如果有则修改之
        if(m_ScoreSet.GetRecordCount()!=0 )
        {
        m_ScoreSet.Edit();
        m_ScoreSet.m_StuID=m_stuid;
        m_ScoreSet.m_StuName=m_stuname;
        m_ScoreSet.m_StuClass=m_stuclass;
        m_ScoreSet.m_UsualScore=m_usualscore;
        m_ScoreSet.m_TestScore=m_testscore;
        //计算总成绩，平时成绩占 20%
    m_ScoreSet.m_TotalScore=(int)(m_usualscore*0.2+m_testscore*0.8);
        m_totalscore=m_ScoreSet.m_TotalScore;
        m_ScoreSet.Update();    //保存修改
        MessageBox("学生成绩修改成功！");
        m_ScoreSet.Close();    //关闭
        }
    }
    catch( CDBException *e )    //异常捕获
    {   e->ReportError();          return; }
        UpdateData(false);          //更新用户界面
        strSQL.Format("select*from SCORE order by StuID");
```

```
                ListAll(strSQL);                         //显示在列表视图
        }
```
- "查找"按钮的消息处理函数，代码如下：
```
        void CScoreODBCDlg::OnButtonSerch()
        {
            //TODO: Add your control notification handler code here
            UpdateData();
            CString strname,strvalue,strfield;
            switch(m_radio)                         //判断查询条件
            {
              case 0: strname="学号";strfield="StuID";        break;
              case 1: strname="姓名";strfield="StuName";       break;
              case 2: strname="班级";strfield="StuClass";      break;
            }
            CSearchDlg dlgs;                          //定义查询对话框对象
            dlgs.m_fieldname=strname;                 //查询对话框中的静态文本框标题赋值
            if(dlgs.DoModal()==IDOK)                  //打开查询对话框，如果确定按钮被按下
               strvalue=dlgs.m_fieldvalue;            //查询对话框中的输入条件值
            else return;
            CString strSQL;
            strSQL.Format("select * from SCORE WHERE %s='%s'",strfield,strvalue);
            CScoreSet m_ScoreSet;
            Try
            {   if(m_ScoreSet.IsOpen())
                    m_ScoreSet.Close();
                m_ScoreSet.Open(CRecordset::snapshot,strSQL);  //执行查询
                //判断数据库中是否有记录，如果没有则退出
                if(m_ScoreSet.GetRecordCount()==0)
                {
                    MessageBox("无此记录"); return;
                }
                else      //将查询出来的第一条记录显示在编辑区
                {   m_ScoreSet.MoveFirst();
                    m_stuname=m_ScoreSet.m_StuName;
                    m_stuid=m_ScoreSet.m_StuID;
                    m_stuclass=m_ScoreSet.m_StuClass;
                    m_usualscore=m_ScoreSet.m_UsualScore;
                    m_testscore=m_ScoreSet.m_TestScore;
                    m_totalscore=m_ScoreSet.m_TotalScore;
                    UpdateData(false);
                    ListAll(strSQL);                  //将查询出来的全部记录显示在列表视图中
                }
            }
            catch(CDBException *e)                     //异常捕获
            {   e->ReportError();return;}
        }
```
- ToExcel 按钮消息处理函数代码如下：
```
        void CScoreODBCDlg::OnToExcel()
        {//创建并将成绩的数据导出为 Excel 文件 ScoreExcel.xls
         //将列表视图中的列表项导出到 Excel 文件
         CDatabase DB;
         //Excel 安装驱动
         CString StrDriver="MICROSOFT EXCEL DRIVER(*.XLS)";
```

```
//要建立的 Excel 文件
CString StrExcelFile="D:\\2007VC++修订\\ScoreExcel.xls";
CString StrSQL;
StrSQL.Format("DRIVER={%s};DSN='';FIRSTROWHASNameS=1;READONLY=false;CR
EATE_DB=%s;DBQ=%s",StrDriver,StrExcelFile,StrExcelFile);
TRY
{   //创建 Excel 表格文件
    DB.OpenEx(StrSQL,CDatabase::noOdbcDialog);
    //创建表结构，字段名不能是 Index
    StrSQL="CREATE TABLE Score(学号 TEXT,姓名 TEXT,班级 TEXT,平时成绩
    NUMBER,期末成绩 NUMBER,总评成绩 NUMBER)";
    DB.ExecuteSQL(StrSQL);
    //插入数值
    for(int i=0;i<m_ListScore.GetItemCount();i++)
    {
    m_stuid=m_ListScore.GetItemText(i,0);
    m_stuname=m_ListScore.GetItemText(i,1);
    m_stuclass=m_ListScore.GetItemText(i,2);
    m_usualscore=atoi(m_ListScore.GetItemText(i,3));
    m_testscore=atoi(m_ListScore.GetItemText(i,4));
    m_totalscore=atoi(m_ListScore.GetItemText(i,5));
    StrSQL.Format("INSERT INTO Score (学号,姓名,班级,平时成绩,期末成绩,总
    评成绩) VALUES ('%s','%s','%s',%d,%d,%d)",m_stuid,m_stuname,m_stuclass,
    m_usualscore,m_testscore,m_totalscore);
    DB.ExecuteSQL(StrSQL);
    }
    //关闭数据库
    DB.Close();
}
CATCH(CDBException,e)
{
    TRACE1("没有安装 Excel 驱动：%s",StrDriver);
}
END_CATCH;
MessageBox("D:\\2007VC++修订\\ScoreExcel.xls文件创建成功!","信息提示",MB_OK);
}
```

在 ScoreODBCDlg.cpp 中添加文件包含命令#include "SearchDlg.h"，编译运行。

④ "查询"对话框类的设计与实现。选择 Insert 命令，在弹出的对话框中选择 Resource 命令，在弹出的对话框中选择 Dialog 选项，为该项目添加一个对话框资源，并改名为 IDD_SEARCH_DIALOG，按图 7-12 所示，布局查询对话框，各控件属性如表 7-14 所示。

图 7-12 "查询"对话框 IDD_SEARCH_DIALOG

利用类向导 ClassWizard 为该对话框资源创建一个新类 CSearchDlg，并对有关控件关联成员变

量，如表 7-14 所示。

表 7-14　查询对话框对象属性关联变量、消息处理函数

控　件	ID　号	Caption/其他属性	关　联　变　量	消息处理函数
静态文本	IDC_FIELDNAME	Static	CString　　m_fieldname	
编辑框	IDC_FIELDVALUE		CString　　m_fieldvalue	
命令按钮	IDOK	确定		OnOK()
命令按钮	IDCANCEL	取消		OnCancel()
对话框	IDD_SCOREODBC_DIALOG	查询		

⑤ "用户登录"对话框的设计实现。选择菜单 Insert→Resource 命令，在弹出的对话框中选择 Dialog 选项，为该项目添加一个对话框资源，并改名为 IDD_LOGIN_DIALOG，按图 7-13 所示设计用户登录对话框，各控件属性如表 7-15 所示。利用类向导 ClassWizard 为该对话框资源创建一个新类 CLoginDlg，并对有关控件关联成员变量，如表 7-15 所示。

图 7-13　"用户登录"对话框

表 7-15　"用户登录"对话框对象属性关联变量、消息处理函数

控　件	ID　号	Caption/其他属性	关　联　变　量	消息处理函数
编辑框	IDC_USERNAME		CString m_username	
编辑框	IDC_PASSWORD		CString m_userpswd	
单选按钮	IDC_TEACHER	教师	int m_usertype	
单选按钮	IDC_STUDENT	学生		
命令按钮	IDC_BUTTON_QUEDING	确定		OnButtonQueding()
命令按钮	IDCANCEL	取消		OnCancel()
对话框	IDD_LOGIN_DIALOG	用户登录		OnInitDialog()

然后，为对话框类 CLoginDlg 添加一成员变量 int m_loginnum，用做计数器，判断用户的登录次数。

修改对话框类 CLoginDlg 的构造函数，代码如下：

```
CLoginDlg::CLoginDlg(CWnd* pParent /*=NULL*/)    //构造函数
    : CDialog(CLoginDlg::IDD, pParent)
{
    //{{AFX_DATA_INIT(CLoginDlg)
```

```
        m-usertype=0;                         //用户类型默认为教师
        m_username=_T("");
        m_userpswd=_T("");
        m-loginnum=0;                         //登录次数初始化为 0
        //}}AFX_DATA_INIT
    }
```

编写对话框类 CLoginDlg 的初始化函数，代码如下：

```
    BOOL CLoginDlg::OnInitDialog()
    {
        CDialog::OnInitDialog();
        //TODO: Add extra initialization here
        UpdateData(false);
        return true;             //return true unless you set the focus to a control
    }
```

"确定"按钮的消息处理函数，代码如下：

```
    void CLoginDlg::OnButtonQueding()
    {
        //TODO: Add your control notification handler code here
        UpdateData();
        CLoginSet m_LoginSet;
        CString strSQL;
        strSQL.Format("select * from USER_PSWD where UserName='%s' and UserPswd=
'%s' ", m_username,m_userpswd);
        m_LoginSet.Open(AFX_DB_USE_DEFAULT_TYPE,strSQL);
        if(!m_LoginSet.IsEOF())
        {    OnOK();                          //关闭"用户登录"对话框
            CScoreODBCDlg dlg;
            dlg.m_UserType=m_usertype;       //传递用户类型
            dlg.DoModal();                   //打开主界面
        }
        else
        {
            m_loginnum++;                    //登录次数
            if(m_loginnum==3)                //允许输入 3 次，超过 3 次将退出
            { MessageBox("对不起，你是非法用户，退出系统");
            OnOK();}
            else
            MessageBox("用户名和密码输入有误，请重新输入");
        }
        CDialog::OnOK();
    }
```

在 LoginDlg.cpp 中加入文件包含命令：

```
    #include"ScoreODBCDlg.h"
    #include"LoginSet.h"
```

⑥ 修改主程序类 CScoreODBCApp 的 InitInstance()，将原来的 CScoreODBCDlg dlg 语句注释掉，添加语句 CLoginDlg dlg;，修改后代码如下：

```
    BOOL CScoreODBCApp::InitInstance()
    {
        …
        CLoginDlg dlg;
        //CScoreODBCDlg dlg;
        m_pMainWnd=&dlg;
        …
```

　　}

　　在 ScoreODBCApp.cpp 中添加文件包含命令 #include"LoginDlg.h"，编译运行。

　　至此，整个应用程序全部开发完成。编译并运行，结果如图 7-12 所示。

7.4　ADO 数据库开发技术

　　ADO（ActiveX Data Object）是 Microsoft 的数据库应用程序开发的新接口，是建立在 OLE DB 之上的高级数据库访问技术。ADO 技术基于 COM，具有 COM 组件的诸多优点，可以用来构造可复用应用框架，被多种语言支持，能够访问关系数据库、非关系数据库以及所有的文件系统。另外，ADO 还支持各种客户/服务器模式与基于 Web 的数据操作，具有远程数据服务 RDS（remote data service）的特性，是远程数据存取的发展方向。

7.4.1　ADO 对象模型

　　ADO 对象模型提供了 7 种对象，分别为：

　　（1）连接对象 Connection

　　通过连接可以从应用程序中访问数据源。连接时必须指定要连接的数据源以及连接所使用的用户名和用户密码。

　　（2）命令对象 Command

　　可以通过已建立的连接发出命令，从而对数据源进行指定操作。一般情况下，命令可以在数据源中添加、修改或删除数据，也可以检索数据。

　　（3）参数对象 Parameter

　　在执行命令时可以指定参数，参数可以在命令发布之前进行更改。例如，可以重复发出相同的数据检索命令，但是每一次指定的检索条件不同。

　　（4）记录集对象 Recordset

　　查询命令可以将查询结果储存在本地，这些数据以"行"为单位，返回数据的集合被称为记录集。

　　（5）字段对象 Field

　　一个记录集包涵一个或多个字段。每一字段（列）都包含名称、数据类型和值属性。

　　（6）错误对象 Error

　　错误可随时在程序中发生，通常是由于无法建立连接、执行命令或对某些状态的对象进行操作。

　　（7）属性对象 Property

　　每个 ADO 对象都有一组惟一的"属性"来描述或控制对象的行为。

　　ADO 集合是一种可方便地包含其他特殊类型对象的对象类型。使用集合方法可按名称或序号对集合中的对象进行检索。ADO 提供了 4 种类型的集合：

　　① Connection 对象具有 Errors 集合，包含为响应于数据源有关的单一错误而创建的所有 Error 对象。

　　② Command 对象具有 Parameters 集合，包含应用于 Command 对象的所有 Parameter 对象。

　　③ Recordset 对象具有 Fields 集合，包含 Recordset 对象中所有列的 Field 对象。

④ Connection 对象、Command 对象、Recordset 对象和 Field 对象都具有 Properties 集合，它包含各个对象的 Property 对象。

ADO 模型中常用的对象：Connection 对象、Command 对象、Recordset 对象，在使用这 3 个对象的时候，需要定义与之对应的 3 个智能指针，分别为_ConnectionPtr、_CommandPtr 和_RecordsetPtr，然后调用它们的 CreateInstance 方法实例化，从而创建这 3 个对象的实例。

7.4.2 _bstr_t 和_variant_t 类

在利用 ADO 进行数据库开发的时候，_bstr_t 和_variant_t 类很有用，这 2 个类省去了用户许多 BSTR 和 VARIANT 类型转换时遇到的麻烦。

COM 编程不使用 CString 类，因为 COM 必须设计成跨平台，它需要一种更普遍的方法来处理字符串以及其他数据类型，这也是 VARIANT 变量数据类型的来历。BSTR 类型也是如此，用来处理 COM 中的字符串。VARIANT 是一个巨大的 union 联合体，几乎包含了所有的数据类型，简单来说，_variant_t 是一个类，封装了 VARIANT 的数据类型，并允许进行强制类型转换。同样，_bstr_t 是对 BSTR 进行了封装的类。有了这两个类，开发 ADO 程序将得到很大的方便。在后面的例子中，将介绍它们的使用方法。

7.4.3 引入 ADO 库

在 Visual C++中使用 ADO 开发数据库之前，需要引入 ADO 库。可以在 StdAfx.h 文件末尾处引入 ADO 库文件，方法如下：

```
#import "c:\Program Files\common files\system\ado\msado15.dll" no_namespace \
rename("EOF","adoEOF")  rename("BOF","adoBOF")
```

使用预处理指令 import 使程序在编译过程中引入 ADO 动态库（msado15.dll）。no_namespace 表明不使用命令空间。rename("EOF","adoEOF")表明把 ADO 中用到的 EOF 改名为 adoEOF，防止发生命名冲突。

利用应用程序向导进行 ADO 数据库开发的时候，需要在程序向导的第二步，选择 **Automation** 选项，使应用程序能够支持自动化。

7.4.4 连接到数据库

在能够使用 ADO 对象之前，必须为应用程序初始化 COM 环境。要完成这一任务，可以通过调用 CoInitialize API 函数，并传递 NULL 作为唯一的参数，代码如下：

```
::CoInitialize(NULL);
```

如果应用程序中漏了这行代码，或是没有把它放在开始和对象交互之前，当运行应用程序时，将得到一个 COM 错误。

当完成所有的 ADO 活动时，还必须通过调用函数 CoUnitialize 关闭 COM 环境，代码如下：

```
CoUnitialize();
```

这个函数可清除 COM 环境，并准备关闭应用程序。

当初始化 COM 环境后，就可以创建与数据库的连接。建立数据库的连接需要使用连接对象

Connection。首先定义一个_ConnectionPtr 类型指针，然后调用 CreateInstance 方法实例化，代码如下：

```
_ConnectionPtr m_pConnection;
m_pConnection.CreateInstance(_uuidof(Connection));
```

之后，调用 Connection 对象的 Open 方法创建数据库的连接，Open 函数的原型如下：

```
HRESULT  Open(
        _bstr_t ConnectionString,
        _bstr_t UserID,
        _bstr_t Password,
        long Options);
```

其中，ConnectionString 是连接字符串，UserID 是访问数据库的用户名，Password 是密码，Options 是连接选项。如果 ConnectionString 中包含了用户名和密码等信息，则相应的参数可以省略。如果设置了 Connection 对象的 ConnectionString 属性，Open 方法就不用设置参数了。Options 的值如表 7-16 所示。

表 7-16　Options 常量

常 量	意 义	常 量	意 义
adModeUnknown	默认，表示当前的许可权设置	adModeShareDenyRead	阻止其他 Connection 对象已读权限打开连接
adModeRead	只读	adModeShareDenyWrite	阻止其他 Connection 对象已写权限打开连接
adModeWrite	只写	adModeShareExclusive	阻止其他 Connection 对象打开连接
adModeReadWrite	可以读写	adModeShareDenyNone	允许其他程序或对象以任何权限建立连接

ADO 可以连接许多数据库供应商提供的数据源，尽管这些供应商有自己不同的特点，但是 ADO 使用相同的编程模型，这也是 ADO 强大和灵活的一个地方。例如，要连接一个 Oracle 数据库，数据库的本地服务名为 ORADB，数据库用户名为 db1，密码为 db1，则可以使用如下的代码：

```
m_pConnection. CreateInstance(_uuidof(Connection)); //创建连接对象实例
m_pRecordset. CreateInstance(_uuidof(Recordset));   //创建记录集对象实例
m_pCommand. CreateInstance("ADODB.Command");        //创建命令对象实例
try
{
    _bstr_t
  strConnect="Provider=OraOLEDB.Oracle.1; Password=db1;UserID=db1;
  Data Source=ORADB;Persist Security Info=true";
    m_pConnection->Open(strConnect,"","", -1);       //打开连接
  }
catch(_com_error e)                                  //处理异常
{
    AfxMessageBox(e.ErrorMessage());
  }
```

代码中使用了 try 和 catch 来处理异常，如果不处理，ADO 的异常有可能使程序崩溃，所以一定要捕捉_com_error 异常。代码中使用的 OLEDB 供应商为 Oracle Provider for OLE DB，如果采用微软提供的供应商 Microsoft OLEDB Provider for Oracle 的驱动程序，则更改 Provider=MSDAORA.1，其他参数不变。

7.4.5　查询记录

利用 ADO 查询数据库的记录，需要使用记录集对象 Recordset。首先定义一个_RecordsetPtr

类型的指针，然后实例化，代码如下：

```
RecordsetPtr m_pRecordset;
m_pRecordset.CreateInstance(_uuidof(Recordset));
```

再调用 Recordset 对象的 Open 方法打开记录集，Open 函数的原型如下：

```
HRESULT Open(
    const _variant_t&Source,
    const _variant_t&ActiveConnection,
    enum CursorTypeEnum CursorType,
    enum LockTypeEnum LockType,
    long Options);
```

其中，Source 是记录源，它可以是一个 Command 对象、一条 SQL 语句、一个表或者一个存储过程。ActiveConnection 指定相应的 Connection 对象。CursorType 指定打开 Recordset 时使用的游标类型，它的值见表 7-17 所示。LockType 指定打开 Recordset 时使用的锁定类型，常用属性值见表 7-18。Options 指定 Source 参数的类型，常用属性值见表 7-19。

表 7-17　常用 Cursor 的值

常　　量	对应的枚举值	说　　　　明
adOpenUnspecified	—1	不作特别指定
adOpenForwardOnly	0	默认值，打开仅向前类型游标
adOpenKeyset	1	打开键集类型游标
adOpenDynamic	2	打开动态类型游标
adOpenStatic	3	打开静态类型游标

表 7-18　常用 Lock 的值

常　　量	对应的枚举值	说　　　　明
adLockUnspecified	—1	不作特别指定
adLockReadOnly	1	只读记录集
adLockPessimistic	2	悲观锁定方式，数据在更新时锁定其他所有动作
adLockOptimistic	3	乐观锁定方式，只有在调用 Update 方法时才锁定记录
adLockBatchOptimistic	4	乐观分批更新。编辑时记录不会锁定，更改、插入及删除是在批处理模式下完成的

表 7-19　常用 Options 的值

常　　量	说　　　　明
AdCmdText	将 Source 作为命令的文本定义
adCmdTable	生成 SQL 查询从在 Source 中命名的表中返回所有行
adCmdTableDirect	直接从在 Source 中命名的表中返回所有行
adCmdStoredProc	将 Source 视为存储过程
adCmdUnknown	Source 参数中的命令类型未知
adCmdFile	从在 Source 中命名的文件中恢复保留 Recordset

利用 Open 方法打开记录集之后，就可以遍历打开的记录集和获取记录集中的字段值。遍历记录的时候，利用 adoEOF()判断记录集是否到达末尾，如果没有，可以继续访问记录集，否则退出

While 循环。有 3 种方式获取记录的字段值，一种是采用 GetCollect()，要获取某一字段的值，只需指定字段的名称或者字段的序号（从 0 开始）。另两种方式相同，都使用字段对象 Field，并且对应字段对象的 GetItem 方法。要获取某一字段，只需指定字段的名称或者字段的序号（从 0 开始），然后取字段的 Value 值或者从 GetValue() 返回的值得到数据表中的某一字段值。

下面一段代码可以实现对 STUDENT 表的查询：

```
try
{
    CString strSql="select * from STUDENT";
    BSTR bstrSQL=strSql.AllocSysString();
    m_pRecordset->Open(bstrSQL,(Idispatch*)m_pConnection,adOpenDynamic,
    adLockOptimistic,adCmdText);
    int nID,nSex,nAge;
    CString strName;
    int i=0;
    while(!m_pRecordset->adoEOF)
    {
      i++;
      _Variant_t theValue;
      //获取记录号
      theValue=m_pRecordset->Fields->GetItem("ID")->GetValue();
      if(theValue.vt!=VT_NULL)
          nID=theValue.iVal;
      //获取学生姓名
      theValue=m_pRecordset->GetCollect("NAME");
      if(theValue.vt!=VT_NULL)
          strName=(char *)_bstr_t(theValue);
      //获取学生年龄
      theValue=m_pRecordset->Fields->GetItem("AGE")->Value();
      if(theValue.vt!=VT_NULL)
          nAge=theValue.iVal;
    CString strField;
    StrField.Format("The Record %d Values:%s,%d\r\n",nID,strName, nAge);
    AfxMessageBox(strField);
    m_pRecordset->MoveNext();
    }
    m_pRecordset->Close();
}
catch(_com_error e)
{
    AfxMessageBox(e.ErrorMessage());
}
```

7.4.6 添加记录

ADO 技术提供了 3 种添加记录的方法，一是使用连接对象的 Execute 方法，二是使用命令对象的 Execute 方法，三是使用记录集对象的 AddNew 方法。

使用记录集对象添加记录，首先使用 AddNew 方法告知数据库要添加新的数据，然后利用 GetItem 方法获取记录的字段，并设置字段对象的 Value 值，或者利用 PutValue 方法设置字段值，最后使用记录集的 Update 方法将数据更新到数据库。

下面的代码可以实现向数据表 STUDENT 中，添加一条学生学号为 200302015，姓名为"王晶晶"，性别为"女"，年龄为 22 的记录。

```
Try
{
    CString strSql="select * from STUDENT";
    BSTR bstrSQL=strSql.AllocSysString();
    m_pRecordset->Open(bstrSQL,(Idispatch*)m_pConnection,adOpenDynamic,
                        adLockOptimistic, adCmdText);

    //添加记录
    m_pRecordset->AddNew();
    m_pRecordset->Fields->GetItem("AGE")->Value=(short)22;
    m_pRecordset->Fields->GetItem("NAME")->Value=_bstr_t("王晶晶");
    m_pRecordset->Fields->GetItem("STUID")->Value=_bstr_t("200302015");
    m_pRecordset->Fields->GetItem("SEX")->Value=_bstr_t("女");
    //更新数据库
    m_pRecordset->Update();
    m_pRecordset->Close();
}
catch(_com_error e)
{
    AfxMessageBox(e.ErrorMessage());
}
```

7.4.7 修改记录

与添加记录一样，既可以使用连接对象的 Execute 方法，也可以使用命令对象的 Execute 方法，还可以使用记录集对象进行操作来修改记录，下面重点介绍使用记录集对象修改记录的方法和步骤。

首先打开记录集，然后修改记录集中的相应的字段值，最后调用 Update 方法，将修改后的数据更新到数据库中。

下面的代码可以将学生表 STUDENT 中的 ID 号为 1 的记录进行修改。

```
try
{
    CString strSql="select * from STUDENT where ID=1";
    BSTR bstrSQL=strSql.AllocSysString();
    m_pRecordset->Open(bstrSQL,(Idispatch*)m_pConnection,adOpenDynamic,
                        adLockOptimistic, adCmdText);
    //修改记录的值
    m_pRecordset->Fields->GetItem("AGE")->Value=(short)20;
    m_pRecordset->Fields->GetItem("NAME")->Value=_bstr_t("孙楠");
    m_pRecordset->Fields->GetItem("STUID")->Value=_bstr_t("200302022");
    m_pRecordset->Fields->GetItem("SEX")->Value=_bstr_t("女");
    //更新数据库
    m_pRecordset->Update();
    m_pRecordset->Close();
}
catch(_com_error e)
{
    AfxMessageBox(e.ErrorMessage());
}
```

7.4.8　删除记录

与添加记录一样，既可以使用连接对象的 Execute 方法，也可以使用命令对象的 Execute 方法，还可以使用记录集对象的 Delete 方法删除记录，下面介绍使用命令对象删除记录的方法和步骤。

在使用命令对象实现数据库的操作之前，需要定义一个_CommandPtr 类型的指针，然后实例化，代码如下：

```
_CommandPtr m_pCommand;
m_pComand.CreateInstance("ADODB.Command");
```

之后设置命令对象的活动连接属性和命令属性。设置活动连接 ActiveConnection 使之指向已打开的数据库连接，设置命令文本 CommandText 为要删除记录的 SQL 语句，最后调用 Execute 方法实现数据库的删除操作。

下面的代码可以将学生表 STUDENT 中的 ID 号为 5 的记录进行删除。

```
try
{
    _variant_t  vNULL;
    vNULL.vt=VT_ERROR;
    vNULL.scode=DISP_E_PARAMNOTFOUND;
    m_pCommand->ActiveConnection=m_pConnection;
    m_pCommand->CommandText="delete STUDENT where ID=5";
    m_pRecordset=m_pCommand->Execute(&vNULL,&vNULL,adCmdText);
}
catch(_com_error e)
{
    AfxMessageBox(e.ErrorMessage());
}
```

7.5　ADO 数据绑定技术

ADO 数据绑定技术就是利用 Visual C++ Extensions 进行 ADO 编程，提供了把数据库中的数据直接读取到本地变量的一个接口（IADORecordBinding 接口），从而绕开复杂的数据类型转换。ADO 数据绑定技术将会使用户的编程工作变得轻松和高效。

7.5.1　IADORecordBinding 接口简介

Visual C++ Extensions for ADO 把 RecordSet 记录集中的字段绑定到 C/C++变量中。一旦当前行的数据发生改变，数据将被立即复制到绑定的 C/C++变量中。根据需要，数据被转换到指定的 C/C++数据类型。

IADORecordBinding 接口的 BindToRecordset 方法用来实现数据库字段到本地 C/C++变量之间的绑定。如果要新增一条记录，可以使用 AddNew 方法。而 Update 方法把绑定的 C/C++变量数据更新到数据库中。

7.5.2 绑定单元简介

Visual C++ Extensions for ADO 把 RecordSet 对象的字段类型映射到本地的 C/C++变量中，把这种从一个数据库字段映射到一个 C/C++变量之间的过程定义为一个绑定单元（binding entry）。绑定单元由宏来完成，可以绑定的类型包括数值型、定长数据类型和可变长的数据类型。绑定的基本流程是：定义派生类，其父类为 CADORecordBinding，在类中使用特定的宏来实现数据绑定，然后在类中声明相应的 C/C++变量。

宏 BEGIN_ADO_BINDING(Class)和 END_ADO_BINDING 界定了一组绑定接口，其中 Class 是数据绑定类的名称。

绑定接口中的宏提供了对定长类型数据 ADO_FIXED_LENGTH_ENTRY、数值型数据 ADO_NUMERIC_ENTRY、变长类型数据 ADO_VARIABLE_LENGTH_ENTRY 的支持，不同类型的数据使用不同的绑定宏。这 3 种类型数据的绑定宏格式如下：

1．定长类型的数据绑定格式

定长类型的数据绑定格式有 2 种：

```
ADO_FIXED_LENGTH_ENTRY(Ordinal,DataType,Buffer,Status,Modify)
ADO_FIXED_LENGTH_ENTRY2(Ordinal,DataType,Buffer,Modify)
```

这两种绑定格式用来处理诸如 adSmallInt、adBinary、adBigInt、adUnsignedInt 等定长数据类型的绑定。

2．数值型数据绑定格式

数值型的数据绑定格式有 2 种：

```
ADO_NUMERIC _ENTRY(Ordinal,DataType,Buffer,Precision,Scale,Status,Modify)
ADO_NUMERIC _ENTRY2(Ordinal,DataType,Buffer, Precision,Scale,Modify)
```

这 2 种绑定格式用来处理诸如 adDouble、adDecimal 等浮点型的数据非常方便，对于定长数据类型的 adInteger 等也可以处理。

2．变长类型的数据绑定格式

变长类型的数据绑定格式有 4 种：

```
ADO_VARIABLE_ LENGTH _ENTRY(Ordinal,DataType,Buffer,Size,Status,
                    Length, Modify)
ADO_VARIABLE_ LENGTH _ENTRY2(Ordinal,DataType,Buffer,Size,Status, Modify)
ADO_VARIABLE_ LENGTH _ENTRY3(Ordinal,DataType,Buffer,Size,Length, Modify)
ADO_VARIABLE_ LENGTH _ENTRY4(Ordinal,DataType,Buffer,Size,Modify)
```

这 4 种绑定格式非常方便地处理字符串类型，如 adChar, adVarChar 以及 adVarBinary。
下面说明各参数。

- Class：绑定接口和 C/C++变量定义所在的类。
- Ordinal：序数类型，对应数据库中字段的序号（从 1 开始）。
- DataType：ADO 的数据类型。
- Buffer：用来存储字段值的 C++变量。
- Size：变量的最大字节数，对于变长类型的字符串，需要有保存结束符"\0"的空间。

- Status：状态位。指示 Buffer 内容的有效性和转换是否成功。有两个非常重要的值，一个是 adFldOK，表明转换是成功的；另一个是 adFldNull，表明字段值为空。
- Modify：布尔类型。如果值为 true，表明 ADO 允许更新绑定数据；如果值为 false，表明数据是只读的。
- Precision：数值类型数据的精度。
- Scale：数值类型的小数位数。
- Length：一个四字节的变量，保存数据的实际长度。

7.5.3 创建数据绑定类

在使用 Visual C++ Extensions for ADO 进行数据库开发的时候，需要引入 icrsint.h 头文件，此文件包含了 Visual C++ Extensions for ADO 的定义。方法如下：

```
#import"c:\Program Files\common files\system\ado\msado15.dll" no_namespace
        Rename("EOF","adoEOF")
    #include<icrsint.h>
```

在实际项目开发中，为了方便，可以把这两个预处理命令放在 StdAfx.h 文件的末尾处。这样在创建数据库绑定类时，只需引用 StdAfx.h 头文件就可以了。由于 Visual C++ Extensions 的实现是建立在记录集 Recordset 对象上的，正如记录集对象调用 AddNew 方法添加记录和 Update 方法更新记录一样，IADORecordBinding 接口也提供了相应的方法，使用 AddNew 方法添加记录，以及 Update 方法更新记录。

定义一个访问 STUDENT 表的数据绑定类，代码如下：

```
#include"stdafx.h"
_COM_SMARTPTR_TYPEDEF(IADORecordBinding,__uuidof(IADORecordBinding));
inline void TESTHR(HRESULT _hr)        //异常处理
 {
     if FAILED(_hr)_com_issue_error(_hr);
 }
class CStudentRs:public CADORecordBinding
{   //访问 STUDENT 表的数据绑定类 CStudentRs
    BEGIN_ADO_BINDING(CStudentRs)
    ADO_VARIABLE_LENGTH_ENTRY2(1,adVarChar,m_stuid,sizeof(m_stuid),
                            m_stuidStatus,true)
    ADO_VARIABLE_LENGTH_ENTRY2(2,adVarChar,m_name,sizeof(m_name),
                            m_nameStatus,true)
    ADO_VARIABLE_LENGTH_ENTRY2(3,adVarChar,m_sex,sizeof(m_sex),
                            m_sexStatus,true)
    ADO_VARIABLE_LENGTH_ENTRY2(5,adVarChar,m_subject,
                        sizeof(m_subject),m_subjectStatus,true)
    ADO_FIXED_LENGTH_ENTRY(4,adInteger,m_age,m_ageStatus,true)
  END_ADO_BINDING()

public:
  char  m_stuid[12];                  //与表的字段相对应的变量
  char m_name[12];
  char m_sex[4];
  char m_subject[12];
  int  m_age;
  ULONG m_stuidStatus;                //状态变量
```

```
ULONG m_nameStatus;
ULONG m_ageStatus;
ULONG m_sexStatus;
ULONG m_subjectStatus;
};
```

7.5.4　查询记录

利用数据绑定类能非常方便地获取已打开记录集的字段值。在利用数据绑定类查询记录时，需要用到记录集对象打开需要查询的记录集，然后利用IADORecordBinding接口的BindToRecordset方法将打开的记录集和数据绑定类绑定起来，这样就可以通过访问数据绑定类成员的方法来访问记录集中的字段值。如查询表STUDENT所有记录的代码如下：

```
_ConnectionPtr m_pConnection;                          //连接指针
_RecordsetPtr m_pRecordset;                            //记录集指针
IADORecordBindingPtr  picRs;                           //绑定接口指针
CStudentRs rs;                                         //数据绑定对象
try
{
    m_pConnection.CreateInstance("ADODB.Connection");
     //打开本地Access库studentDB.mdb
    m_pConnection->Open("Provider=Microsoft.Jet.OLEDB.4.0;Data Source=
    studentDB.mdb","","",adModeUnknown);
     //创建记录集对象
    m_pRecordset.CreateInstance(_uuidof(Recordset));
    m_pRecordset->Open("SELECT * FROM STUDENT",  //打开记录表student
                   m_pConnection.GetInterfacePtr(),
                   adOpenDynamic,
                   adLockOptimistic,
                   adCmdText);
     //获取记录绑定接口指针
    m_pRecordset->QueryInterface(_uuidof(IADORecordBinding),(LPVOID*)&picRs);
    TESTHR(picRs->BindToRecordset(&rs));               //将数据绑定类绑定到记录集
    int i=0;
    int nID,nAge;
    CString strName;
    while(!m_pRecordset->adoEOF)
    {
      i++;
      nID=rs. m_idStatus==adFldOK ? rs.m_id:0;                 //获取ID字段的值
      strName=rs.m_nameStatus==adFldOK?rs.m_name: "" ;    //获取姓名字段的值
      nAge=rs. m_ageStatus==adFldOK ? rs.m_age:0;             //获取年龄字段的值
      CString strField;
      strField.Format("The record %d values: %d, %s, %d\r\n",I,nID,strName, nAge);
      TRACE(strField);
      m_pRecordset->MoveNext();}
}
catch(_com_error e)
{
    AfxMessageBox(e.ErrorMessage());
}
```

7.5.5　添加记录

ADO 数据绑定技术是利用 IADORecordBinding 接口的 AddNew 方法将新数据添加到数据库中的。首先利用记录集对象打开需要操作的数据表，并利用 IADORecordBinding 接口的 BindToRecordset 方法将打开的记录集和数据绑定类绑定起来，然后设置数据绑定类成员的值，最后调用 IADORecordBinding 接口的 AddNew 方法将数据添加到数据库中。

在表 STUDENT 中添加一条记录的代码如下：

```
try
{
    CStudentRs rs;
    IADORecordBindingPtr picRs(m_pRecordset);
    m_pRecordset->Open("SELECT * FROM STUDENT",
        _ variant_ t((Idispatch*)m_pConnection,true),
        adOpenStatic,
        adLockOptimistic,
        adCmdText);
     //数据绑定
    TESTHR(picRs->BindToRecordset(& rs));
    rs.m_age=20;
    strcpy(rs.m_name,(LPCTSTR)"王芳");
    strcpy(rs.m_sex ,(LPCTSTR)"女");
    strcpy(rs.m_stuid ,(LPCTSTR)"20040201");
    strcpy(rs.m_subject,(LPCTSTR)"计算机应用");

    TESTHR(picRs->AddNew(&rs));
    TESTHR (picRs->Update(&rs));
    }
catch(_com_errore)
{
    AfxMessageBox(e.ErrorMessage());
}
```

7.5.6　修改记录

ADO 数据绑定技术是利用 IADORecordBinding 接口的 Update 方法把数据更新到数据库中的。首先利用记录集对象打开需要操作的数据表，并利用 IADORecordBinding 接口的 BindToRecordset 方法将打开的记录集和数据绑定类绑定起来，然后修改数据绑定类成员的值，最后调用 IADORecordBinding 接口的 Update 方法将数据更新到数据库中。

修改表 STUDENT 中 ID 号为 6 的学生记录的代码如下：

```
try
{
    CStudentRs rs;
    IADORecordBindingPtr  picRs(m_pRecordset);
    m_pRecordset->Open("SELECT * FROM STUDENT  where ID=6",
        variant_ t((Idispatch*)m_pConnection,true),
        adOpenStatic,
        adLockOptimistic,
        adCmdText);
    //数据绑定
```

```
        TESTHR(picRs->BindToRecordset(&rs));
        rs.m_age=23;
        strcpy(rs.m_name,"李小龙");

        TESTHR(picRs->Update(&rs));
        }
catch(_com_error e)
{
    AfxMessageBox(e.ErrorMessage());
}
```

与 Connection 对象、Command 对象、Recordset 对象相对应的是3个智能指针,分别是_ConnectionPtr、_CommandPtr 和_RecordsetPtr,它们提供了 ADO 与数据库之间的接口。

7.6 开发 ADO 应用程序示例

用 ADO 开发数据库应用程序,有 2 种方法,一是使用 ADO Data 控件,这种方法简单,用户只需写相对较少的代码,甚至不写一行代码,可以实现对数据库的访问。其缺点是效率比较低,用户对程序的控制比较弱,不能充分发挥 ADO 的强大功能;另一种方法是直接使用 ADO 对象,这种方法可以非常灵活地控制程序的细节,而且效率、性能很高,可以充分发挥 ADO 的特性。

7.6.1 用 ADO Data 控件开发数据库应用程序

用这种方法开发数据库应用程序时,经常使用的 3 个数据库访问控件,分别是:

① ADO Data 控件。

② DataList 控件/DataCombo 控件。

③ DataGrid 控件。

【例 7.2】ADO Data 控件开发数据库示例。

下面以 ACCESS 数据库为例,介绍用 ADO Data 控件开发数据库应用程序的方法和步骤。该系统的主要功能管理学生基本信息,包括:在 DataGrid 表格中显示学生的主要信息;添加、修改、删除学生数据。运行界面如图 7-14 所示。

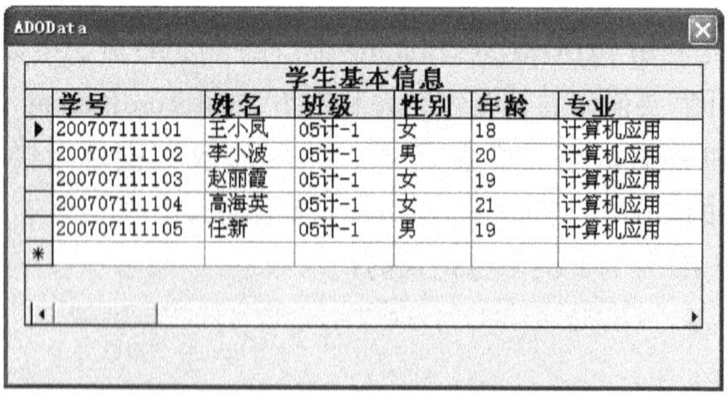

图 7-14   DataGrid 控件运行结果

① 创建数据库,打开 ACCESS 数据库 StudentDB.mdb,添加一张新表 STUDENT,其结构如表 7-20 所示。

② 创建一个基于对话框的工程,工程名 ADOData。

表 7-20　学生信息表（student）及其结构

序　号	字 段 名 称	数 据 类 型	字 段 大 小	字 段 含 义
1	ID	数字	自动编号	记录号
2	StuID	文本	12	学号
3	StuName	文本	10	姓名
4	StuClass	文本	10	班级
5	sex	文本	2	性别
6	subject	文本	18	专业
7	age	数字	整型	年龄

记 录 号 ID	学　号 StuID	姓　名 StuName	班　级 StuClass	性　别 sex	专　业 Subject	年 龄 age
1	200507111101	王小凤	05 计-1	女	计算机应用	18
2	200507111102	李小波	05 计-1	男	计算机应用	20
3	200507111103	赵丽霞	05 计-1	女	计算机应用	19
4	200507111104	高海英	05 计-1	女	计算机应用	21
5	200507111105	任新	05 计-1	男	计算机应用	19

③ 添加 ADO Data 控件和 DataGrid 控件。选择 Project→Add to Project→Components and Controls 命令，弹出 "Components and Controls Gallery" 对话框，双击 "Registered ActiveX Controls" 目录，可以看到已经注册的 ActiveX 控件，如图 7- 15 所示。

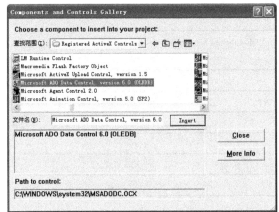

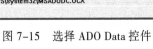

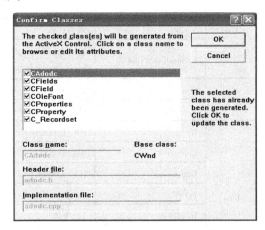

图 7-15　选择 ADO Data 控件　　　　　图 7-16　打开 "Confirm Classes" 窗口

双击 Microsoft ADO Data Control, version 6.0(OLEDB)，将会弹出一个提示对话框，询问用户是否插入控件，单击 "确定" 按钮，打开 Confirm Classes 窗口，如图 7-16 所示。

为了使用户能够在工程中使用 ADO Data 控件，系统将在工程中自动添加 7 个类，包括 CAdodc、CFields、CField、COleFont、CProperties、CProperty 和 C_Recordset。其中 C_Recordset 是记录集类，CFields 是字段组类，CField 是字段类，它们是 ADO Data 控件中比较常用的类。

单击 OK 按钮，返回 7.15 所示的对话框，再单击 Close 按钮，关闭窗口。可以看到，在控件工具栏中新增了一个图标，这就是 ADO Data 控件，如图 7-17 所示。

用同样的方法添加 Microsoft DataGrid Control, version 6.0(OLEDB)，系统将在工程中自动添加10 个类，包括 CdataGrid、Ccolumn、Csplit、CdataFormDisp、CstdDataFormatsDisp、Ccolumn 和 Csplits、ColeFont、CselBookmarks 和 Cpicture 等。之后，可以看到，在控件工具栏中新增了一个按钮图标，这就是 DataGrid 控件，如图 7-17 所示。

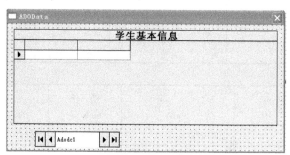

图 7-17　在控件工具栏中的 ADO Data
控件和 DataGrid 控件

图 7-18　对话框 IDD_ADODATA_DIALOG
的界面布局

④ 按图 7-18 所示，设计对话框界面。各控件属性如表 7-21 所示。

表 7-21　设置控件的属性

控件类型	属　性	属　性　值
ADO Data	ID	IDC_ADODC1
	Visible	取消选择
	Connection String	Provider=Microsoft.Jet.OLEDB.4.0;Data Source=D:\VC++\studentDB.mdb; Persist Security Info=false
ADO Data	CommandType	1—Text CommandType
	RecordSource	SELECT *FROM STUDENT
Data Grid	ID	IDC_DATAGRID1
	Caption	学生基本信息
	DataSource	IDC_ADODC1
	FONT	12
	HeadFont	14 粗体
	AllowAddNew	true
	AllowDelete	true
	AllowUpdate	true

说明：在对话框中添加 ADO Data 控件，设置其属性。

⑤ 为 ADO Data 控件添加成员变量 m_adodc，类型为 CAdodc；为 DataGrid 控件添加成员变量m_datagrid，类型为 CDataGrid。

⑥ 为对话框类 CADODataDlg 添加 OnInitDialog 函数，用于设置 ADO Data 控件的数据源和 DataGrid 控件的列宽度。代码如下：

```
BOOL CADODlg::OnInitDialog()
{
    CDialog::OnInitDialog();
    …
    //TODO: Add extra initialization here
    //设置ADO Data控件的数据源，将列名用汉字显示
    m_adodc.SetRecordSource("Select ID, stuID AS 学号, name AS 姓名,sex AS
    性别, age AS 年龄,subject AS 专业 FROM STUDENT");
    m_adodc.Refresh();         //刷新结果集的内容
    //设置列宽度
    _variant_t vIndex;
    vIndex=long(0);            //将整型值转换为_variant_t类型
    m_datagrid.GetColumns().GetItem(vIndex).SetWidth(30);
    vIndex=long(1);
    m_datagrid.GetColumns().GetItem(vIndex).SetWidth(100);
    vIndex=long(2);
    m_datagrid.GetColumns().GetItem(vIndex).SetWidth(80);
    vIndex=long(3);
    m_datagrid.GetColumns().GetItem(vIndex).SetWidth(60);
    vIndex=long(4);
    m_datagrid.GetColumns().GetItem(vIndex).SetWidth(60);
    vIndex=long(5);
    m_datagrid.GetColumns().GetItem(vIndex).SetWidth(100);

    return true;  //return true unless you set the focus to a control
}
```

注意：

① 为了设置 DataGrid 控件的列宽，需要使用控件自带的类 CColumn 和 CColumns，因此，需在对话框类的源文件 ADODataDlg.cpp 中添加文件包含命令：

```
#include"column.h"
#include"columns.h"
```

② CColumns::GetItem(const VARIANT& Index)的参数是 VARIANT 类型的，VARIANT 是一个结构化的数据类型，包含了一个成员值及其数据类型的表示。VC++使用**_variant_t** 类封装并管理 VARIANT 这一数据类型。而_variant_t 类是在 COMDEF.H 中定义的，为了使用**_variant_t**类，需要在源文件 ADODataDlg.cpp 中添加文件包含命令：

```
#include "COMDEF.H"
```

③ 通过设置 CColumn::SetWidth()的参数来调整列宽。如果参数值为 0，则可以隐藏指定列。

连编该项目，可以实现对数据库的浏览、修改、删除、添加等基本功能。

7.6.2 使用 ADO 对象开发数据库应用程序

ADO 对象编程模型：

① 初始化 OLE/COM 库环境。

② 引入 ADO 库文件。

③ 用 3 个智能指针进行数据库操作，connection 对象连接数据库。

④ 利用建立好的连接，通过 connection、Command 对象执行 SQL 命令，并取得结果记录集。

⑤ 记录集的遍历、更新。

⑥ 断开连接，结束。

【例 7-3】ADO 对象开发数据库示例。

下面以 ACCESS 数据库学生信息管理系统为例，介绍用 ADO 对象开发数据库应用程序的方法和步骤。该系统的主要功能包括：显示学生的主要信息；添加、修改、删除学生数据。运行界面如图 7-19 所示。

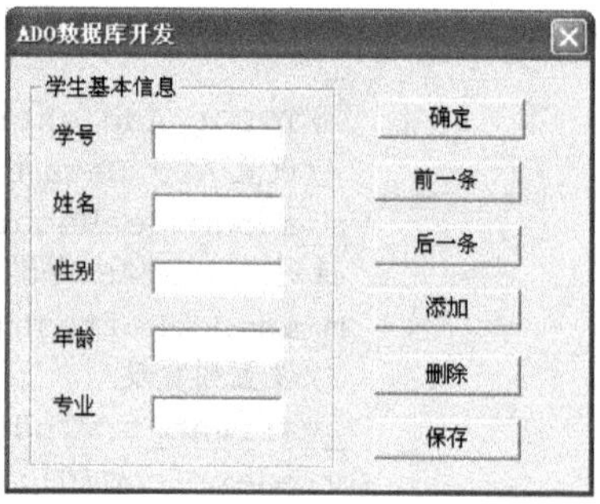

步骤如下：

① 新建一个基于对话框的工程 ADO。

② 编辑对话框资源，如图 7-19 所示，并按照表 7-21 设置各控件属性，通过 ClassWizard 生成各个控件对应的变量。

图 7-19　ADO 数据库操作对话框

表 7-22　控件及其对应的变量

控件 ID	Caption 属性	控件类型	关联变量	变量类型
IDC_STUID_EDIT		Edit	m_stuid	CString
IDC_NAME_EDIT		Edit	m_name	CString
IDC_SEX_EDIT		Edit	m_sex	CString
IDC_AGE_EDIT		Edit	m_age	int
IDC_SUBJECT_EDIT		Edit	m_subject	CString
IDC_PREV_BUTTON	前一条	Button		
IDC_NEXT_BUTTON	后一条	Button		
IDC_ADD_BUTTON	增加	Button		
IDC_DEL_BUTTON	删除	Button		
IDC_UPDATE_BUTTON	保存	Button		

③ 在文件 Stdfx.h 文件中增加引入 ADO 库的代码。

```
#import "c:\program files\common files\system\ado\msado15.dll" no_namespace
    rename("EOF", "adoEOF") rename("BOF","adoBOF")
```

④ 在程序类 CADOApp 中声明连接对象，访问类型为 Public：

```
public:
_ConnectionPtr m_pConnection;
```

⑤ 初始化程序例程，在程序类 CADOApp 的 InitInstance 函数中，初始化 COM 环境，创建连接对象。其代码如下：

```
BOOL CADObApp::InitInstance()
{
    …
    /////////////////////////////////////////////////
    ::CoInitialize(NULL);
    //在 ADO 操作中建议语句中要常用 try...catch() 来捕获错误信息，
```

```
    //因为它有时会经常出现一些想不到的错误
    try
    {
        //创建连接对象
        m_pConnection.CreateInstance("ADODB.Connection");
        //打开本地 Access 库 studentDB.mdb
        m_pConnection->Open("Provider=Microsoft.Jet.OLEDB.4.0;Data Source=D:
        \\vc++\\ADO\\studentDB.mdb","","",adModeUnknown);
    }
    catch(_com_error e)
    {
        AfxMessageBox("数据库连接失败，确认数据库路径是否正确!");
        return false;
    }
    …
    }
```

⑥ 在对话框类 CADODlg 中声明记录集对象，访问类型为 Protected。

```
    protected:
    _RecordsetPtr m_pRecordset;
```

⑦ 初始化对话框。在函数 BOOL CADODlg::OnInitDialog()中，创建记录集对象，打开记录集，并调用函数 DispRecord()将数据显示出来。代码如下：

```
    BOOL CADODlg::OnInitDialog()
    {
        CDialog::OnInitDialog();
        …
        //TODO: Add extra initialization here
        //在 ADO 操作中建议语句中要常用 try…catch()来捕获错误信息，
        //因为它有时会经常出现一些想不到的错误
    try
    {
        m_pRecordset.CreateInstance(__uuidof(Recordset));
        m_pRecordset->Open("SELECT * FROM STUDENT",
        theApp.m_pConnection.GetInterfacePtr(),
        adOpenDynamic,adLockOptimistic,    adCmdText);
    }
     catch(_com_error e)    //处理异常
    {
        AfxMessageBox("不能打开记录集");
    }

    DispRecord();

    return true;                //return true  unless you set the focus to a control
    }
```

注意：为了能够访问到程序类中的连接对象，需要在对话框类的定义之前，加上一条声明语句：

```
    extern CADOApp theApp;
```

⑧ 在对话框类中，添加显示记录函数 DispRecord()，将数据库中的记录显示在对话框中。代码如下：

```
    void CADODlg::DispRecord()
    {
        _variant_t  theValue;
```

```
                      //获取学号的值
                      if(!m_pRecordset->adoEOF)
                    {
                      theValue=m_pRecordset->GetCollect("stuID");
                      if(theValue.vt!=VT_NULL)
                          m_stuid=(char*)_bstr_t(theValue);
                      //获取学生姓名
                      theValue=m_pRecordset->GetCollect("name");
                      if(theValue.vt!=VT_NULL)
                          m_name=(char*)_bstr_t(theValue);
                      //获取学生年龄
                      theValue=m_pRecordset->GetCollect("age");
                      if(theValue.vt!=VT_NULL)
                          m_age=theValue.iVal;
                      //获取学生性别
                      theValue=m_pRecordset->GetCollect("sex");
                      if(theValue.vt!=VT_NULL)
                          m_sex=(char*)_bstr_t(theValue);
                      //获取学生专业
                      theValue=m_pRecordset->GetCollect("subject");
                      if(theValue.vt!=VT_NULL)
                          m_subject=(char *)_bstr_t(theValue);
                    }
                      UpdateData(false);
                }
```

⑨ 浏览记录集。通过 ClassWizard 为命令按钮"前一条"、"后一条"增加响应函数，实现记录集的浏览。代码如下：

```
      void CADODlg::OnNextButton()
      {
       //TODO: Add your control notification handler code here
          m_pRecordset->MoveNext();
          if(m_pRecordset->adoEOF)
              m_pRecordset->MoveLast();
          DispRecord();
      }
      void CADObDlg::OnPreButton()
      {
       //TODO: Add your control notification handler code here
         m_pRecordset->MovePrevious();
         if(m_pRecordset->adoBOF)
          m_pRecordset->MoveFirst();
         DispRecord();
      }
```

⑩ 增加记录。通过 ClassWizard 为命令按钮"增加"增加响应函数，实现记录的增加。代码如下：

```
      void CADODlg::OnAddButton()
      {
       //TODO: Add your control notification handler code here
          RefreshData();
       //在ADO操作中建议语句中要常用 try...catch()来捕获错误信息，
       //因为它有时会经常出现一些想不到的错误。
       try
       {
```

```
            //写入各字段值
            m_pRecordset->AddNew();
        }
        catch(_com_error *e)
        {
            AfxMessageBox(e->ErrorMessage());
        }
    }
```

⑪ 删除记录。通过 ClassWizard 为命令按钮"删除"增加响应函数，实现记录的删除。代码如下：

```
    void CADODlg::OnDelButton()
    {
    //TODO: Add your control notification handler code here
    try
    {
        AfxMessageBox("删除当前记录");
        m_pRecordset->Delete(adAffectCurrent);
        m_pRecordset->Update();
        m_pRecordset->MoveNext();
        if(m_pRecordset->adoEOF)
        m_pRecordset->MoveLast();
        DispRecord();
    }
    catch(_com_error *e)
    {
        AfxMessageBox(e->ErrorMessage());
    }
    }
    void CADObDlg::RefreshData()
    {
        m_age=0;
        m_name="";
        m_sex="男";
        m_stuid="";
        m_subject="";
        UpdateData(false);
    }
```

⑫ 更新保存记录。通过 ClassWizard 为命令按钮"更新"增加响应函数，实现记录的更新保存。代码如下：

```
    void CADODlg::OnUpdateButton()
    {
    //TODO: Add your control notification handler code here
        UpdateData(true);
        m_pRecordset->PutCollect("stuID",_bstr_t(m_stuid));
        m_pRecordset->PutCollect("name",_bstr_t(m_name));
        m_pRecordset->PutCollect("sex",_bstr_t(m_sex));
        m_pRecordset->PutCollect("subject",_bstr_t(m_subject));
        m_pRecordset->PutCollect("age",long(m_age));
        m_pRecordset->Update();
        m_pRecordset->MoveLast();
    }
```

⑬ 还原 COM 环境以及关闭连接对象和记录集对象。通过 Class Wizard 增加函数 void CADODlg::OnDestroy()，在其中还原 COM 环境，并关闭记录对象和连接。其实现代码如下：

```
void CADODlg::OnDestroy()
{
    if(m_pConnection->State)
        m_pRecordset->Close();
    m_pRecordset.Release();

    if(m_pConnection->State)
        m_pConnection->Close();
    m_pConnection.Release();
    ::CoUninitialize();
    CDialog::OnDestroy();
}
```

至此，连编该项目，实现预定的数据库操作功能。

习 题 七

1. 填空题

（1）MFC 的 ODBC 类主要包括 5 个类，分别是_____、_____、_____、_____、_____。

（2）CDatabase 类的作用是_____。

（3）CRecordset 类的功能是_____。

（4）CRecordView 的作用是_____。

（5）CFieldExchange 类的作用是_____。

（6）可以利用 CRecordset 类的成员函数_____添加一条新记录；可以利用 CRecordset 类的成员函数_____将记录指针移动到第一条记录上；可以利用 CRecordset 类的成员函数_____完成保存记录的功能。

（7）ADO 对象模型提供了 7 种对象，它们分别是_____、_____、_____、_____、_____、_____、_____。

（8）在 Visual C++中使用 ADO 开发数据库之前，需要用#import 引入 ADO，其语句格式为：_____。

（9）在使用 ADO 开发数据库时，常用的三个智能指针为：_____、_____、_____。

（10）在使用 ADO 开发数据库时，数据控件为_____。

2. 简述题

（1）MFC 提供的数据库编程方式有哪些，它们有何不同？

（2）什么是 ODBC？

（3）如何定义 ODBC 数据源？试叙述其过程。

（4）简述用 MFC 进行 ODBC 编程的过程。

（5）在使用 CRecordSet 类成员函数进行记录的编辑、添加、删除操作时，如何使操作有效？

（6）什么是 ADO？

（7）简述使用 ADO 对象开发数据库的步骤。

（8）什么是 ADO 数据绑定技术？如何定义数据绑定类？

3．操作题

（1）编写一个对话框数据库应用程序，实现教职工基本信息的管理，包括数据录入、增加、修改、删除等。职工信息包括：职工编号、职工姓名、性别、所在部门、年龄、工作时间、职务、职称、简历。要求，使用 ADODC 控件、DataGrid 控件。

（2）采用 ADO 数据绑定技术编写一个对话框数据库应用程序，实现学生信息的基本管理，功能要求同例 7.3。

实验指导七

【实验目的】

① 掌握 ODBC 技术编写 MIS 系统的步骤、方法与技术
- 创建 Acesse 数据库。
- 创建 ODBC 数据源。
- 定义 CRecordSet 的派生类。
- CRecordset 类的使用（增加、删除、修改、保存、查询）。
- CDatabase 类与 SQL 语句的配合使用（增加、删除、修改、查询、创建表）。
- ODBC 与创建 Excel 表格的导出与导入。

② 掌握 ADO 技术编写 MIS 系统的步骤、方法与技术。
- ADO 编程模型。
- ADO 与 EXCEL 的导入与导出。
- 打印输出报表。

【实验内容和步骤】

1．基本实验

（1）用 ODBC 技术编写基于对话框的 MIS 系统

步骤见例 7.1，最后在主界面中增加一个命令按钮

ID 号：IDC_BTNFROMEXCEL　　标题：FromExcel

单击消息处理函数：OnFromExcel()，功能为将已经存在的 Excel 表中的数据导入到项目，代码如下：

```
void CScoreODBCDlg::OnFromExcel()
{
    //获取 Excel 表格中的数据
    CDatabase DB;        //定义数据库对象
    CString StrSQL;  //SQL 语句
    CString StrDsn;  //连接字符串
```

```
        CString StrFile="D:\\2007VC++修订\\ScoreExcel.xls"; //Excel 文件名
    //创建进行存取的字符串
        StrDsn.Format("ODBC;DRIVER={MICROSOFT EXCEL DRIVER(*.XLS)};DSN='';
DBQ=D:\\2007VC++修订\\ScoreExcel.xls");
        TRY
    {
        DB.Open(NULL, false, false, StrDsn); //打开 Excel 文件
        CRecordset DBSet(&DB);                  //定义与数据库关联的记录集
        StrSQL="SELECT * FROM MyExcel";         //设置读取的查询语句
        //执行查询语句
        DBSet.Open(CRecordset::forwardOnly, StrSQL, CRecordset::readOnly);
        //获取查询结果
        CString StrInfo="学号,姓名,班级,平时成绩,期末成绩,总评成绩\n";
        while (!DBSet.IsEOF())
    { //读取 Excel 内部数值
        for(int i=0;i<DBSet.GetODBCFieldCount();i++)
        {       CString Str;
                DBSet.GetFieldValue(i,Str);
                StrInfo+=Str+"";
        }
        StrInfo+="\n";
        DBSet.MoveNext();}
    MessageBox(StrInfo,"信息提示",MB_OK);
    DB.Close();//关闭数据库
    }
    CATCH(CDBException,e )
    {       //数据库操作产生异常时...
        AfxMessageBox("数据库错误:"+ e->m_strError);
    }
    END_CATCH;
    }
```

（2）用 ADO 技术编写基于对话框的 MIS 系统

步骤见例 7.3，完成之后，在主界面中增加一个命令按钮。

ID 号为 IDC_TOEXCEL，标题为 TOEXCEL，消息处理函数 OnToExcel()，功能为将数据库表中的记录导出到 EXCEL 文件。步骤如下：

① 导入 EXCEL 相关类到项目中，打开类向导对话框，在 Message Maps 选项卡中，单击 Add Class...按钮，选择 From a type library，弹出如图 7-20 所示的 Import from Type Library 对话框，找到 C:\Program Files\Microsoft Office\Office 文件夹，打开 EXCEL9.OLB 文件，弹出 Confirm Classes 对话框，在列表框中选中与 EXCEL 操作有关的类：_Application、_Workbook、_Worksheet、Workbooks、Worksheets、Range 等，单击 OK 按钮，完成 EXCEL 相关类的导入。

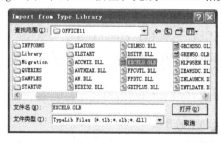

图 7-20　Import from Type Library 对话框

② 编写 OnToExcel()，代码如下：

```
void CADOaDlg::OnToExcel()
{
    //TODO: Add your control notification handler code herea
    COleVariant VOptional((long)DISP_E_PARAMNOTFOUND,VT_ERROR);
    _Application objApp;
    Workbooks objBooks;
    _Workbook objBook;
    Worksheets objSheets;
    _Worksheet objSheet;
    Range objRange;
    objApp.CreateDispatch("Excel.Application");  //创建 Excel 应用

    objBooks=objApp.GetWorkbooks();
    objBook.AttachDispatch(objBooks.Add(_variant_t("H:\\ADOa\\Book1.xls"))
);
//关联已经存在的工作簿文件
    objSheets=objBook.GetSheets();
    objSheet=objSheets.GetItem((_variant_t)short(1));  //第 1 个工作表
    objRange.AttachDispatch(objSheet.GetCells(),true);

    UpdateData();
    objRange.SetItem((_variant_t)(long)3,(_variant_t)(long)1,(_variant_t)
m_stuid);
    //给单元格（3,1）赋值，第 3 行第 1 列
    objRange.SetItem((_variant_t)(long)3,(_variant_t)(long)2,(_variant_t)
m_name);
    //给单元格（3,2）赋值，第 3 行第 2 列
    objApp.SetVisible(true);  //Excel 可见
    objRange.ReleaseDispatch();//释放指针
    objSheet.ReleaseDispatch();
    objSheets.ReleaseDispatch();
    objBook.ReleaseDispatch();
    objBooks.ReleaseDispatch();
    objApp.ReleaseDispatch();
}
```

③ 在 ADOaDlg.cpp 文件的前面加入文件包含命令：

```
#include "excel9.h"
```

编译运行，会将当前的记录导出到 H:\\ADOa\\Book1.xls 中第 1 张表的第 3 行。

同理，使用命令 GetItem()，可以将 EXCEL 中单元格中的数据取出。

2. 拓展与提高

（1）使用 ODBC 技术编写一个单文档数据库应用程序，实现学生基本信息的管理，包括添加、删除、编辑、保存、排序（按姓名、年龄）与查找（按照姓名、学号）等功能，各功能对应相应的菜单项和工具按钮。运行界面如图 7-21 所示。

步骤如下：

① 设计数据库（利用前面的数据库 StudentDB.mdb）。

② 定义 ODBC 的数据源（利用前面的 ODBC 数据源 StudentDB。

③ 创建应用程序外壳。

图 7-21　学生基本信息管理系统运行界面

本实验将创建一个支持数据库的标准 SDI 风格的应用程序。如下面的过程：

- 用 MFC AppWizard（.exe）创建一个 SDI 应用程序 EX_ODBC。
- 在向导的第二步对话框中，指定要包括支持文件的 Database 视图。单击 Data Source 按钮，弹出 Database Options 对话框，如图 7-22 所示。
- 在 Database Options 对话框中，指定将使用 ODBC 数据源，并从为 Access 数据库配置的列表中选择 ODBC 配置，本例为 StudentDB。可把记录集类型设置为 Snapshot。
- 单击"OK"按钮，弹出如图 7-23 所示的 Select Database Tables 对话框，从中选择要使用的表（这里选择 student）。

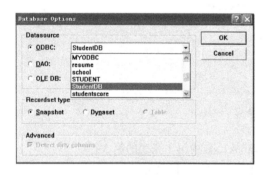

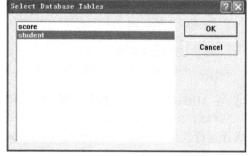

图 7-22　Select Database Tables 对话框　　　　图 7-23　Database Options 对话框

- 单击"OK"按钮，以关闭该对话框并返回到 AppWizard 的第二步。
- 继续 AppWizard 的工作，保留缺省设置。当到达 AppWizard 的最后一步时，应注意的是 AppWizard 将要为应用程序创建一个记录集类 CEx_ODBCSet，它从 CRecordset 类派生而来。同时要注意的是，AppWizard 为应用程序创建了一个视图类 CEx_ODBCView，它从 CRecordView 派生而来，而 CRecordView 类是 CFormView 的子类，它增加了对数据库的支持功能。见图 7-24。

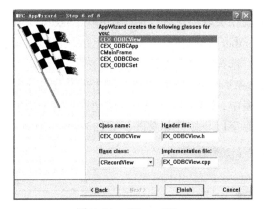

图 7-24 CRecordView

④ 设计主窗体，步骤如下：

● 按图 7-26 所示布置主窗体，并用表 7-23 中指定的属性配置控件。

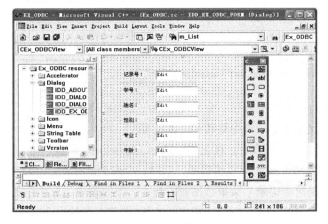

图 7-25 主窗体设计

表 7-23 控件属性设置

对 象	属	性	设	置
Static Text	ID	Caption	默认	记录号：
Edit Box	ID		IDC_EID	
Static Text	ID	Caption	默认	学号：
Edit Box	ID		IDC_ESTUID	
Static Text	ID	Caption	默认	姓名：
Edit Box	ID		IDC_ENAME	
Static Text	ID	Caption	默认	性别：
Edit Box	ID		IDC_ESEX	
Static Text	ID	Caption	默认	专业：
Edit Box	ID		IDC_ESUBJECT	
Static Text	ID	Caption	默认	年龄：
Edit Box	ID		IDC_EAGE	

- 将控件与数据库字段相关联。选择 View 菜单→Class Wizard 命令，弹出 Class Wizard 对话框，切换到 Member Variables 页面，为上述控件添加相关联的数据成员。与以往添加数据成员不同，选择一个需要添加变量的控件，单击 Add Member Variable 按钮，在弹出的 Add Member Variable 对话框中，单击成员变量下拉列表框，会发现记录集中的所有字段都在列表中，如图 7-26 所示。这允许将数据库字段直接与窗体中的控件相关联。为了将数据库字段与控件相关联，应加入表 7-24 所指定的变量。

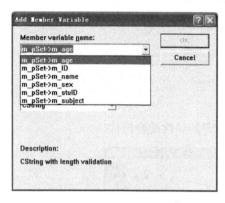

图 7-26　具有记录集字段的 Add Member Variables 对话框

表 7-24　控件变量

对　　　象	名　　　　　称
IDC_EID	m_pSet->m_ID
IDC_ESTUID	m_pSet->m_stuID
IDC_ENAME	m_pSet->m_name
IDC_ESEX	m_pSet->m_sex
IDC_ESUBJECT	m_pSet->m_subject
IDC_EAGE	m_pSet->m_age

现在，编译并运行这个应用程序。会发现它是一个功能齐全的数据库应用程序，它能够浏览数据库中的记录，并允许在记录集中移动和更改数据。

⑤ 向"记录"菜单添加新命令。在工作区的 ResourceView 页面，展开资源 Menu 文件夹，双击主菜单 IDR_MAINFRAME 进入菜单编辑器。这时，会看到 AppWizard 已经生成默认的"记录"菜单，下一步的工作是向"记录"菜单添加新的命令。按照表 7-25 中的属性配置添加新的菜单项，用于"添加记录"、"删除当前记录"、"排序"、"查找"等命令的命令。然后，使用 Class Wizard，为视图类 CEx_ODBCView 添加关于命令项的 COMMAN 事件消息处理函数。

表 7-25　菜单属性设置

对　　　象	属　　　性	设　　　　　置	COMMAND 消息处理函数
Menu Entry	ID Caption Prompt	IDM_RECORD_NEW 增加新记录（&A） Add n new record\n New Record	OnRecordNew()
Menu Entry	ID Caption Prompt	IDM_RECORD_DELETE 删除记录 Delete　record\n Delete Record	OnRecordDelete()
Menu Entry	Caption Pop_Up	记录排序 true	
Menu Entry	ID Caption Prompt	IDM_SORT_STUID 按学号 	
	ID Caption Prompt	IDM_SORT_AGE 按年龄 	OnSortAge()

对　　象	属　　性	设　　　　置	COMMAND 消息处理函数
Menu Entry	Caption Pop_Up	查找记录 true	
	ID Caption Prompt	IDM_FILTER_STUID 按学号	
	ID Caption Prompt	IDM_FILTER_ NAME 按姓名	

⑥ 编写各消息处理函数代码。

● 为记录集类添加一公共成员函数 GetMaxID()，实现计算下一个 ID 号的功能。
访问权限为公共。编辑该函数，并加入如下的代码：

```
long CEx_ODBCSet::GetMaxID()
{
    //move to the last record
    MoveLast();
    //return the ID of this record
    return m_ID;
}
```

● "增加新记录"函数 OnRecordNew()，代码如下：

```
void CEx_ODBCView::OnRecordNew()
{
    //Get a pointer to the record set
    CRecordset* pSet=OnGetRecordset();
    //确保对当前记录的修改保存
    if(pSet->CanUpdate()&&!pSet->IsDeleted())
    {
            pSet->Edit();
            if(!UpdateData())
                return;
            pSet->Update();
    }
    //为新记录得到 ID 号
    long m_lNewID=m_pSet->GetMaxID()+1;
    //Add the new record
    m_pSet->AddNew();
    //设置新记录的 ID 号
    m_pSet->m_ID =m_lNewID;
    //保存新记录
    m_pSet->Update();
    //刷新记录集
    m_pSet->Requery();
    //移动到新记录上
    m_pSet->MoveLast();
    //刷新窗体
    UpdateData(false);
}
```

为"增加新记录"菜单添加一个新的工具栏按钮，然后编辑并运行该应用程序。就可以为数据库添加新记录，并把所需数据输入新记录了。

- 删除记录，函数 OnRecordDelete()，代码如下：

```
void CEx_ODBCView::OnRecordDelete()
{
    //确认用户要删除这个记录
    if(MessageBox("真的要删除该记录吗？","删除记录",
     MB_YESNO|MB_ICONQUESTION)==IDYES)
    {
     m_pSet->Delete();
     //移动到上一条记录
     m_pSet->MovePrev();
     UpdateData(false);
    }
}
```

添加一个新的工具栏按扭，并将它与 IDM_RECORD_DELETE 菜单 ID 相关联。编辑并运行该应用程序，就可以得到一个功能完善的数据库应用程序，在此应用程序中可以添加、编辑和删除记录。

- 对记录进行排序。排序可以通过 SQL 的 ORDER BY 语句实现，在 CRecordset 类中有一个数据成员 m_strSort，封装了 ORDER BY 的功能，可以通过设置该成员排序。

两个子菜单"按学号"和"按年龄"，分别用于按"学号"和"年龄"进行升序。这两个子菜单的 COMMAND 事件消息的事件处理函数的代码如下：

```
void CEx_ODBCView::OnSortAge()
{
    //TODO: Add your command handler code here
    m_pSet->Close();
    m_pSet->m_strSort="age";
    m_pSet->Open();
    UpdateData(false);
}
void CEx_ODBCView::OnSortStuid()
{
    //TODO: Add your command handler code here
    m_pSet->Close();
    m_pSet->m_strSort="stuID";
    m_pSet->Open();
    UpdateData(false);
}
```

编译、运行查看排序效果。

- 查找。查找可以通过 SQL 语句的 select 语句实现，在 CRecordset 类中有一个数据成员 m_strFilter，封装了 select 的功能，可以通过设置该成员实现查找。

两个子菜单"按学号"和"按姓名"，分别用于按"学号"和"姓名"进行查找。当选择这两个子命令时，会弹出一个对话框，用于输入过滤值。为此需要为程序添加一个新的对话框资源，如图 7-27 所示。该对话框资源中有一静态文本框和一编辑控件，其属性设置如表 7-26 所示。

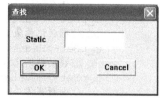

图 7-27　查找对话框

表 7-26　控件属性及其相关联的变量

控　件	ID	变　　量	类　　型
静态文本	IDC_FIELD	m_field	CString
编辑	IDC_EDIT1	m_filterValue	CString

用 ClassWizard 创建与新建对话框资源关联的对话框类 CDlgFilter，并将编辑框与成员变量 m_filteValue 关联,静态文本框与变量 m_field 相关联。

最后，编辑"查找"的两个子菜单"按学号"和"按姓名"的消息处理函数，代码如下：

```
void CEx_ODBCView::OnFilterName()
{
    //TODO: Add your command handler code here
    CDlgFilter dlg;              //过滤对话框
    dlg.m_field="姓名: ";
    CString str="name";
    int result=dlg.DoModal();    //打开模式对话框
    if(result!=IDOK)
    {
        return;
    }
str=str+"='"+dlg.m_filterValue +"'";
    m_pSet->Close();
    m_pSet->m_strFilter=str;
    m_pSet->Open();
    m_pSet->MoveLast();
    int recCount=m_pSet->GetRecordCount();
    if(recCount==0)
    {MessageBox("没有匹配的记录! ","查找", MB_ICONWARNING);
      m_pSet->Close();
      m_pSet->m_strFilter="";
      m_pSet->Open();
    }
    else
    {   CString str1;
        str1.Format("have %2d records",recCount);
        MessageBox(str1);}
    UpdateData(false);
}
void CEx_ODBCView::OnFilterStuid()
{
    //TODO: Add your command handler code here
        CDlgFilter dlg;
    dlg.m_field="学号: ";
    CString str="stuID";
    int result=dlg.DoModal();
    if(result==IDOK)
    {
            str=str+"='"+dlg.m_filterValue+"'";
    }
    m_pSet->Close();
    m_pSet->m_strFilter=str;
    m_pSet->Open();
    int recCount=m_pSet->GetRecordCount();
```

```
        if(recCount==0)
        {MessageBox("没有匹配的记录! ","查找",MB_ICONWARNING);
         m_pSet->Close();
         m_pSet->m_strFilter="";
         m_pSet->Open();
        }
        else
        {   CString str1;
            str1.Format("have %2d records",recCount);
            MessageBox(str1);}
        UpdateData(false);
    }
```

至此，整个应用程序全部开发完成。编译并运行。

（2）开发一个 MIS 系统

用 ADO 技术开发一个 MIS 系统，实现本章例 7.1 的功能。

第8章 保存和恢复工作——文件的存取

大多数应用程序都为用户提供了对所做的工作进行保存的功能。这些工作可能是文字处理文档、电子表格、图形或一组数据记录。本章将介绍如何用 Visual C++方便地实现这些功能。

教学目标：
- 掌握自定义类的串行化方法和过程。
- 熟悉 CFile 类的使用。

8.1 文档串行化

用户处理的数据往往需要存盘作永久备份。将文档类中的成员变量的值以文件形式存储在磁盘中，或者将文件中的数据读取到相应的成员变量，从而恢复应用程序中的对象。这个过程称为文档的串行化。

串行化分为两个部分，应用程序数据以文件形式存储在磁盘，叫做串行化。从文件中恢复应用程序的状态，则叫做反串行化。

8.1.1 CArchive、CFile 类与 Serialize 函数

Visual C++应用程序中的串行化是通过 CArchive 类来实现的，CArchive 类提供了串行化对象从文件中读写的类型安全缓冲机制，可以把 CArchive 对象想象成一种二进制流，就象输入/输出流一样可以顺序高效的处理二进制对象数据。CArchive 类是作为 CFile 对象的输入输出（I/O）流而设计的，如图 8-1 所示。CArchive 类不能离开它所依附的 CFile 类对象而孤立存在。

CArchive 类能将数据存储在多种类型的文件中，其中每一种都是 CFile 类的子类。在默认情况下，AppWizard 包含了创建和打开 CArchive 所使用的常规 CFile 对象所需的全部功能。如果想

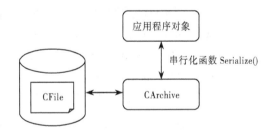

图 8-1 CArchive 类把应用程序
数据存储在 CFile 对象中

要或需要使用某种其他的文件类型，就必须向应用程序中添加附加的代码，来实现对这些不同的文件类型的使用。

CArchive 类用于 Visual C++应用程序中文档和数据对象的 Serialize()中。当应用程序读取或写入文件时，文档对象的 Serialize 函数被调用，并传递用于从文件读取或向文件写入数据的 CArchive

对象。在 Serialize 函数中，要遵循的典型逻辑是通过调用 CArchive 类的 IsStoring()或 IsLoading()，来判定正在对文件进行写入还是读取。根据这两个函数中任何一个的返回值即可判定应用程序需要从 CArchive 类的 I/O 流中读取还是向其写入。典型的串行化函数代码如下：

```
void CMyClass::Serialize(CArchive&ar)
{
        //Is the archive being written to?
        If (ar.IsStoring())
        {
                //Yes,write  my  variable
                ar<< m_MyVar;
        }
        else
        {
                //No, read my variable
                ar>>m_MyVar;
        }
}
```

可以将 Serialize 函数放置在所创建的任何类中，以便从文档的 Serialize 函数中调用这些类的 Serialize 函数。如果将自定义的对象加入一个对象数组中，如 CObArray，则可以从文档的 Serialize 函数中调用数组的 Serialize 函数。反过来，对象数组将调用已存储在数组中的任何对象的 Serialize 函数。

8.1.2 使对象可串行化

要使自己定义的类对象能够被保存或被恢复，必须完成 3 个步骤：

① 自己定义的类必须直接或间接从 CObject 类公有派生。

② 在类中加入两个宏：DECLARE_SERIAL 和 IMPLEMENT_SERIAL，这两个宏包括了所创建的类使 Serialize 函数正常工作所必需的功能。

③ 向类中添加一个 Serialize 虚函数，通过检查此函数可判断文件是被写入还是被读取。

1. 添加 DECLARE_SERIAL 宏和 IMPLEMENT_SERIAL 宏

DECLARE_SERIAL 宏必须添加在声明的类的头文件中，它只有一个参数，即类的名字。这个宏将自动向类中添加一些串行化正常工作所必需的标准函数和运算符声明。下面是在自己定义的类中包括 DECLEAR_SERIAL 宏的典型代码。

```
class CMyClass:public CObject
{
        DECLARE-SERIAL(CMyClass)
    public:
        virtual void Serialize(CArchive &ar);
        CMyClass();
        virtual ~CMyClass();
};
```

必须将 IMPLEMENT_SERIAL 宏添加到类的实现文件中。MPLEMENT_SERIAL 宏有 3 个参数。第一个参数是类名，同 DECLARE_SERIAL 宏中的一样。第二个参数是基类的名字，用户的类即由此类继承而来。第三个参数是一个版本号，用来判定一个文件是否具有正确版本，以便读入应用程序。该版本号必须是一个正数，它应该随着类的串行化方法的任何改变而递增，以便更改向文件写入或从文件读取的数据。下面给出了 IMPLEMENT_SERIAL 宏的典型用法。

```
//MyClass.cpp  implementation of the CMyClass class
#include"stdafx.h"
#include"MyClass.h"
…
IMPLEMENT-SERIAL(CMyClass,CObject,1)
CMyClass::CMyClass()  {…}
CMyClass::~CMyClass()  {}
```

2. 定义 Serialize()

除这两个宏之外，还必须向用户的类中添加一个 Serialize()。这个函数的访问权限为公共，函数原型为:virtual void Serialize(CArchive& ar)；Serialize()的典型结构参见 8.1.1 中的代码。

8.2　串行化实例

当开始设计一个新的应用程序时，首先必须设计的内容之一就是如何存储应用程序将要创建并对其进行操作的文档类中的数据。一旦确定了应用程序所采用的数据结构就可以确定串行化应用程序和类的最佳方式。如果打算把数据直接保存在文件类中，所需考虑的只是把数据写入文档类的 Serialize()中的 CArchive 对象中，或从此对象读取数据。如果打算创建自己的类来保存应用程序的数据，则必须在自己的类中加入串行化功能，以使它们能自行保存和恢复。

【例 8.1】创建一个单文档应用程序，利用文档的串行化功能实现对学生基本信息的管理，运行效果见如 8-2 所示。

图 8-2　运行串行化应用程序

8.2.1　创建应用程序外壳

首先，利用 AppWizard 创建一个单文档应用程序，取名为 Ex8_1。

在 AppWizard 的第三步中选择包括对 ActiveX 控件的支持，尽管在所创建的应用程序例子中实际上并不需要这一功能。

在第四步中，确保指定应用程序将创建和读取的文件的扩展名。用 fdb 作为文件的扩展名。

在 AppWizard 的第六步，指定 CFormView 作为视图类的基类，这将允许使用对话框编辑器进行应用程序的界面设计。

8.2.2 设计应用程序界面

在创建了一个以 CFormView 类作为视图类的基类的 SDI 或 MDI 应用程序后，必须设计应用程序视图，即设计对话框窗口，但不必考虑加入保存按钮或取消按钮。在 SDI 或 MDI 应用程序中，保存和退出窗口的功能一般位于程序菜单或工具栏中。因此，只需加入应用程序将执行的功能控件即可。

对于例 8.1 应用程序，窗口布局如图 8-3 所示，其中的控件及其属性如表 8-1 所示。

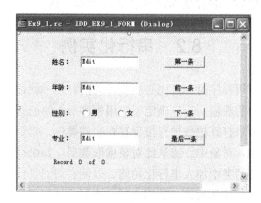

图 8-3　例 8.1 应用程序的窗口布局

表 8-1　控件及其属性设置

控　件	属　性	设　置	控　件	属　性	设　置
Static Text	ID Caption	默认 姓名：	Static Text	ID Caption	默认 专业：
Edit Box	ID	IDC_ENAME	Edit Box	ID	IDC_ESUBJECT
Static Text	ID Caption	默认 年龄：	Button	ID Caption	IDC_BFIRST 第一条
Edit Box	ID	IDC_EAGE	Button	ID Caption	IDC_BPREV 前一条
Static Text	ID Caption	默认 性别：	Button	ID Caption	IDC_BNEXT 下一条
Radio Button	ID Caption Group	IDC_RMAN 男 Checked	Button	ID Caption	IDC_BLAST 最后一条
Radio Button	ID Caption	IDC_RWOMAN 女	Static Text	ID Caption	IDC_SPOSITION Record　0　of　0

打开 ClassWizard，为控件关联变量，并将它们加入到视图类中。在 SDI 或 MDI 应用程序中，视图类是添加变量、并将其与放在窗口中的控件相关联的地方。对于本例应用程序，将表 8-2 中的变量关联到指定的控件。

表 8-2 控件变量

对　　象	名　　称	类　别	类　　型
IDC_ENAME	m_sName	值	CString
IDC_EAGE	m_iAge	值	int
IDC_ESUBJECT	m_sSubject	值	CString
IDC_RMAN	m_iSex	值	int
IDC_SPOSITION	m_sPosition	值	CString

8.2.3　创建可串行化的类

开发本实例应用程序，最大的问题在于如何在记录间滚动，如何添加与删除记录？解决的办法是创建一个能封装每条记录的类，然后将这些记录存在一个数组中。这个类需要由 CObject 类派生，且需要包含与视图中的所有控件变量对应的变量，以及读取和设置这些变量的方法。此外，还必须向类中添加 Serialize() 和完成类的串行化所需的两个宏，以使该类成为可串行化的。

1. 创建新类 CPerson

在工作区的 ClassView 选项卡中，右击项目，从上下文菜单中选择 New Class→New Class 对话框。在 New Class 对话框中，将类的类型指定为一般类，类名为 CPerson，基类为 CObject。

一旦创建了新类，必须添加变量来保存将在屏幕上显示给用户的数据元素。一般情况下，这些变量都将被声明为类的私有数据。数据类型应与控件相关联的变量的类型相匹配。同时，必须提供对类中的数据成员进行读写的方法，用于设置每个数据成员和检索每个数据成员的当前值。CPerson 类的定义如下：

```
class CPerson:public CObject
{
public:
    //设置成员变量的值
    void SetSubject(CString sSubject){m_sSubject=sSubject;}
    void SetSex(int iSex){m_iSex=iSex;}
    void SetAge(int iAge){m_iAge=iAge;}
    void SetName(CString sName){m_sName=sName;}
    //获取成员变量的值
    CString GetSubject(){return m_sSubject;}
    int GetSex(){return m_iSex;}
    int GetAge(){return m_iAge;}
    CString GetName(){return m_sName;}
    CPerson();
        virtual ~CPerson();
private:
    //与显示数据对应的成员变量
        CString  m_sName;       //姓名
        int  m_iSex;            //性别
        int  m_iAge;            //年龄
        CString  m_sSubject;    //专业
};
```

为确保在创建类的对象时能被正确地初始化，可在类的构造函数中把每一个成员变量都设置为默认值。在例 8.1 应用程序中，可以在 CPerson 类的构造函数中加入下面代码。

```
CPerson::CPerson()
{    //初始化类的成员变量
     m_iSex=0;
     m_sName="";
     m_iAge=0;
     m_sSubject="";
}
```

2．将类串行化

（1）添加 Serialize()

通过工作区窗口中的 Class View 选项卡为类 CPerson 添加一个成员函数。指定函数类型为 void，函数声明为 Serialize(CArchive&ar)，访问权限为 public，并选中 Virtual 复选框。系统将自动添加 Serialize()的原型和定义框架，从而可以编辑函数代码。

在 Serialize()中，要做的第一件事就是调用基类的 Serialize()。当第一次调用基类函数时，已存储的所有基础信息首先被恢复，并在恢复类中的变量之前为类提供必要的支持。一旦调用了基类的 Serialize()，必须确定是否需要读写类的变量。可以通过调用 CArchive 类的 IsStoring 方法来实现。如果正在写入数据，这个函数将返回值 true，否则返回值 false。可以使用 C++的 I/O 流将所有的变量写入文件或从文件读取数据，但必须保证将变量以相同的顺序读取和写入。

对于例 8.1 中定义的 CPerson 类，加入的 Serialize()代码如下：

```
void CPerson::Serialize(CArchive &ar)
{
     //调用基类的序列化函数
     CObject::Serialize(ar);
     //写入数据吗?
     if(ar.IsStoring())
          //按顺序写入数据
          ar<<m_sName<<m_iAge<<m_iSex<<m_sSubject;
     else
          //按顺序读出数据
          ar>>m_sName>>m_iAge>>m_iSex>>m_sSubject;
}
```

注意：CPerson 类中的变量在写入文件和从文件读取时是按照相同的顺序进行的。

（2）添加 DECLARE_SERIAL 宏

在 CPerson 类的头文件（Person.h）中加入 DECLARE_SERIAL 宏，并将类的名字 CPerson 作为唯一的参数传递给宏。代码如下：

```
//Person.h
Class CPerson: public CObject
{
     DECLARE-SERIAL(CPerson)
     public:
          //设置成员变量的值
          …
          //获取成员变量的值
          …
     private:
          int m_iSex;
          …
};
```

（3）添加 IMPLEMENT_SERIAL 宏

在 CPerson 类的源代码文件（Person.cpp）中的构造函数定义之前，加入 IMPLEMENT_SERIAL 宏，这个宏有 3 个参数：定制类名、基类名和版本号。如果对 Serialize() 做了任何改动，应该递增传给 IMPLEMENT_ SERIAL 宏的版本号。这个版本号表示，当用前一个版本的 Serialize() 写入一个文件时，此文件将不能被当前版本的应用程序读取。如下所示：

```
//Pe rson.cpp:implementation of the CPerson class
#include"stdafx.h"
…
IMPLEMENT-SERIAL(CPerson,CObject,1)
// Construction / Destruction
…
```

8.2.4　在文档类中建立支持

为了保存和处理大量 CPerson 类对象，可以使用对象数组，在文档类中添加一个 CObArray 类型的成员变量 m_oaPeople，用于存储 CPerson 对象。另外需要确定用户正在编辑的是哪一条记录，可以用一个整型变量 m_iCurPosition 来保存数组中当前的记录号。

对例 8.1 应用程序，按表 8-3 添加两个变量，以支持 CPerson 对象的记录集。将两个变量的访问权限都指定为私有。

表 8-3　文档类变量

名　　　称	类　　　型	作　　　　用
m_iCurPosition	int	保存数组中当前记录号
m_oaPeople	CObArray	对象数组，存储 CPerson 对象

说明：CObArray 类是一个对象数组类，它可以动态地调整自己的大小以适应放在它里面的元素的数量。它可以存放任何从 CObject 派生出的对象，它的大小只受系统的内存空间的限制。MFC 中的其他动态数组类包括 CStringArray、CByteArray、CWordArray、CDWordArray 和 CptrArray，它们之间的不同之处在于它们可以存放的对象类型。

为了在文档类中能够使用和访问 CPerson 类对象，在文档类的头文件中加入 CPerson 类的头文件，代码如下：

```
//Ex8_1Doc.h:interface of the CEx8_1Doc class
#include"Person.h"
```

由于在文档类的成员函数中需要触发视图类的动作，因此要将视图类的头文件加入到文档类的实现文件中，代码如下：

```
//Ex8_1Doc.cpp:implementation of the CEx8_1Doc class
#include"stdafx.h"
#include"Ex8_1.h"
#include"Ex8_1Doc.h"
#include"Ex8-1View.h"
…
```

1.　添加新的记录

向例 8.1 程序的文档类的对象数组中添加一条新的个人记录。一旦加入了新的记录，可以返回一个指向新记录的指针，以使视图类能直接更新记录对象中的变量。新记录被加入之后，应将当前的记录位置标记指向数组中的新记录。这样，检查位置计数器就能够很容易地确定当前记录的编号。如果在创建新的记录对象时出了任何问题，通知用户应用程序的可用内存不足，并删除已经分配的对象。

为了实现这一功能，应在文档类中添加一个新的成员函数 AddNewRecord()，函数类型为指向 CPerson 类的指针，无须任何参数，指定此函数的访问权限为私有，因为它只能被文档类中的其他函数所访问。编辑这个函数的代码如下：

```
CPerson*CEx8_1Doc::AddNewRecord()
{
    CPerson*pPerson=new CPerson();
    try
    {
        m_oaPeople.Add(pPerson);
        SetModifiedFlag();
        m_iCurPosition=(m_oaPeople.GetSize()-1);
    }
    catch(CMemoryException* perr)
    {
        AfxMessageBox("Out of memory",MB_ICONSTOP|MB_OK);
        if( pPerson )
        {
            delete pPerson;
            pPerson=NULL;
        }
        perr->Delete();
    }
    return pPerson;
}
```

2．取得当前位置

为了帮助用户在记录集中进行定位，应给用户提供当前记录的编号和记录总数。提供这些信息的函数都十分简单。

要得到对象数组中的记录总数，只需取得数组的大小并将其反馈给调用程序。对于例 8.1 应用程序，在文档类中添加一个新的成员函数 GetTotalRecords()。指定其函数类型为 int，访问权限为公共。函数代码编辑如下：

```
int CEx8_1Doc::GetTotalRecords()
{
    return m_oaPeople.GetSize();
}
```

得到当前的记录号同样容易。由于在文档类中已添加了一个变量 m_iCurPosition，该变量就保存了用户当前正在编辑的记录的编号。但是由于对象数组中的位置从 0 开始，在返回给用户此记录编号之前，需要在当前的位置值上加 1。为了实现此功能，在例 8.1 应用程序的文档类中添加一个新的成员函数 GetCurRecordNbr()。指定函数类型为 int，访问权限为公共。函数代码编辑如下：

```
int CEx8_1Doc::GetCurRecordNbr()
{
    return (m_iCurPosition+1);
}
```

3．在记录集中定位

为了使应用程序真正实用，需要在文档类中为用户提供一些在记录集中定位的函数。这些函数可取得指向记录集中特定记录的指针。首先是一个取得当前记录指针的函数，其次是取得指向记录集中第一条和最后一条记录指针的函数，最后，还需要取得记录集中上一条和下一条记录指针的函数。如果用户正在编辑记录集中的最后一条记录，当试图移动到下一条记录时，应该自动地向记录集中添加一条新的记录，并将这个新的空记录提供给用户。

（1）取得当前记录的函数

这个函数需要检查位置变量的值，以确保当前的记录是一个有效的数组位置。一旦确定当前位置是有效的，该函数可返回一个指向数组中当前记录的指针。

对于例 8.1 应用程序，在文档类中添加一个新的成员函数。指定函数类型为 CPerson*（指向定制类的指针），函数名为 GetCurRecord，访问权限为公共。编辑该函数的代码如下：

```
CPerson*CEx8_1Doc::GetCurRecord()
{
    if(m_iCurPosition>=0)
        return(CPerson*)m_oaPeople[m_iCurPosition];
    else
        return  NULL;
}
```

（2）取得数组中第一条记录的函数

在这个函数中，首先需要检查并确保数组中有记录存在。如果数组中有记录，将当前位置标志设置为 0，并返回一个指向数组中第一条记录的指针。

对于例 8.1 应用程序，在文档类中添加一个新的成员函数。指定函数类型为 CPerson*（指向定制类的指针），函数名为 GetFirstRecord，访问权限为公共，编辑该函数的代码如下：

```
CPerson* CEx8_1Doc::GetFirstRecord()
{
    if(m_oaPeople.GetSize()>0 )
    {
        m_iCurPosition=0;
        return  (CPerson*)m_oaPeople[0];
    }
    else
        return  NULL;
}
```

（3）取得数组中下一条记录的函数

对于定位到记录集中下一条记录的函数，应将当前的位置标志递增 1，然后查看是否已经越过了数组的末尾。如果没有越过数组的末尾，则返回指向当前记录的指针。如果已经越过了数组的末尾，则向数组末尾添加一条新记录。

对于例 8.1 应用程序，在文档类中添加一个新的成员函数。指定函数类型为 CPerson*（指向定制类的指针），函数名为 GetNextRecord，访问权限为公共，编辑该函数的代码如下：

```
CPerson* CEx8_1Doc::GetNextRecord()
{
    if( ++m_iCurPosition<m_oaPeople.GetSize())
        return (CPerson*)m_oaPeople[m_iCurPosition];
    else
```

```
            return AddNewRecord();
        }
```

（4）取得数组中上一条记录的函数

对于定位到记录集中上一条记录的函数，首先，必须确认数组中存在记录。如果数组中存在记录，将当前位置标志减 1。如果标志小于 0，必须将当前位置标志设置为 0，即指向数组中的第一条记录。然后返回指向数组中当前记录的指针。

对于例 8.1 应用程序，在文档类中添加一个新的成员函数。指定函数类型为 CPerson*（指向定制类的指针），函数名为 GetPrevRecord，访问权限为公共，编辑该函数的代码如下：

```
        CPerson* CEx8_1Doc::GetPrevRecord()
        {
            if(m_oaPeople.GetSize()>0)
            {
                if(--m_iCurPosition<0)
                    m_iCurPosition=0;
                return(CPerson*)m_oaPeople[m_iCurPosition];
            }
            else
                return NULL;
        }
```

（5）取得数组中最后一条记录的函数

对于定位到数组中最后一条记录的函数，仍然需要检查数组中是否存在记录。如果数组中确实有记录存在，可以得到当前数组的大小，并将当前位置标志设为比数组中记录总数小 1，然后返回一个指向数组中最后一条记录的指针。

对于例 8.1 应用程序，在文档类中添加一个新的成员函数。指定此函数类型为 CPersion*（指向定制类的指针），函数名为 GetLastRecord，访问权限为公共，编辑该函数的代码如下：

```
        CPerson* CEx8_1Doc::GetLastRecord()
        {
            if(m_oaPeople.GetSize()>0)
            {
                m_iCurPosition=(m_oaPeople.GetSize()-1);
                return (CPerson*)m_oaPeople[m_iCurPosition];
            }
            else
                return NULL;
        }
```

4. 将记录集串行化

当使用 AppWizard 创建一个 SDI 或 MDI 应用程序时，在文档类中会自动继承 Serialize()，因此在函数中仅需要将 CArchive 对象传递给对象数组的 Serialize()即可。

从文档中读取数据时，对象数组将询问 CArchive 对象，以决定需要创建何种对象类型及几种对象类型。然后，对象数组将创建数组中的每一个对象，并调用其 Serialize()，依次序将 CArchive 对象传给所创建的每一个对象。这样可使对象数组中的对象，能够按照它们创建时的次序，从 CArchive 对象中读取各自的变量值。

当向文档中写入数据时，对象数组将依次调用每一个对象的 Serialize()，并传递 CArchive 对象（与从该文档中读取数据时相同）。这将允许数组中的每一个对象将各自的变量写入文档。

对于例 8.1 应用程序，按下述代码编辑文档类的 Serialize()，以将 CArchive 对象传递给数组对象的 Serializa()。

```
void  CEx8_1Doc::Serialize(Carchive &ar)
{
    //Pass me serializeation on to the object array
    m_oaPeople.Serialize(ar);
}
```

5．清除

现在需要增加一些代码，以便在文档被关闭或打开新文档时清除该文档。这些代码包括在对象数组中循环访问所有对象并依次删除每一个对象。一旦所有对象都被删除，则调用对象数组的 RemoveAll()，使对象数组复位。

为了在例 8.1 应用程序中实现这一功能，使用 ClassWizard，向文档类中添加一个 DeleteContents 事件的消息处理函数。编辑此函数的代码如下。

```
void CEx8_1Doc::DeleteContents()
{
    //TODO: Add your specialized code here and/or call the base class
    int liCount=m_oaPeople.GetSize();
    int liPos;
    if(liCount)
    {
        for(liPos=0;liPos<liCount;liPos++ )
            delete  m_oaPeople[liPos];
        m_oaPeople.RemoveAll();
    }
    CDocument::DeleteContents();
}
```

6．打开一个新文档

当打开一个新的文档时，必须给用户显示一个空的窗体，等待用户输入新的信息。因此必须在对象数组中添加一条新的记录，该记录应该为空，这时对象数组中只有一条记录。当新的记录被加入数组后，必须修改视图，以显示这个新的记录；否则，视图将继续显示前一个记录集中最近编辑过的那一条记录。

为了实现此功能，需要编辑文档类中的 OnNewDocument()。此函数已经存在于文档类中。在这个函数中要做的第一件事是在对象数组中添加一条新的记录。然后使用 GetFirstViewPosition() 来取得当前视图的位置。利用返回的视图对象的位置，使用 GetNextView() 来检索指向视图对象的指针。如果该指针有效，则用它来调用在视图类中创建的函数，以通知视图刷新当前显示在窗体中的记录信息。

在文档类的 OnNewDocument()中添加下面代码。在能够编译应用程序之前，还需要向视图类中添加 NewDataSet()。

```
BOOL CEx8_1Doc::OnNewDocument()
{
    if(!CDocument::OnNewDocument())
        return false;
    //TODO: add reinitialization code here
    //(SDI documents will reuse this document)
    //如果不能添加一条新记录，返回 false
    if(!AddNewRecord())
```

```
        return false;
    //获取该视图指针
        POSITION pos=GetFirstViewPosition();
        CEx8_1View* pView=(CEx8_1View*)GetNextView(pos);
    //如果视图存在，显示新的记录集
        if(pView)
            pView->NewDataSet();

        return true;
    }
```

在打开一个现有的记录集时，仍然需要让视图对象知道它需要刷新显示给用户的记录。因此，可把添加给 OnNewDocment()的代码添加到 OnOpenDocument()中，只是不要加入为对象数组添加新记录的部分。

使用 Class Wizard 为文档类的 OnOpenDocument 事件添加一个消息处理函数。然后编辑它的代码如下。

```
    BOOL CEx8_1Doc::OnOpenDocument(LPCTSTR lpszPathName)
    {
        if(!CDocument::OnOpenDocument(lpszPathName))
            return false;
        //TODO: Add your specialized creation code here
        POSITION pos=GetFirstViewPosition();
        CEx8_1View* pView=(CEx8_1View*)GetNextView(pos);
        if(pView)
            pView->NewDataSet();

        return true;
    }
```

8.2.5　为视图类增加定位和编辑支持

前面已经增加了对文档类中记录集的支持，现在必须把这些功能添加到视图类中，以定位、显示和更新记录。在设计视图窗口时放置了大量控件，以查看和编辑每条记录中的数据元素。现在，必须把功能模块与这些控件相关联，以便执行记录定位并更新记录。

由于视图窗口与记录对象直接交互，需要向视图类中添加一个指向定制类的指针，作为私有变量。对于例 8.1 应用程序，在视图类中添加一个新的成员变量 m_pCurPerson，类型为 CPerson*，访问权限为私有。然后，在视图类的源代码文件中加入 CPerson 类的头文件，如下所示。

```
    #include"stdafx.h"
    #include"Ex8_1.h"
    #include"Person.h"
    #include"Ex8_1Doc.h"
    ……
```

1．显示当前记录

需要为视图类增加的第一个功能是显示当前记录。由于此功能会在视图类的多个函数中使用，因此，最好单独为它创建一个函数。

在例 8.1 应用程序中，添加一个新的成员函数，指定其函数类型为 void，函数名 PopulateView，访问权限为私有。在该函数中，首先获得一个指向文档类的指针。然后利用前面添加的

GetCurRecordNbr 和 GetTotalRecords 函数，取得当前记录的编号和记录总数并格式化显示文本。如果指向当前记录对象的指针有效，则按照记录对象中各字段中的值设置所有视图变量。然后刷新窗口。PopulateView 函数代码如下所示。

```
void CEx8_1View::PopulateView()
{
    CEx8_1Doc* pDoc=GetDocument();
    if(pDoc)
    {
      m_sPosition.Format("Record %d of %d",
          pDoc->GetCurRecordNbr(),pDoc->GetTotalRecords());
    }
    if(m_pCurPerson)
    {
      m_sSubject=m_pCurPerson->GetSubject() ;
      m_iAge=m_pCurPerson->GetAge();
      m_sName=m_pCurPerson->GetName();
      m_iSex=m_pCurPerson->GetSex();
    }
    if(m_iSex==IDC_RMAN)
        CheckRadioButton(IDC_RMAN,IDC_RWOMAN,IDC_RMAN);
    if(m_iSex==IDC_RWOMAN)
      CheckRadioButton(IDC_RMAN,IDC_RWOMAN,IDC_RWOMAN);
    UpdateData(false);
}
```

2. 在记录集中定位

在设计窗口时添加了一些定位按钮，因此添加定位功能就是为每一个按钮添加一个单击消息处理函数，然后在函数中调用文档类中相应的定位函数即可。

对于例 8.1 应用程序，使用 ClassWizard()为"第一条"按钮的单击事件添加一个消息处理函数。在这个函数中，首先获得一个指向文档对象的指针，如果该指针有效，则调用文档类的 GeiFirstRecord()得到第一条记录指针，并使用该指针调用 PopulateView()显示当前记录数据，如下所示。

```
void CEx8_1View::OnBfirst()
{
    //TODO: Add your control notification handler code here
    CEx8_1Doc* pDoc=GetDocument();
    if(pDoc)
      {
        m_pCurPerson=pDoc->GetFirstRecord();
        if(m_pCurPerson)
        {
                PopulateView();
        }
        }
}
```

对于"最后一条"按钮，执行与"第一条"按钮相同的步骤，但调用文档类的 GetLastRecord()，如下所示。

```
void CEx8_1View::OnBlast()
{
    //TODO: Add your control notification handler code here
```

```
CEx8_1Doc* pDoc=GetDocument();
if(pDoc)
{
    m_pCurPerson=pDoc->GetLastRecord();
    if(m_pCurPerson)
    {
        PopulateView();
    }
}
}
```

对于"前一条"和"下一条"按钮，再次重复相同的步骤，但调用文档对象的 GetPrevRecord()和 GetNextRecord()。这样，应用程序就具备了在记录集中移动定位的所有功能。同时，由于在最后一条记录处调用 GetNextRecord()会自动为记录集增加一个新的记录，因此，应用程序还具备了需要时为记录集添加新记录的能力。

3. 保存编辑和更改

当用户对窗口控件中的数据进行更改时，这些更改必须反映给文档的当前记录。这可以通过视图对象中指向当前记录的指针调用自定义类的各种设置函数来实现。

对于例 8.1 应用程序，使用 ClassWizard 分别为"姓名"、"年龄"和"专业"编辑框，添加一个 EN_CHANGE 事件的消息处理函数，然后分别调用 SetName、SetSubject 和 SetAge 函数。对于处于联动状态的单选按钮，为 BN_CLICKED 事件添加一个消息处理函数 OnSex，然后对两个单选按钮调用同一个消息处理函数。代码如下：

```
void CEx8_1View::OnChangeEage()
{
    //TODO: Add your control notification handler code here
    UpdateData(true);
    if(m_pCurPerson)
    m_pCurPerson->SetAge(m_iAge);
}

void CEx8_1View::OnChangeEname()
{
    //TODO: Add your control notification handler code here
    UpdateData(true);
    if(m_pCurPerson)
      m_pCurPerson->SetName(m_sName);
}

void CEx8_1View::OnSex()
{
    //TODO: Add your control notification handler code here
    int m_iSex=GetCheckedRadioButton(IDC_RMAN,IDC_RWOMAN);
    if(m_pCurPerson)
      m_pCurPerson->SetSex(m_iSex);
}

void CEx8_1View::OnChangeEsubject()
{

    //TODO: Add your control notification handler code here
    UpdateData(true);
```

```
        if(m_pCurPerson)
            m_pCurPerson->SetSubject(m_sSubject);
    }
```

4. 显示新的记录集

需要添加的最后一个函数，是在程序开始或打开新的记录集时，将视图复位，使用户不会继续看到旧的记录集。可以调用"第一条"按钮的消息处理函数，强迫视图显示新的记录集中的第一条记录。

对于例 8.1 应用程序，在视图类中添加一个新的成员函数。函数类型为 void，函数名为 NewDataSet，并指定访问权限为公共（这样就可以在文档类中调用它）。在这个函数中，调用"第一条"按钮的消息处理函数，代码如下所示。

```
    void CEx8_1View::NewDataSet()
    {
        OnBfirst();
    }
```

5. 编译运行程序

在编译和运行应用程序以前，需要将定制类的头文件包含在主应用程序的源代码文件中，这个文件具有与项目相同的名字。对于例 8.1 应用程序，编辑 Ex8_1.cpp 文件，并加入 Person.h。

```
    #include"stdafx.h"
    #include"Ex8_1.h"
    #include"MainFrm.h"
    #include"Ex8_1Doc.h"
    #include"Ex8_1View.h"
    #include"Person.h"
```

编译运行应用程序，可以创建自己的家庭成员、朋友以及任何其他人的记录。如果保存了所创建的记录集，在下次运行这个应用程序时可以重新打开这个记录集，记录会被恢复为当初输入它们时的状态，如图 8-2 所示。

8.3　CFile 类

在 MFC 面向对象的编程方式下，有关文件的输入和输出都是由 CFile 类完成的。CFile 是以二进制方式读取和写入文件的类，是 MFC 中其他所有文件类的基类，它封装了 Win32 API 用来处理文件 I/O 的那部分函数。本节重点讨论 CFile 类的主要成员函数及其基本操作。

8.3.1　CFile 类的成员函数

CFile 类的成员函数包括构造和关闭函数、输入/输出函数、位置操作函数、状态函数和静态成员函数等几大类。下面分别加以介绍。

1. 构造函数和关闭函数

CFile 类提供了如下 3 个构造函数：

（1）CFile()

该构造函数不带任何参数，只能建立 CFile 对象，需要调用 Open()成员函数打开文件后才能对文件进行操作。

（2）CFile(int hFile)

该构造函数创建一个已经有操作系统文件句柄的文件对象，当 CFile 对象销毁后，操作系统文件不会关闭，用户必须自己关闭文件。其中参数 hFile 是已打开文件的句柄。

（3）CFile(LPCTSTR lpszFileName, UINT nOpenFlags)

```
throw(CFileException);
```

该构造函数创建一个 CFile 对象并打开指定文件，它合并了无参构造函数和成员函数 Open() 的功能。如果打开文件时有错误，该构造函数将抛出一个异常。

其中，参数 lpszFileName 是一个字符串，指定要打开的文件名称，可以带有文件路径。参数 nOpenFlags 指定文件的打开方式，其取值如表 8-4 所示。

另外，CFile 类还提供了如下 2 个关闭函数：

（1）virtual void Abort()

关闭一个文件，并忽略所有的警告和错误。

（2）virtual void Close()

```
throw(CFileException);
```

关闭文件并删除 CFile 类对象，不成功时抛出一个异常。

表 8-4　参数 lpszFileName 的取值

标　　　志	功　　　　　能
CFile::modeCreate	创建新文件，并覆盖已存在文件
CFile::modeNoTruncate	和 CFile::modeCreate 一起使用，表示创建文件时不覆盖原有文件。
CFile::modeRead	以只读方式打开文件
CFile::modeReadWrite	以读写方式打开文件
CFile::modeWrite	以只写方式打开文件
CFile::modeNoInherit	以非继承方式打开文件
CFile::shareDenyNone	允许其他进程读写文件
CFile::shareDenyRead	不允许其他进程读文件
CFile::shareDenyWrite	不允许其他进程写文件
CFile::shareExclusive	不允许其他进程读写文件

2．输入/输出函数

（1）virtual UINT Read(void* lpBuf, UINT nCount)

```
throw(CFileException);
```

该函数从文件对象的当前位置读出数据，并将其放入缓冲区中，返回值为传入缓冲区内的字节数。其中，lpBuf 是指向用户定义缓冲区的指针，nCount 是从文件中读出的字节数。示例如下：

```
char pbuf[100];
UINT nBytesRead=cfile.Read(pbuf,100);  //cfile 为一打开的 CFile 类对象
```

（2）DWORD ReadHuge(void* lpBuffer, DWORD dwCount)

```
throw(CFileException);
```

该函数从文件对象的当前位置读出数据（其数据量可以超过 64KB），并将其放入缓冲区中，返回值为传入缓冲区内的字节数。其中，lpBuffer 是指向用户定义缓冲区的指针，dwCount 是从文件中读出的字节数。

（3）virtual void Write(const void* lpBuf, UINT nCount)

```
    throw(CFileException);
```

该函数将用户定义缓冲区中的数据写入文件对象的当前位置。其中，lpBuf 是指向用户定义缓冲区的指针，nCount 是写入文件的字节数。示例如下：

```
    char pbuf[100];
    cfile.Write(pbuf,100);      //cfile 为一打开的 CFile 类对象
```

（4）void WriteHuge(const void* lpBuf, DWORD dwCount)

```
    throw(CFileException);
```

该函数将用户定义缓冲区中的数据写入文件对象的当前位置，其数据量可以超过 64KB。其中，lpBuf 是指向用户定义缓冲区的指针，dwCount 是从文件中读出的字节数。

3. 位置操作函数

（1）virtual LONG Seek(LONG lOff, UINT nFrom)

```
    throw(CFileException);
```

该函数用于定位当前的文件指针。当文件刚打开时，文件指针定位在文件头。返回值为文件指针的字节偏移量。其中，参数 lOff 是文件指针移动的字节数，nFrom 是文件指针的移动模式，必须取如下值之一：

- CFile::begin：从文件头开始移动指针。
- CFile::current：从文件的当前位置开始移动指针。
- CFile::end：从文件尾开始移动指针。注意此时 lOff 不能为正值。

示例代码：

```
    LONG lOffset=1000, lActual;
    lActual=cfile.Seek(lOffset,CFile::begin);   //cfile 为一打开的 CFile 类对象
```

（2）void SeekToBegin()

```
    throw(CFileException);
```

该函数定位当前的文件指针在文件头，等价于 CFile::Seek(0L, CFile::begin)。示例代码如下：

```
    cfile.SeekToBegin();
```

（3）DWORD SeekToEnd()

```
    throw(CFileException);
```

该函数定位当前的文件指针在文件尾，等价于 CFile::Seek(0L, CFile::end)。示例代码如下：

```
    DWORD dwActual=cfile.SeekToEnd();
```

4. 状态函数

（1）virtual DWORD GetPosition() const

```
    throw(CFileException);
```

该函数获取当前文件的指针，返回值可以用于调用 Seek()。示例代码如下：

```
    DWORD dwPosition = cfile.GetPosition();
```

（2）BOOL GetStatus(CFileStatus& rStatus) const

该函数获取打开文件的状态，文件状态获取成功返回 true，否则返回 false。其中，参数 rStatus 是一个 CFileStatus 结构的引用对象，用来接收文件的状态信息。CFileStatus 结构如下：

```
    struct CFileStatus{
        CTime m_ctime;          //文件创建的日期和时间
        CTime m_mtime;          //文件上一次被修改的日期和时间
        CTime m_atime;          //文件上一次被读取的日期和时间
        LONG m_size;            //文件的逻辑字节大小
```

```
        BYTE m_attribute;                //文件的属性字节
        char m_szFullName[_MAX_PATH];    //文件路径全名
    };
```

其中 m_attribute 可以是以下枚举值之一：

```
    enum Attribute{normal=0x00, readOnly-0x01,hidden-0x02,system=0x04,
                volume=0x08, directory=0x10,archive=0x20};
```

GetStatus()的使用示例代码如下：

```
    CFileStatus status;
    if(file.GetStatus(status))            // file 为已打开的 CFile 对象
    {
        CString str;
        str.Format("File size =%d\nFull file name =%s",status.m_size,status.
        m_szFullName);
        MessageBox(str);
    }
```

（3）virtual CString GetFileName( ) const

该函数用于获取指定文件的文件名，返回值为文件名。

（4）virtual CString GetFileTitle( ) const

该函数用于获取指定文件的标题（即文件的主名），返回值为文件标题。

（5）virtual CString GetFilePath( ) const

该函数用于获取指定文件的全称路径，返回值为文件的全称路径。

5．静态成员函数

（1）static void PASCAL Rename(LPCTSTR lpszOldName, LPCTSTR lpszNewName);

```
    throw(CFileException);
```

该函数用于重新命名指定文件。其中，参数 lpszOldName 是文件的旧路径，lpszNewName 是文件的新路径。

（2）static void PASCAL Remove(LPCTSTR lpszFileName);

```
    throw(CFileException);
```

该函数删除指定文件。其中，参数 lpszFileName 是要删除的文件名。

8.3.2　CFile 类的主要操作

在 Visual C++中，数据文件的操作通常按照打开（或创建）文件、进行读写操作、关闭文件的步骤进行。

一个文件必须打开或创建之后才能使用。如果一个文件已经存在，则可以打开该文件；如果不存在，则必须创建该文件。

在文件操作中，把内存中的数据传送到外部存储设备，并保存为文件的操作叫做写文件操作。而把数据文件中的数据传送到内存中的操作叫做读文件操作。

在对一个文件的读写操作完成后，一定要将打开的文件关闭。否则，各种各样的操作就有可能对文件造成难以预料的破坏。

1．打开文件

用 CFile 类打开文件主要有以下两种方法。

（1）用 CFile 类的构造函数打开文件。

```
CFile(LPCTSTR lpszFileName,UINT nOpenFlags);
throw(CFileException);
```

可以用上面的构造函数直接创建一个 CFile 对象，并以 nOpenFlags 模式打开文件名为 lpszFileName 的文件。如果文件不能打开，CFile 的构造函数就会引发一个 CFileException 错误。一般情况下，CFileException 错误通常需用 try 和 catch 代码块来捕获。例如：

```
try
{
    CFile  file("MyFile.txt",CFile::modeRead );
    …
}
catch(CFileException e)
{
    e.ReportError();
}
```

在以下各实例程序中，为了简明易懂，省略了 try 和 catch 代码块。

（2）用 CFile::Open()打开文件。

先构造一个没有初始化的 CFile 对象，再调用 CFile::Open()打开文件。如果文件打开成功返回值 true，否则返回值 false。例如：

```
CFile file;
file.Open("MyFile.txt",CFile::modeRead);
```

2. 创建文件

如果不是对一个现存文件进行操作，而是要创建一个新文件，并对新文件进行打开等操作，则必须在 CFile 构造函数或 CFile::Open 函数的第二个参数(文件打开方式)中包含 CFile::modeCreate 标志，该标志与其他各标志是位或（ | ）关系。例如：

```
CFile file("MyFile.txt",CFile::modeRead|CFile::modeCreate);或
CFile file;
file.Open("MyFile.txt",CFile::modeWrite|CFile::modeCreate);
```

3. 关闭文件

当文件操作完成后，必须关闭该文件。关闭一个已打开的文件主要用 Close 函数。例如：

```
CFile file;
file.Open("MyFile.txt",CFile::modeWrite|CFile::modeCreate );
…    //文件其他操作
file.Close();
```

4. 读写文件

在 CFile 类中，文件的读写操作主要用 Read 函数和 Write 函数来完成。用 Read 函数所读的文件必须以 CFile::modeRead 方式打开，用 Write 函数所写的文件必须以 File::modeWrite 方式打开。

下面的代码演示了文件的读写操作，用 Read 函数和 Write 函数实现文件的复制。

```
CFile fileRead;
CFile fileWrite;
//打开文件
if(!fileRead.Open("FileRead.txt",CFile::modeRead) )
{
    MessageBox("不能打开文件! ");
    return;
}
fileWrite.Open("FileWrite.txt",CFile::modeWrite|CFile::modeCreate);
char str[100]="\0"; //定义缓冲区
```

```
UINT nByteRead=fileRead.Read(&str,sizeof(str));        //读文件
while(nByteRead)
{
    fileWrite.Write(str,sizeof(str));                  //写文件
    nByteRead=fileRead.Read(&str,sizeof(str));         //读文件
}
//关闭文件
fileRead.Close();
fileWrite.Close();
```

8.4 使用 CFile 类实现学生信息管理

例 8.2 使用 CFile 类来实现学生信息数据的管理，首先定义一个结构体类型，用来存放学生的信息，然后在对话框中实现文件的建立、读文件、写文件等操作。

8.4.1 设计应用程序窗口

使用 AppWizard 创建一个基于对话框的应用程序，为应用程序取名为 FileUse。

修改对话框的窗口标题为"使用 CFile 类实现学生信息管理"，将对话框中自动生成的静态文本控件和取消按钮删除，将确定按钮的标题改为退出。采用列表控件来显示学生数据，在列表控件下面放置一个静态文本控件，用来显示当前打开的文件路径和名称，窗口布局如图 8-4 所示。各控件属性设置参数如表 8-5 所示。

图 8-4 应用程序主窗口布局表

表 8-5 控件属性设置

对象	属性	设置	连接的成员变量
List Control	ID Style View	IDC_LIST1 Report	
Push Button	ID Caption	IDOK 退出	
Push Button	ID Caption	IDC_BUTTON_OPEN 打开文件	
Push Button	ID Caption	IDC_BUTTON_WRITE 写入文件	

续表

对象	属性	设置	连接的成员变量
Push Button	ID Caption	IDC_BUTTON_ADD 添加数据	
Push Button	ID Caption	IDC_BUTTON_MODIFY 修改数据	
Static Text	ID Caption Extended Styles	IDC_STATIC_FILENAME 默认 Client edge	
Group Box	ID Caption	默认 编辑数据	
Static Text	ID Caption	默认 学号：	
Edit Box	ID	IDC_EDIT_ID	m_strID（CString）
Static Text	ID Caption	默认 姓名：	
Edit Box	ID	IDC_EDIT_NAME	m_strName（CString）
Static Text	ID Caption	默认 性别：	
Combo Box	ID Data	IDC_COMBO_SEX 男 女	m_strSex（CString）
Static Text	ID Caption	默认 年龄：	
Edit Box	ID	IDC_EDIT_AGE	m_nAge（int）
Static Text	ID Caption	默认 专业：	
Edit Box	ID	IDC_EDIT_SUBJECT	m_strSubject（CString）

8.4.2　定义学生数据结构

为了保存学生的数据信息，必须定义相应的数据结构。可以将学生的数据信息定义为一个结构体类型，也可以将其定义为一个类。在本示例程序中，将学生的数据信息定义为一个结构体类型。

选择 File 菜单→New 命令，向工作区中添加一个 C/C++ Header File，文件名为 student.h，在该文件中定义学生结构体类型。在 student.h 文件中输入以下代码：

```
typedef struct{
    char ID[10];           //学号
    char name[10];         //姓名
    char sex[4];           //性别
    int age;               //年龄
    char subject[10];      //专业
} STUDENT;
```

8.4.3 实现各项功能

1. 初始化 List 控件

为了在对话框中显示学生信息,首先应初始化主窗口中的 List 控件。首先利用 MFC ClassWizard 为 IDC_LIST1 控件连接一个 CListCtrl 类型的成员变量 m_List,然后在 CFileUseDlg 类的 OnInitDialog() 函数中 return true;语句之前加入下面代码:

```
m_List.SetExtendedStyle(LVS_EX_GRIDLINES|LVS_EX_FULLROWSELECT|
VS_EX_ONECLICKACTIVATE);
m_List.InsertColumn(0,"学号");
m_List.InsertColumn(1,"姓名");
m_List.InsertColumn(2,"性别");
m_List.InsertColumn(3,"年龄");
m_List.InsertColumn(4,"专业");
RECT rectList;
m_List.GetWindowRect(&rectList);
int widList=rectList.right-rectList.left;
m_List.SetColumnWidth(0,widList/5);
m_List.SetColumnWidth(1,widList/5);
m_List.SetColumnWidth(2,widList/5);
m_List.SetColumnWidth(3,widList/5);
m_List.SetColumnWidth(4,widList/5);
```

2. 为类添加数据成员和支持函数

由于需要对文件进行添加、修改、删除等操作,必须记录当前打开的文件名,因此需要在 CFileUseDlg 类中加入一个成员变量,CString 类型的具有 private 访问属性的变量 m_strFileName,来保存已打开的文件名。然后在 CFileUseDlg 类的构造函数中加入语句:m_strFileName="\0";以将该变量初始化为空串。

为了便于将列表控件中的一行数据构成一条 STUDENT 记录,再为类 CFileUseDlg 再添加一个 private 属性的支持函数 CreateStudent。代码如下:

```
void CFileUseDlg::CreateStudent(int i,STUDENT&s)
{
    char str[10]={'\0'};
    m_List.GetItemText(i,0,str,sizeof(str));
    strcpy(s.ID,str);
    m_List.GetItemText(i,1,str,sizeof(str));
    strcpy(s.name,str);
    m_List.GetItemText(i,2,str,sizeof(str));
    strcpy(s.sex,str);
    m_List.GetItemText(i,3,str,sizeof(str));
    s.age=atoi(str);
    m_List.GetItemText(i,4,str,sizeof(str));
    strcpy(s.subject,str);
}
```

3. 实现"添加数据"功能

"添加数据"功能不仅要将用户输入的数据放入列表控件,而且还要将数据写入文件。在编辑数据分组框中输入学生的数据,点击"添加数据"按钮时向文件和列表框中加入数据。

利用 ClassWizard 为 "添加数据" 命令按钮添加 BN_CLICKED 消息处理函数 OnButtonAdd，以实现数据输入功能。编辑代码如下：

```cpp
void CFileUseDlg::OnButtonAdd()
{
    //TODO: Add your control notification handler code here
    //向列表控件中添加一行数据
    UpdateData();
    int n=m_List.GetItemCount();
    char str[10]="\0";
    m_List.InsertItem(n,m_strID);
    m_List.SetItemText(n,1,m_strName);
    m_List.SetItemText(n,2,m_strSex);
    itoa(m_nAge,str,10);
    m_List.SetItemText(n,3,str);
    m_List.SetItemText(n,4,m_strSubject);
    if(m_strFileName.IsEmpty())
    {
        MessageBox("由于你还没有指定文件名,学生成绩尚未写入文件! \n 请单击"写入文件" 按钮将数据写入某个文件");
        return;
    }
    else
    {
        //构造这条记录的内容
        STUDENT s;
        CreateStudent(n,s);
        CFile file;
        try
        {
            file.Open(m_strFileName,CFile::modeWrite );
            file.SeekToEnd();
            file.Write(&s,sizeof(STUDENT));
            MessageBox("学生成绩已添加到文件! ");
        }
        //异常捕获
        catch(CFileException *e)
        {
            e->ReportError();
        }
        file.Close();
    }
}
```

确定在 FileUseDlg.cpp 文件开始处加入下面预处理命令：

```cpp
#include"student.h"
```

4. 实现 "写入文件" 功能

利用 ClassWizard 为 "写入文件" 命令按钮添加 BN_CLICKED 消息处理函数 OnButtonWrite，以实现写入文件功能。编辑代码如下：

```cpp
void CFileUseDlg::OnButtonWrite()
{
    //TODO: Add your control notification handler code here
    CFile file;
    CFileDialog dlg(false,"txt",NULL,
```

```
        OFN_HIDEREADONLY|OFN_OVERWRITEPROMPT,"text file(*.txt)|*. txt",this);
    if(dlg.DoModal()!=IDOK)
        return;
m_strFileName=dlg.GetPathName();
try{
    file.Open(m_strFileName,CFile::modeWrite|CFile::modeCreate);
    int i=0;
    STUDENT s;
    int n=m_List.GetItemCount();
    while (i<n )
    {
        CreateStudent(i,s);                 //将列表控件的数据组成一个记录
        file.Write(&s,sizeof(STUDENT));     //将记录写入文件
        i++;
    }
}
catch(CFileException e)
{
    e.ReportError();
}
file.Close();
//显示打开的文件名
CWnd *pWnd=GetDlgItem(IDC_STATIC_FILENAME);
CString str;
str.Format("当前打开的文件名:\n %s",m_strFileName);
pWnd->SetWindowText(str);
}
```

5. 实现"打开文件"功能

利用 ClassWizard 为"打开文件"命令按钮添加 BN_CLICKED 消息处理函数 OnButtonOpen，以实现打开文件功能。编辑代码如下：

```
void CFileUseDlg::OnButtonOpen()
{
    //TODO: Add your control notification handler code here
    //利用通用文件对话框打开文件
    CFileDialog dlg(true,"txt",NULL,
        OFN_HIDEREADONLY|OFN_OVERWRITEPROMPT,"text file(*.txt)|*. txt",
        this);
    if(dlg.DoModal()!=IDOK)
        return;
m_strFileName=dlg.GetPathName();                    //保存文件名
    m_List.DeleteAllItems();                        //删除列表控件中的所有数据
    CString  str;
    CFile file;
    try{
file.Open(m_strFileName,CFile::modeRead|CFile::modeCreate|CFile::
modeNoTruncate);
    STUDENT s;
    int nCount;
    nCount=file.Read(&s,sizeof(STUDENT));           //从文件中读一条记录
    int i=0;
    while(nCount)
    {
        //将文件中的数据放到列表控件中
```

```
            m_List.InsertItem(i,s.ID);
            m_List.SetItemText(i,1,s.name);
            m_List.SetItemText(i,2,s.sex);
            str.Format("%d",s.age);
            m_List.SetItemText(i,3,str);
            m_List.SetItemText(i,4,s.subject);
            i++;
            nCount=file.Read(&s,sizeof(STUDENT));
        }
    }
    catch ( CFileException e )
    {
        e.ReportError();
    }
    file.Close();
    //在静态文本控件中显示文件名
    CWnd *pWnd=GetDlgItem(IDC_STATIC_FILENAME);
    str.Format("当前打开的文件名:\n %s",m_strFileName);
    pWnd->SetWindowText(str);
    UpdateData(false);
}
```

6. 实现"修改数据"功能

利用 ClassWizard 为列表控件 IDC_LIST1 添加 NM_CLICK 消息处理函数 OnClickList1，用来实现将所选列表控件中一条记录数据放置到分组框中的编辑控件中。编辑代码如下：

```
void CFileUseDlg::OnClickList1(NMHDR* pNMHDR, LRESULT* pResult)
{
    //TODO: Add your control notification handler code here
    POSITION pos=m_List.GetFirstSelectedItemPosition(); //寻找当前选中的记
                                                         //录的位置
    int n=m_List.GetNextSelectedItem(pos);          //获取当前记录的位置游标
    char str[10]={'\0'};
    //将所选记录的数据放到编辑框中
    m_List.GetItemText(n,0,str,sizeof(str));
    m_strID=str;
    m_List.GetItemText(n,1,str,sizeof(str));
    m_strName=str;
    m_List.GetItemText(n,2,str,sizeof(str));
    m_strSex=str;
    m_List.GetItemText(n,3,str,sizeof(str));
    m_nAge=atoi(str);
    m_List.GetItemText(n,4,str,sizeof(str));
    m_strSubject=str;
    UpdateData(false);                              //将数据显示在对话框中
    *pResult=0;
}
```

// 利用 ClassWizard 为 "修改数据" 命令按钮添加 "BN_CLICKED" 消息处理函数 OnButtonModify，以实现修改文件数据的功能。编辑代码如下：

```
void CFileUseDlg::OnButtonModify()
{
    //TODO: Add your control notification handler code here
    //寻找当前选中的记录的位置
    POSITION pos=m_List.GetFirstSelectedItemPosition();
    if(pos==NULL)
    {
```

```
            MessageBox("请先选中一条记录！");
            return;
    }
    //获取当前记录的位置游标
    int n=m_List.GetNextSelectedItem(pos);
    char str[10]={'\0'};
    UpdateData(true);                    //将更新后的数据传给连接变量
    //更新列表控件
    CString strTemp;
    m_List.SetItemText(n,0,m_strID);
    m_List.SetItemText(n,1,m_strName);
    m_List.SetItemText(n,2,m_strSex);
    strTemp.Format("%d",m_nAge);
    m_List.SetItemText(n,3,strTemp);
    m_List.SetItemText(n,4,m_strSubject);
    //如果点击了确定按钮，则开始文件操作，构造这条记录的内容
    STUDENT s;
    CreateStudent(n,s);                  //将列表控件中的一行数据构成一条学生记录
    CFile file;
    try
    {
        file.Open(m_strFileName,CFile::modeWrite );
        file.Seek(n*sizeof(STUDENT),CFile::begin);
        file.Write(&s,sizeof(STUDENT));
        MessageBox("学生成绩修改成功！");
    }
    catch(CFileException *e)            //异常捕获
    {
        e->ReportError();
        return;
    }
    file.Close();
}
```

编译运行程序，效果如图 8-5 所示。

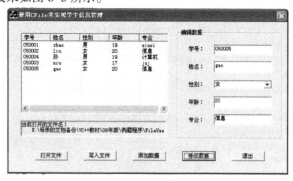

图 8-5　运行程序效果图

习　题　八

1.　填空题

（1）Visual C++应用程序中的串行化是通过_____类来实现的。

（2）当应用程序读取或写入文件时，文档对象的_____函数被调用。

（3）_____类是 MFC 中其他所有文件类的基类，它封装了 Win32 API 用来处理文件 I/O 的那部分函数。

（4）用 CFile 类打开文件主要使用_____函数和_____函数。

（5）在 CFile 类中，文件的读写操作主要用_____函数和_____函数来完成。

2. 简答题

（1）什么是文档串行化？为使一个类可串行化，必须给它添加哪两个宏？

（2）在开始建立新的文档前，清除当前文档内容的代码应加在哪里？

（3）自定义类如何实现串行化？

（4）使用 CFile 类存储数据时有哪些操作步骤？

3. 操作题

编写一个基于单文档的通讯录程序，要求能够实现对通讯录的添加、删除、浏览、查找、统计等功能，视图类从 CFormView 类派生。

实验指导八

【实验目的】

① 掌握自定义类的串行化方法和过程。

② 熟悉 CFile 类的使用。

【实验内容】

① 练习课本中的例 8.1，掌握自定义类的串行化方法和过程。

② 练习课本中的例 8.2，熟悉 CFile 类的使用。

第9章 教职工信息管理系统

本章按照软件工程的思想，分析、设计一个 MIS 系统，使用 Visual C++开发实现，并发布与安装。讲述如何建立一个 MIS 的设计开发方法。

高校教职工信息管理是高校中一项重要工作，传统的手工记录与查询相关信息既浪费时间又浪费人力和物力。采用计算机对教职工信息进行电子化管理，可提高教职工管理的效率，实现高校教职工管理工作的系统化、规范化和自动化。因此，制作一个高校教职工管理系统有十分重要的意义。本章将对高校教职工信息管理系统的功能进行分析与设计，并采用 ODBC 技术开发实现。

教学目标:

- 掌握设计与开发 MIS 系统的步骤。
- 熟悉 InstallShield for Microsoft Visual C++打包与安装软件的方法

9.1 系统分析与设计

9.1.1 系统功能分析

高校教职工信息管理系统的基本功能是对学校的教职员工信息进行处理，如数据的录入、增加、修改、删除以及信息查询等。作为一个完整的 MIS 系统，还应该包括权限的设置。所以教职工信息管理系统开发时应该满足以下几个方面的需求:

① 教职工的基本信息管理。对教职工的基本信息进行录入，删除、修改以及对教职工的信息查询，应能根据不同的查询条件对教职工的基本信息进行查询操作。

② 教职工的工资信息管理。对教职工工资信息进行录入，删除、修改以及对教职工工资信息的查询，应能根据不同的查询条件对教职工工资信息进行查询操作。

③ 教职工的教学信息管理。对教职工教学信息进行录入，删除、修改以及对教职工教学信息的查询，应能根据不同的查询条件对教职工教学信息进行查询操作。

④ 用户权限管理。只有有授权的用户才可以对有关信息进行录入、删除和修改、查询。

下面将对教职工信息管理系统进行总体设计，介绍系统的总体功能、模块划分和工作流程，使读者对本实例形成系统的认识，为进一步开发系统奠定基础。

9.1.2 系统功能设计

根据上节的功能分析与要求，可以设计出教职工信息管理系统的功能结构，如图 9-1 所示。

1. 职工基本信息管理

① 添加职工基本信息，包括职工编号、姓名、性别、生日、所在部门等信息。

② 修改职工基本信息。

③ 删除职工基本信息。

④ 查询职工基本信息：可以按照职工号、姓名、部门、职称、学历等进行查询。

2．工资信息管理

① 工资信息的添加、删除、修改。

② 工资的查询与统计：可以按照职工号、姓名、月份等进行查询。

③ 工会费的计算与导出。

④ 党费的计算与导出。

3．教学信息管理

① 添加教学信息，包括职工编号、姓名、学年、工作量、课时数、教学评价等信息。

② 修改教学信息。

③ 删除教学信息。

④ 查询教学信息：可以按照职工号、姓名、工作量、课时数、评价分等进行查询，并可以设置查询条件（=、<、>）。

4．系统用户管理

① 添加系统用户信息，包括用户名、密码、用户类型（系统管理员和普通用户）等信息。

② 修改系统用户信息。

③ 删除系统用户信息。

④ 查询系统用户信息：可以按照用户名和用户类型进行查询。

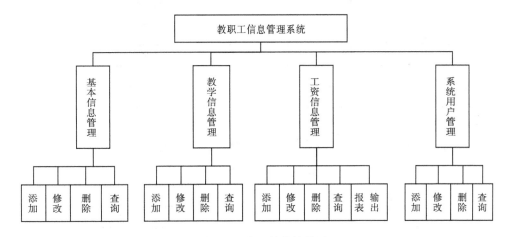

图 9-1　系统的软件结构图

9.2　数据库设计

9.2.1　数据库需求分析

根据系统分析可以列出以下数据项和数据结构：

① 教职工基本信息：职工编号、职工姓名、职工性别、出生日期、政治面貌、所在部门、

职称、学历、毕业学校、开始工作时间等。

② 工资信息：职工编号、职工姓名、岗位工资、职务津贴、补贴、应发合计、扣公积金、实发合计。

③ 教师教学信息：职工编号、职工姓名、学年、工作量、课时数、教学评价分。

④ 系统用户信息：用户名、密码、用户类型。

9.2.2 数据库逻辑结构设计与实现

根据系统分析，本系统包含 4 个表：基本信息表、工资表、教学信息表和系统用户表。

1．基本信息表 BaseInfo

教职工基本信息表 BaseInfo 用来保存教职工的基本信息，其结构如表 9-1 所示。

表 9-1 基本信息表 BaseInfo

字段名称	字段类型	字段大小	说　明
ID	文本	10	职工编号
Name	文本	15	职工姓名
Depart	文本	30	所在部门
Sex	文本	5	职工性别
Birthday	文本	10	出生日期
Job	文本	10	职称
Degree	文本	10	学历
GraduteDate	文本	10	取得学位时间
School	文本	30	毕业学校
WorkDate	文本	10	开始工作时间
IsParty	文本	5	是否党员

2．工资表 Salary

工资表 Salary 用来保存教职工的工资信息，其结构如表 9-2 所示。

表 9-2 工资表 Salary

字段名称	字段类型	字段大小	说　明
ID	文本	10	职工编号
Name	文本	15	职工姓名
BasePay	数字		岗位工资
DutyPay	数字		职务津贴
Assistance	数字		补贴
TotalShould	数字		应发合计
SubFund	数字		扣公积金
TotalFact	数字		实发合计
Month	文本	2	月份

3. 教学信息表 TeachInfo

教学信息表 TeachInfo 用来保存教师每学年的教学工作量等信息，其结构如表 9-3 所示。

表 9-3 教学信息表 TeachInfo

字段名称	字段类型	字段大小	说 明
ID	文本	10	职工编号
Name	文本	15	职工姓名
AcademicYear	文本	20	学年
WorkLoad1	数字		第一学期教学工作量
Hour1	数字		第一学期教学课时数
Quality1	数字		第一学期教学质量评价分
WorkLoad2	数字		第二学期教学工作量
Hour2	数字		第二学期教学课时数
Quality2	数字		第二学期教学质量评价分

4. 系统用户表 User

系统用户表 User 用来保存系统用户的信息，其结构如表 9-4 所示。

表 9-4 系统用户表 User

字段名称	字段类型	字段大小	说 明
User_Name	文本	10	用户名
User_Psw	文本	20	用户密码
User_Type	int		用户权限（0—普通用户，1—系统管理员）

数据库的物理实现采用 ACCESS 创建数据库，数据库名称为 teacher。

9.3 系统实现

9.3.1 创建项目

本系统采用 MFC ODBC 方法开发，项目的创建步骤如下：

① 利用 MFC AppWizard（.exe）"创建一个基于对话框的的应用程序，项目名为 TeacherMIS。

② 为了访问 ODBC 数据库类，在头文件 stdafx.h 中加入#include<afxdb.h>。

③ 为了方便对用户的权限进行控制，定义两个全局变量，保存用户的类型和用户名。因为本系统只需要连接一个数据库，为了方便程序的编写，定义一个 CDatabase 类型的全局变量 db，一次性打开和关闭数据库。在登录窗口的初始化函数中打开数据库，在主窗口的"退出"按钮中关闭数据库。

```
int UserType=0;        //用户类型   0----普通用户，1----管理员
CString UserName;      //用户名
CDatabase  db;         //全局数据库
```

④ 删除主对话框中的所有控件，添加一个命令按钮，ID 属性设置为 IDC_BUTTON_CLOSE，Caption 属性设为"退出"，为其添加单击消息处理函数，代码如下：

```
void CTeacherMISDlg::OnButtonClose()
{  //TODO: Add your control notification handler code here
    int nAnser=MessageBox("你确实要退出系统吗？","提问",
                    MB-ICONQUESTION|MB-YESNO);
    if(nAnser==IDYES)
     {if(db.IsOpen())
      db.Close();  //关闭数据库
      OnOK();
     }
}
```

为主对话框添加 WM_CLOSE 消息处理函数 OnClose()，编辑代码如下：

```
void CTeacherMISDlg::OnClose()
{   //TODO: Add your message handler code here and/or call default
    OnButtonClose();
}
```

⑤ 本系统使用属性表对话框来分别管理教职工基本信息、工资信息、教学信息和用户信息。一个属性表由一个 CPropertySheet 类（或其派生类）对象和一个或多个 CPropertyPage 类（或其派生类）对象构成。CPropertyPage 类是 CDialog 类的派生类，因此每个属性页就是一个对话框，用于进行数据的输入和输出。为了使用 CPropertySheet 和 CPropertyPage，需要在主对话框的类定义文件中加入下列变量：

```
CPropertySheet m-Sheet;
CBaseInfoDlg m-BaseInfoPage;                 //教职工基本信息管理属性页
CSalaryDlg m-SalaryPage;                     //工资管理属性页
CTeachInfoDlg m-TeachInfoPage;               //教学管理属性页
CUserDlg m-UserPage;                         //用户管理属性页
```

然后在 OnInitDialog()中添加以下代码：

```
BOOL CTeacherMISDlg::OnInitDialog()
{   CDialog::OnInitDialog();
    …
    //TODO: Add extra initialization here
    m-Sheet.AddPage(&m-BaseInfoPage);        //加第一页
    m-Sheet.AddPage(&m-SalaryPage);          //加第二页
    m-Sheet.AddPage(&m-TeachInfoPage);       //加第三页
    m-Sheet.AddPage(&m-UserPage);            //加第四页
    m-Sheet.Create(this,WS-CHILD|WS-VISIBLE,0);       //创建窗口
    m-Sheet.ModifyStyleEx(0,WS-EX-CONTROLPARENT);     //修改风格
    m-Sheet.ModifyStyle(0,WS-TABSTOP);                //修改风格
    //设置窗口位置
    m-Sheet.SetWindowPos(NULL,0,0,0,0,SWP-NOZORDER|
                    SWP-NOSIZE|SWP-NOACTIVATE);
    return TRUE; //return TRUE  unless you set the focus to a control
}
```

9.3.2 映射记录集类

为了访问数据库中的表，为每一个表映射一个记录集类（从 CRecordSet 类派生），数据库表与记录集类的关系如表 9-5 所示。

9.3.3　登录窗口设计

由于使用本系统的用户可以有多个，不同类型的用户具有不同的操作权限，因此系统运行时首先出现登录对话框，要求用户输入用户名和密码，点击"登录"按钮时对用户的身份进行验证。登录窗口如图 9-2 所示。

表 9-5　数据源中的表与记录集之间的对应关系

数据源中的表	对应记录集
BaseInfo	CBaseInfoSet
Salary	CSalarySet
TeachInfo	CTeachInfoSet
User	CUserSet

图 9-2　登录窗口

1．添加对话框资源和对话框类

添加一个对话框资源 IDD_DIALOG_LOGIN，Caption 属性为"登录窗口"。对话框界面设置如图 9-2 所示，其中的控件类型、属性和对应的成员变量如表 9-6 所示。

然后为该对话框生成一个新类 CLoginDlg，将其基类设为 CDialog，继承方式为 public。

为了显示位图图片，首先导入一个位图文件，将其 ID 属性设为：IDB_BITMAP_KEY，

表 9-6　登录对话框属性

控件	ID 号	Caption	连接变量
静态图片	IDC_STATIC	Image 属性：IDB_BITMAP_KEY	
静态文本	IDC_STATIC	用户名：	——
编辑框	IDC_EDIT_USERNAME	——	m_strUserName（CString）
静态文本	IDC_STATIC	密码：	——
编辑框	IDC_EDIT_USERPSW	——	m_strUserPsw（CString）
命令按钮	IDOK	登录	——
命令按钮	IDCANCEL	取消	——

2．添加消息处理函数

利用 ClassWizard 的 Message Maps 标选项卡，为 CloginDlg 类添加消息处理函数，函数名如表 9-7 所示。

表 9-7　消息处理函数

Object IDs	消息 Messages	消息处理函数
CLoginDlg 对话框	WM_INITDIALOG	OnInitDialog()
CLoginDlg 对话框	WM_PAINT	OnPaint()
IDOK 按钮	BN_CLICKED	OnOK()

3．初始化对话框

在登录对话框的初始化函数中打开数据库，代码如下：

```
BOOL CLoginDlg::OnInitDialog()
{
    CDialog::OnInitDialog();
    //TODO:Add extra initialization here
    if(!db.IsOpen())
    {
        int flag=0;                              //数据库是否成功打开标志
        flag=db.Open(_T("TeacherMIS"));
        if(!flag)
            MessageBox("不能打开到数据源的连接！");
    }
    GotoDlgCtrl(GetDlgItem(IDC-EDIT-USERNAME));  //将输入焦点定位在用户名编辑框
    return false;
}
```

4．修改对话框控件的字体大小和颜色

登录窗口中的文本"教职工信息管理系统"与其他控件具有不同的字体特征，为了实现此特性，需要在对话框的 WM_PAINT 消息处理函数中加入以下代码：

```
void CLoginDlg::OnPaint()
{
    CPaintDC dc(this); //device context for painting
    //TODO: Add your message handler code here
    //创建新字体
    CFont NewFont;
    NewFont.CreateFont(30,0,0,0,700,TRUE,FALSE,0,ANSI-CHARSET,
        OUT-DEFAULT-PRECIS,CLIP-DEFAULT-PRECIS,DEFAULT-QUALITY,
        DEFAULT-PITCH|FF_SWISS,"楷体");
    dc.SetBkMode(TRANSPARENT);                   //设置背景模式
    CFont *pOldFont=dc.SelectObject(&NewFont);
    dc.SetTextColor(RGB(0,0,255));               //设置文本颜色为蓝色
    dc.TextOut(60,20,"教职工信息管理系统");
    dc.SelectObject(pOldFont);
}
```

5．"登录"按钮处理

在"登录"按钮的 BN_CLICKED 消息处理函数，主要是验证用户名和密码是否正确，如果验证通过则进入主窗口，否则重新输入。函数代码如下：

```
void CLoginDlg::OnOK()
{   //TODO: Add extra validation here
    UpdateData(true);                            //将控件中的数据传给连接变量
    CUserSet *m_pUserSet=new CUserSet(&db);
    CString strSQL;
    strSQL.Format("select*from User where UserName='%s' and UserPsw='%s'",
        m-strUserName, m-strUserPsw);
    m-pUserSet->Open(AFX-DB-USE-DEFAULT-TYPE,strSQL);   //打开记录集
    if(m-pUserSet->GetRecordCount()==0)
    {   MessageBox("用户名或密码错误，请注意大小写！","登录失败");
```

```
        db.Close();              //关闭数据库
    }
    else
    {   UserType=m-pUserSet->m-UserType;
        UserName=m-pUserSet->m-UserName;
        delete m-pUserSet;
        EndDialog(IDOK);         //登录成功，结束对话框，返回 IDOK
    }
}
```

9.3.4 教职工基本信息管理模块设计

教职工基本信息管理模块的主要功能包括：添加、删除、修改、查询教职工基本信息。具体实现过程如下。

1. 界面设计

添加一个对话框资源 IDD_DIALOG_BASEINFO，Caption 属性为"教职工基本信息管理"。教职工基本信息管理对话框界面设置如图 9-3 所示，其中的控件类型、属性和对应的成员变量如表9-8 所示。

为该对话框生成一个新类 CBaseInfoDlg，其基类设为 CPropertyPage，继承方式为 public。

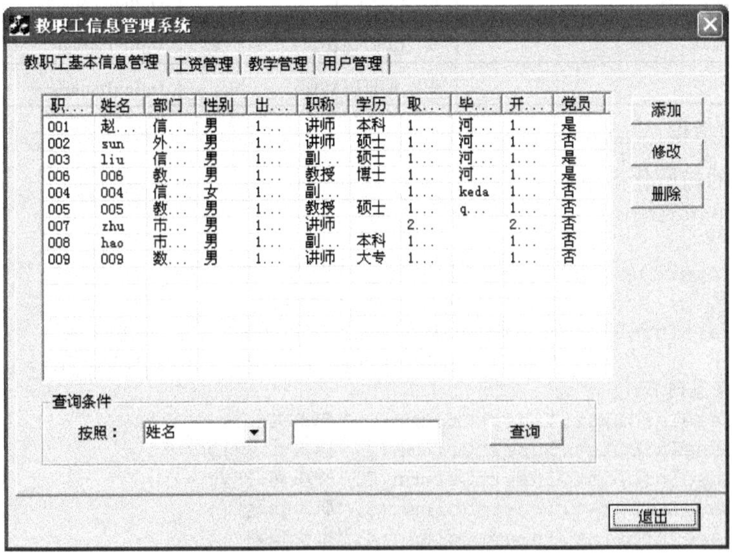

图 9-3 "教职工基本信息管理"属性页

表 9-8 教职工基本信息管理属性页对话框属性

控 件	ID 号	Caption 或 Data	连 接 变 量
列表控件	IDC_LIST1	——	m_BaseInfoList（CListCtrl）
分组框	IDC_STATIC	查询条件	——
静态文本	IDC_STATIC	按照：	——

续表

控　件	ID 号	Caption 或 Data	连　接　变　量
组合框	IDC_COMBO_SEARCHKEY	Data 属性：职工号，姓名，部门，职称，学历	m_strSearchKey（CString）
编辑框	IDC_EDIT_KEYVALUE	——	m_strKeyValue（CString）
命令按钮	IDC_BUTTON_SEARCH	查询	——
命令按钮	IDC_BUTTON_ADD	添加	——
命令按钮	IDC_BUTTON_MODIFY	修改	——
命令按钮	IDC_BUTTON_DEL	删除	——

2．添加消息处理函数

利用 ClassWizard 的 Message Maps 标选项卡，为 4 个命令按钮添加 BN_CLICKED 消息处理函数，函数名如表 9-9 所示。

表 9-9　消息处理函数

Object IDs	消息 Messages	消息处理函数
IDC_BUTTON_SEARCH 按钮	BN_CLICKED	OnButtonSearch
IDC_BUTTON_ADD 按钮	BN_CLICKED	OnButtonAdd()
IDC_BUTTON_MODIFY 按钮	BN_CLICKED	OnButtonModify
IDC_BUTTON_DEL 按钮	BN_CLICKED	OnButtonDel()
CbaseInfoDlg 对话框	WM_INITDIALOG	OnInitDialog()

3．初始化对话框

对话框界面的初始化操作如下：

```
BOOL CBaseInfoDlg::OnInitDialog()
{
    CPropertyPage::OnInitDialog();
    //TODO: Add extra initialization here
    m_BaseInfoList.SetExtendedStyle(LVS-EX-GRIDLINES|
            LVS-EX-FULLROWSELECT|LVS-EX-ONECLICKACTIVATE);
    //设置列名
    m_BaseInfoList.InsertColumn(0,"职工编号");
    m_BaseInfoList.InsertColumn(1,"职工姓名");
    m_BaseInfoList.InsertColumn(2,"所在部门");
    m_BaseInfoList.InsertColumn(3,"职工性别");
    m_BaseInfoList.InsertColumn(4,"出生日期");
    m_BaseInfoList.InsertColumn(5,"职称");
    m_BaseInfoList.InsertColumn(6,"学历");
    m_BaseInfoList.InsertColumn(7,"取得学历时间");
    m_BaseInfoList.InsertColumn(8,"毕业学校");
    m_BaseInfoList.InsertColumn(9,"开始工作时间");
    m_BaseInfoList.InsertColumn(10,"党员");
    RECT rectList;
    m_BaseInfoList.GetWindowRect(&rectList);
    int width=(rectList.right-rectList.left)/11;
    //设置列宽
    for(int i=0;i<=10;i++)
```

```
        m_BaseInfoList.SetColumnWidth(i, width);
         if(0==UserType)                        //对于普通用户，只能查询
    {
        GetDlgItem(IDC_BUTTON_ADD)->EnableWindow(false);
         GetDlgItem(IDC_BUTTON_DEL)->EnableWindow(false);
        GetDlgItem(IDC_BUTTON_MODIFY)->EnableWindow(false);
    }
    m_strSearchKey="姓名";                      //缺省为按姓名查询
    UpdateData(false);
    RefreshList();                             //显示数据
     return TRUE;
}
```

其中 RefreshList()的功能是更新列表控件显示的数据，该函数的原型如下：

```
    void RefreshList(CString strSQL="select * from BaseInfo"); //缺省为查询全部记录
    void CBaseInfoDlg::RefreshList(CString strSQL)
{
    m_BaseInfoList.DeleteAllItems();           //删除列表中原来的记录
    CBaseInfoSet m_BaseInfoSet;                //创建记录集
    int i=0;                                   //记录序号
    try
    {
        if(m_BaseInfoSet.IsOpen())
            m_BaseInfoSet.Close();
        m_BaseInfoSet.Open(CRecordset::snapshot,strSQL);
        if(m_BaseInfoSet.GetRecordCount()==0)
        {
            MessageBox("没有符合条件的记录！");
            return;
        }
        //输出匹配的记录，直到记录集为空
        while(!m_BaseInfoSet.IsEOF())
        {   //设置 ListCtrl 记录的 Item 值
            m_BaseInfoList.InsertItem(i, m_BaseInfoSet.m_ID );
            m_BaseInfoList.SetItemText(i,1,m_BaseInfoSet.m_Name);
            m_BaseInfoList.SetItemText(i,2,m_BaseInfoSet.m_Depart);
            m_BaseInfoList.SetItemText(i,3,m_BaseInfoSet.m_Sex);
            m_BaseInfoList.SetItemText(i,4,m_BaseInfoSet.m_Birthday);
            m_BaseInfoList.SetItemText(i,5,m_BaseInfoSet.m_Job);
            m_BaseInfoList.SetItemText(i,6,m_BaseInfoSet.m_Degree);
            m_BaseInfoList.SetItemText(i,7,m_BaseInfoSet.m_GraduteDate);
            m_BaseInfoList.SetItemText(i,8,m_BaseInfoSet.m_School);
            m_BaseInfoList.SetItemText(i,9,m_BaseInfoSet.m_WorkDate);
            m_BaseInfoList.SetItemText(i,10,m_BaseInfoSet.m_IsParty);
            m_BaseInfoSet.MoveNext();           //移到下一条记录
            i++;
        }
        if(m_BaseInfoSet.IsOpen())
            m_BaseInfoSet.Close();              //关闭记录集
    }
    catch(CDBException *e)                      //异常捕获
    {
        e->ReportError();
```

```
        return;
    }
}
```

4. "添加"按钮处理

"添加"按钮用于增加一条新的教职工基本信息，处理过程为：首先打开添加教师基本信息对话框接收用户输入的数据，然后确定该职工是否存在，如果已存在则不能添加，如果不存在，则将数据写入记录集和列表控件。

"添加"按钮的处理代码如下：

```
void CBaseInfoDlg::OnButtonAdd()
{
    //TODO: Add your control notification handler code here
    CBaseInfoAddDlg BaseDlg;              //打开添加教师基本信息对话框
    BaseDlg.m-nDlgType=0;                 //对话框标题为"添加教师基本信息"
    if(IDOK!=BaseDlg.DoModal())
        return;
    RefreshList();                        //显示数据
    MessageBox("添加成功！");
}
```

为了接收用户输入的数据，添加一个新的对话框资源 IDD_DIALOG_BASEINFOADD，Caption属性为：添加教师基本信息。对话框界面设置如图 9-4 所示，其中的控件类型、属性和对应的成员变量如表 9-10 所示。

为该对话框生成一个新类 CBaseInfoAddDlg，基类为 CDialog，继承方式为 public。

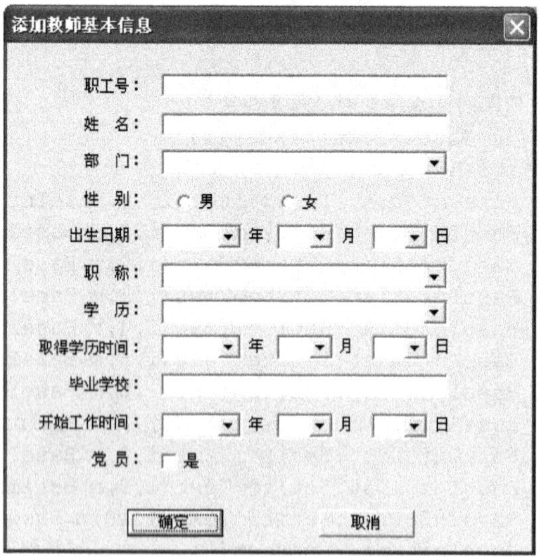

图 9-4　添加教职工基本信息对话框

为 IDC_CHECK_PARTY 复选框添加一个 BN_CLICKED 消息处理函数，加入以下代码：

```
void CBaseInfoAddDlg::OnCheckParty()
{   //TODO: Add your control notification handler code here
    m-bParty=!m-bParty;
}
```

表 9-10 添加教职工基本信息对话框控件属性

控 件	ID 号	Caption 或 Data	连接变量
静态文本	IDC_STATIC	职工号：	——
编辑框	IDC_EDIT_ID	——	m_strID（CString）
静态文本	IDC_STATIC	姓名：	——
编辑框	IDC_EDIT_NAME	——	m_strName（CString）
静态文本	IDC_STATIC	部门：	——
组合框	DC_COMBO_DEPART	——	m_strDepart（CString）
静态文本	IDC_STATIC	性别：	——
单选按钮	IDC_RADIO_NAN	男	m_nSex（int）
单选按钮	IDC_RADIO_NV	女	——
静态文本	IDC_STATIC	出生日期：	——
组合框	IDC_COMBO_BIRTHYEAR	Data 属性：从 1950 至 2000	m_strBirthYear（CString）
静态文本	IDC_STATIC	年	——
组合框	IDC_COMBO_BIRTHMONTH	Data 属性：从 01 至 12	m_strBirthMonth（CString）
静态文本	IDC_STATIC	月	——
组合框	IDC_COMBO_BIRTHDAY	Data 属性：从 01 至 31	m_strBirthDay（CString）
静态文本	IDC_STATIC	日	——
静态文本	IDC_STATIC	职称：	——
组合框	IDC_COMBO_JOB	Data 属性：助教、讲师、副教授、教授	m_strJob（CString）
静态文本	IDC_STATIC	学历：	——
组合框	IDC_COMBO_DEGREE	Data 属性：中专、大专、本科、硕士、博士、博士后	m_strDegree（CString）
静态文本	IDC_STATIC	取得学历时间：	——
组合框	IDC_COMBO_GRADUATEYEAR	Data 属性：从 1950 至 2000	m_strGraduateDay（CString）
静态文本	IDC_STATIC	年	——
组合框	IDC_COMBO_GRADUATEMONTH	Data 属性：从 01 至 12	m_strGraduateMonth（CString）
静态文本	IDC_STATIC	月	——
组合框	IDC_COMBO_GRADUATEDAY	Data 属性：从 01 至 31	m_strGraduateYear（CString）
静态文本	IDC_STATIC	日	——
静态文本	IDC_STATIC	毕业学校：	——
编辑框	IDC_EDIT_SCHOOL	——	m_strSchool（CString）
静态文本	IDC_STATIC	开始工作时间：	——
组合框	IDC_COMBO_WORKYEAR	Data 属性：从 1950 至 2000	m_strWorkYear（CString）
静态文本	IDC_STATIC	年	——
组合框	DC_COMBO_WORKMONTH	Data 属性：从 01 至 12	m_strWorkMonth（CString）
静态文本	IDC_STATIC	月	——
组合框	IDC_COMBO_WORKDAY	Data 属性：从 01 至 31	m_strWorkDay（CString）

续表

控 件	ID 号	Caption 或 Data	连接变量
静态文本	IDC_STATIC	日	——
静态文本	IDC_STATIC	党员：	——
复选框	IDC_CHECK_PARTY	是	m_bParty（BOOL）
命令按钮	IDOK	确定	——
命令按钮	IDCANCEL	取消	——

　　为"确定"按钮添加一个 BN_CLICKED 消息处理函数，在该函数中编辑新记录的数据，代码如下：

```
void CBaseInfoAddDlg::OnOK()
{   //TODO: Add extra validation here
    UpdateData(true);
    if(m-strID.IsEmpty())
    {   MessageBox("职工号不能为空! ");
        return;
    }
    if(m-strName.IsEmpty())
    {   MessageBox("职工姓名不能为空! ");
        return;
    }
    CBaseInfoSet m-BaseInfoSet;                    //创建记录集，开始数据库操作
    try
    {   //查找是否有同一职工号
        CString strSQL;
        strSQL.Format("select * from BaseInfo WHERE ID='%s'",m-strID);
        m-BaseInfoSet.Open(CRecordset::snapshot,strSQL);
        if(0==m_nDlgType)                          //添加数据
        {   //判断数据库中是否有职工号，如果有则退出
            if(m-BaseInfoSet.GetRecordCount()!=0)
            {   m-BaseInfoSet.Close();
                MessageBox("同一职工已经存在! ");
                return;
            }
            //如果没有同一职工，则执行正常的添加操作
            m-BaseInfoSet.AddNew();                //添加一条记录
        }
            else if(1==m_nDlgType)                 //修改数据
            {   if(m-BaseInfoSet.GetRecordCount()!=0)
                {m-BaseInfoSet.Edit();}
            }
        //编辑新记录的内容
        m-BaseInfoSet.m-ID=m-strID;
        m-BaseInfoSet.m-Name=m-strName;
        m-BaseInfoSet.m-Depart=m-strDepart;
        CString s[2]={"男","女"};
        m-BaseInfoSet.m-Sex=s[m_nSex];
        m-BaseInfoSet.m-Birthday.Format("%s-%s-%s",m-strBirthYear,
                m-strBirthMonth,m-strBirthDay);
        m-BaseInfoSet.m-Job=m-strJob;
        m-BaseInfoSet.m-Degree=m-strDegree;
```

```
        m_BaseInfoSet.m_GraduteDate.Format("%s-%s-%s",m_strGraduateYear,
            m_strGraduateMonth,m_strGraduateDay);
        m_BaseInfoSet.m_School=m_strSchool;
        m_BaseInfoSet.m_WorkDate.Format("%s-%s-%s",m_strWorkYear,
            m_strWorkMonth,m_strWorkDay);
        if(m_bParty)
            m_BaseInfoSet.m_IsParty="是";
        else
            m_BaseInfoSet.m_IsParty="否";
        if(m_BaseInfoSet.CanUpdate())
        {   m_BaseInfoSet.Update();          //更新数据库
        }
        if(m_BaseInfoSet.IsOpen())
            m_BaseInfoSet.Close();           //关闭记录集
    }
    catch(CDBException *e)                    //异常捕获
    {   e->ReportError();
        return;
    }
    CDialog::OnOK();
}
```

5. "修改"按钮处理

"修改"按钮的单击消息处理过程是：首先在列表控件中选择一条记录，将原来的数据读到"修改教师基本信息"对话框中，数据修改完后再写回到列表控件和记录集中。

由于"修改教师基本信息"对话框与"添加教师基本信息"对话框界面完全相同，只是对话框的标题不一样，所以二者使用相同的对话框类 CBaseInfoAddDlg。为了显示不同的标题文本，为 CBaseInfoAddDlg 添加一个 public 访问属性的 int 类型成员变量 m_nDlgType，并在 CbaseInfoAddDlg ::OnInitDialog()中加入以下代码：

```
BOOL CBaseInfoAddDlg::OnInitDialog()
{   CDialog::OnInitDialog();
    //TODO: Add extra initialization here
    if(m_nDlgType==0)
    {
        SetWindowText("添加教师基本信息");        //设置对话框标题
        GotoDlgCtrl(GetDlgItem(IDC_EDIT_ID));    //将输入焦点定位在职工号编辑框
    }
    else if(m_nDlgType==1)
    {
        SetWindowText("修改教师基本信息");             //设置对话框标题
        GetDlgItem(IDC_EDIT_ID)->EnableWindow(false); //禁用职工号编辑框
        GotoDlgCtrl(GetDlgItem(IDC_EDIT_NAME));      //将输入焦点定位在姓名编辑框
    }
    return false;
}
```

编辑"修改"按钮的单击消息处理函数如下：

```
void CBaseInfoDlg::OnButtonModify()
{   //TODO: Add your control notification handler code here
    //寻找当前选中的记录的位置
    int i=m_BaseInfoList.GetSelectionMark();
    if(-1==i)
    {       MessageBox("请先选中一条记录！");
```

```
            return;
        }
        CBaseInfoAddDlg BaseDlg;            //创建修改教师基本信息对话框
        BaseDlg.m_nDlgType=1;               //对话框标题为"修改教师基本信息"
        //将所选记录的数据放到对话框中
        CString strTemp;
        char chTemp[50]={'\0'};
        m_BaseInfoList.GetItemText(i,0,chTemp,sizeof(chTemp));
        BaseDlg.m_strID = chTemp;
        m_BaseInfoList.GetItemText(i,1,chTemp,sizeof(chTemp));
        BaseDlg.m_strName = chTemp;
        m_BaseInfoList.GetItemText(i,2,chTemp,sizeof(chTemp));
        BaseDlg.m_strDepart = chTemp;
        m_BaseInfoList.GetItemText(i,3,chTemp,sizeof(chTemp));
        strTemp=chTemp;
        if(strTemp=="男")
            BaseDlg.m_nSex=0;
        else if(strTemp=="男")
                BaseDlg.m_nSex=1;
        m_BaseInfoList.GetItemText(i,4,chTemp,sizeof(chTemp));
        strTemp=chTemp;
        BaseDlg.m_strBirthYear=strTemp.Left(4);
        BaseDlg.m_strBirthMonth=strTemp.Mid(5,2);
        BaseDlg.m_strBirthDay=strTemp.Right(2);
        m_BaseInfoList.GetItemText(i,5,chTemp,sizeof(chTemp));
        BaseDlg.m_strJob=chTemp;
        m_BaseInfoList.GetItemText(i,6,chTemp,sizeof(chTemp));
        BaseDlg.m_strDegree=chTemp;
        m_BaseInfoList.GetItemText(i,7,chTemp,sizeof(chTemp));
        strTemp=chTemp;
        BaseDlg.m_strGraduateYear=strTemp.Left(4);
        BaseDlg.m_strGraduateMonth=strTemp.Mid(5,2);
        BaseDlg.m_strGraduateDay=strTemp.Right(2);
        m_BaseInfoList.GetItemText(i,8,chTemp,sizeof(chTemp));
        BaseDlg.m_strSchool=chTemp;
        m_BaseInfoList.GetItemText(i,9,chTemp,sizeof(chTemp));
        strTemp=chTemp;
        BaseDlg.m_strWorkYear=strTemp.Left(4);
        BaseDlg.m_strWorkMonth=strTemp.Mid(5,2);
        BaseDlg.m_strWorkDay=.Right(2);
        m_BaseInfoList.GetItemText(i,10,chTemp,sizeof(chTemp));
        strTemp=chTemp;
        if(strTemp=="是")
            BaseDlg.m_bParty=true;
        else
            BaseDlg.m_bParty=false;
        UpdateData(false);                  //将数据显示在对话框中
        if(IDOK!=BaseDlg.DoModal())
            return;
        RefreshList();                      //显示数据
        MessageBox("修改成功！");
    }
```

6. "删除"按钮处理

"删除"按钮的单击消息处理过程是：首先在列表控件中选择一条记录，然后显示确认删除对话框，用户确认后在记录集查找该记录并删除，同时也删除列表控件的记录。

```
void CBaseInfoDlg::OnButtonDel()
{   //TODO: Add your control notification handler code here
    int i=m_BaseInfoList.GetSelectionMark();     //寻找当前选中的记录的位置
    if(-1==i)
    {   MessageBox("请先选中一条记录! ");
        return;
    }
    //确认该操作
    int nAnser=MessageBox("你确实要删除该记录吗? ","提问",
                        MB_ICONQUESTION|MB_YESNO);
    if(nAnser!=IDYES)
      return;
    char str[20]={'\0'};
    m_BaseInfoList.GetItemText(i,0,str,sizeof(str));     //取得当前选中记
录的职工号
    //创建记录集，开始数据库操作
    CBaseInfoSet m_BaseInfoSet;
    try
    {
        m_BaseInfoSet.m_strFilter.Format("ID='%s'",str); //设置查询条件
        m_BaseInfoSet.Open();                       //打开记录集
        // 判断数据库中是否有该教师，有则进行删除操作
        if(m_BaseInfoSet.GetRecordCount()!=0)
        {   m_BaseInfoSet.Delete();                  //删除当前记录
            if(m_BaseInfoSet.IsOpen())
                m_BaseInfoSet.Close();               //关闭记录集
            m_BaseInfoList.DeleteItem(i);            //删除列表控件中所选择的记录
            MessageBox("删除成功! ");
        }
        else  //考虑特例，如果操作中用户信息不存在了
        {
            if(m_BaseInfoSet.IsOpen())
                m_BaseInfoSet.Close();               //关闭记录集
            MessageBox("该教师记录不存在，无法删除! ");
            return;
        }
    }
    catch(CDBException *e)                           //异常捕获
    {   e->ReportError();
        return;
    }

}
```

7. "查询"按钮处理

如果需要查询教职工基本信息，首先在组合框中选择查询条件，查询关键字有 5 个（注意顺序）：职工号、姓名、部门、职称、学历，然后在编辑框中输入要查询的值，点击"查询"按钮，如果有符合条件的纪录，则显示在列表控件中。

"查询"按钮的代码如下：

```
void CBaseInfoDlg::OnButtonSearch()
{   //TODO: Add your control notification handler code here
    UpdateData(true);
```

```
m-strKeyValue.TrimLeft();               //去掉前导空格
m-strKeyValue.TrimRight();              //去掉后缀空格
char* strKey1[5]={"职工号","姓名","部门","职称","学历"};
char* strKey2[5]={"ID","Name","Depart","Job","Degree"};
//设置查询条件
CString strFilter;
for(int i=0;i<5;i++)
{
    if(m-strSearchKey.Compare(strKey1[i])==0)
        strFilter = strKey2[i];
}
CString strSQL;
strSQL.Format("select * from BaseInfo where %s='%s'",strFilter,m_strKey
Value);
//如果不设查询条件或查询值为空，则显示全部记录
if(m_strSearchKey.IsEmpty()||m_strKeyValue.IsEmpty())
    strSQL.Format("select * from BaseInfo" );
RefreshList(strSQL);                    //显示数据
}
```

9.3.5 工资管理模块设计

教职工工资管理模块的主要功能包括：添加、删除、修改、查询教职工的工资信息，计算工会费和党费。具体实现过程如下。

1. 创建对话框资源和对话框类

首先创建工资管理属性页。添加一个对话框资源 IDD_DIALOG_SALARY，Caption 属性为"工资管理"。对话框界面设置如图 9-5 所示。

为该对话框生成一个新类 CSalaryDlg，将其基类设为 CPropertyPage，继承方式为 public。

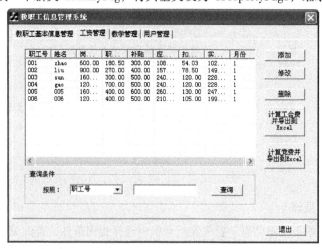

图 9-5　工资管理属性页

2. 添加消息处理函数

利用 ClassWizard 的 Message Maps 标选项卡，为命令按钮添加 BN_CLICKED 消息处理函数，为 CSalaryDlg 对话框添加 WM_INITDIALOG 消息处理函数。其中对话框的初始化函数和"添加"、

"删除"、"修改"、"查询"按钮的单击消息处理函数与教职工基本
信息管理模块类似。"添加工资信息"对话框界面设置如图 9-6
所示。

图 9-6　添加工资信息对话框

3."计算工会费"按钮处理

每个教职工都是工会会员，每月要缴纳一定的工会费。首先
利用"查询"功能得到所需要的记录，然后点击"计算工会费"
按钮，对列表控件中的每条记录分别计算工会费，显示在列表控
件中，同时将数据导出到 Excel 表中。具体代码如下：

```
void CSalaryDlg::OnButtonLabour()
{   //TODO: Add your control notification handler code here
    m-SalaryList.DeleteColumn(9);                //删除原来的第 10 列
    m-SalaryList.InsertColumn(9, "工会费");
    m-SalaryList.SetColumnWidth(9, 50 );
    int n = m-SalaryList.GetItemCount();         //取得列表控件中的记录总数
    char chTemp[10]={'\0'};
    //计算列表控件中每个人的工会费
     for(int i=0; i<n;i++)
    {   m-SalaryList.GetItemText(i,2,chTemp,sizeof(chTemp));
        float BasePay=(float)atof(chTemp);
        m-SalaryList.GetItemText(i,3,chTemp,sizeof(chTemp));
        float DutyPay=(float)atof(chTemp);
        CString str;
        str.Format("%.2f",(BasePay+DutyPay)*0.005f);    //计算工会费
        m-SalaryList.SetItemText(i,9,str);
    }
    //创建并将工会费导出到 Excel 文件 LabourFeeExcel.xls
    //将列表视图中的数据项导出到 Excel 文件
    CDatabase DB;
    CString StrDriver="MICROSOFT EXCEL DRIVER(*.XLS)"; //Excel 安装驱动
    CString StrExcelFile="E:\\LabourFeeExcel.xls"; //要建立的 Excel 文件
    CString StrSQL;
    StrSQL.Format("DRIVER={%s};DSN='';FIRSTROWHASNameS=1;READONLY=FALS
E;CREATE-DB=%s;DBQ=%s",StrDriver,StrExcelFile,StrExcelFile);
    try
    {   //创建 Excel 表格文件
    DB.OpenEx(StrSQL,CDatabase::noOdbcDialog);
    //创建表结构 字段名不能是 Index
    StrSQL="CREATE TABLE LabourFee(姓名 TEXT,工会费 NUMBER)";
    DB.ExecuteSQL(StrSQL);
    //插入数值
        CString id, Labour;
        for(i=0;i<n;i++)
        {   id=m-SalaryList.GetItemText(i,1);
            Labour=m-SalaryList.GetItemText(i,9);
            StrSQL.Format("INSERT INTO LabourFee(姓名,工会费)VALUES('%s',
'%s')",
                id,Labour);
            DB.ExecuteSQL(StrSQL);
```

```
            }
            DB.Close();    //关闭数据库
        }
        catch(CDBException*e)
        {   TRACE1("没有安装 Excel 驱动：%s",StrDriver);
        }
        MessageBox("E:\\LabourFeeExcel.xls 文件创建成功！","信息提示",MB_OK);
    }
}
```

4."计算党费"按钮处理

计算党费与计算工会费类似，只是需要先查询出那些教职工是党员，然后按比例计算党费即可。具体代码如下：

```
void CSalaryDlg::OnButtonLabour()
{   //查询党员
    CString strSQL;
    strSQL.Format("select * from Salary where ID in ( select ID from
BaseInfo where IsParty='是')");
    RefreshList(strSQL);                          //显示党员
    m-SalaryList.DeleteColumn(9);                 //删除原来的第 10 列
    m-SalaryList.InsertColumn(9,"党费");
    m-SalaryList.SetColumnWidth(9,50);
    int n=m-SalaryList.GetItemCount();            //取得列表控件中的记录总数
    char chTemp[10]={'\0'};
    //计算列表控件中每个人的党费
    for(int i=0; i<n; i++ )
    {
        m-SalaryList.GetItemText(i,5,chTemp,sizeof(chTemp));
        float TotalShould = (float)atof(chTemp);    //应发工资
        float BaseShould ;                          //税后党费交纳基数
        float PartyFee;                             //应交党费
        //计算税后党费交纳基数
        if((TotalShould-2000) <=500 )
            BaseShould=TotalShould-(TotalShould-2000)*0.05f;  //税后工资
        else
            BaseShould=TotalShould-(TotalShould-2000)*0.10f;  //税后工资
        //计算党费
        if(BaseShould<=3000)
            PartyFee=BaseShould*0.005f;        //3000 元以下，0.5%
        else if(BaseShould<=5000)
            PartyFee=BaseShould*0.01f;         //3000 元--5000 元，1%
        else if(BaseShould<=10000)
            PartyFee=BaseShould*0.015f;        //5000 元--10000 元以下，1.5%
        else
            PartyFee=BaseShould*0.02f;         //10000 元以上，2%
        CString str;
        str.Format("%.2f",PartyFee );
        m-SalaryList.SetItemText(i,9,str);
    }
```

```
//创建并将党费导出到 Excel 文件 PartyFeeExcel.xls
//将列表视图中的数据项导出到 Excel 文件
CDatabase DB;
CString StrDriver="MICROSOFT EXCEL DRIVER(*.XLS)"; //Excel 安装驱动
CString StrExcelFile="E:\\PartyFeeExcel.xls";   //要建立的 Excel 文件
CString StrSQL;
StrSQL.Format("DRIVER={%s};DSN='';FIRSTROWHASNameS=1;READONLY=FALS
E;CREATE_DB=%s;DBQ=%s",StrDriver,StrExcelFile,StrExcelFile);
try
{   //创建 Excel 表格文件
    DB.OpenEx(StrSQL,CDatabase::noOdbcDialog);
    //创建表结构 字段名不能是 Index
    StrSQL="CREATE TABLE PartyFee(姓名 TEXT,党费 NUMBER)";
    DB.ExecuteSQL(StrSQL);
    //插入数值
    CString id, Party;
    for(i=0;i<n;i++)
    {
        id=m-SalaryList.GetItemText(i,1);
        Party=m-SalaryList.GetItemText(i,9);
        StrSQL.Format("INSERT INTO PartyFee(姓名,党费)
            VALUES('%s','%s')",id,Party);
        DB.ExecuteSQL(StrSQL);
    }
    DB.Close();     //关闭数据库
}
catch (CDBException e)
{
    TRACE1("没有安装 Excel 驱动: %s",StrDriver);
}
MessageBox("E:\\PartyFeeExcel.xls 文件创建成功! ","信息提示",MB_OK);
}
```

9.3.6　教学管理模块设计

教学管理模块的主要功能包括：添加、删除、修改、查询教职工的教学信息。具体实现过程如下。

1. 创建对话框资源和对话框类

首先创建教学管理属性页。添加一个对话框资源，ID 属性为：IDD_DIALOG_TEACHINFO，Caption 属性为：教学管理。对话框界面设置如图 9-7 所示。

然后为该对话框生成一个新类，类名为 CTeachInfoDlg，将其基类设为 CPropertyPage，继承方式为 public。

2. 添加消息处理函数

利用 ClassWizard 的 Message Maps 标选项卡，为命令按钮添加 BN_CLICKED 消息处理函数。各函数与教职工基本信息管理模块类似，在此不再赘述。其中"添加教学信息"界面设置如图 9-8 所示。

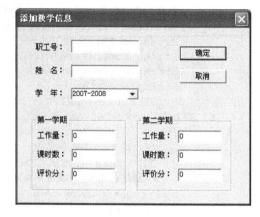

图 9-7 教学管理属性页   图 9-8 添加教学信息对话框

9.3.7 系统用户管理模块设计

用户管理模块的主要功能包括：添加、删除、查询系统用户和修改密码等功能。具体实现过程如下。

1. 创建对话框资源和对话框类

首先创建用户管理属性页。添加一个对话框资源 IDD_DIALOG_USER，Caption 属性为：用户管理。对话框界面设置如图 9-9 所示。

然后为该对话框生成一个新类 CUserDlg，将其基类设为 CPropertyPage，继承方式为 public。

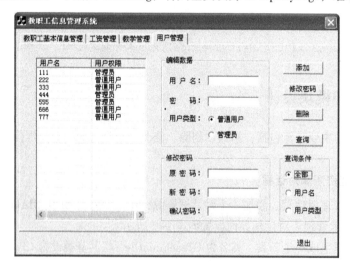

图 9-9 用户管理属性页

2. 添加消息处理函数

利用 ClassWizard 的 Message Maps 标选项卡，为命令按钮添加 BN_CLICKED 消息处理函数。其中添加、删除、查询按钮的处理函数与教职工基本信息管理模块类似，下面主要介绍"修改密码"处理函数。

"修改密码"的处理过程为：首先从数据库中查询当前用户的原密码是否正确，然后再判断两个新密码是否一致，如果一致才更新数据库。具体代码如下：

```
void CUserDlg::OnButtonModify()
{   //TODO: Add your control notification handler code here
    UpdateData(true);
    CUserSet m_UserSet;                          //创建记录集
    CString strSQL;
    strSQL.Format("select * from User where UserName='%s'",UserName);
    //打开记录集,查找输入是否正确
    m-UserSet.Open(AFX-DB-USE-DEFAULT-TYPE,strSQL);
    //如果输入的原密码与数据库中的不一致，提示原密码错误
    if(m-strPswOld.Compare(m-UserSet.m-UserPsw)!=0)
    {
        MessageBox("原密码错误! ");
        m-strPswOld.Empty();                     //将原密码编辑框清空
        UpdateData(false);
    }
    //如果原密码正确，而两个新密码不一致，提示确认错误
    else if(m-strPswNew!=m-strPswFirm)
    {
        MessageBox("新密码验证错误");
        m-strPswFirm="";                         //将确认密码编辑框清空
        UpdateData(false);
    }
        else //如果一切正确，则更新数据库
        {
            strSQL.Format("update User set UserPsw='%s'where UserName=
                '%s'",m-strPswNew, UserName);
            db.ExecuteSQL(strSQL);               //执行 SQL 语句
            MessageBox("密码修改成功! ");
            m-strPswOld="";
            m-strPswNew="";
            m-strPswFirm="";
            UpdateData(false);
        }
    }
}
```

9.4　应用程序发布

应用程序开发完成后，需要将其制作成安装程序包，以便其他用户将其安装在自己的计算机上，这一过程被称为应用程序发布。本节将介绍如何使用 InstallShield 工具发布应用程序。

9.4.1　打包发布前的准备

微软提供了两个不同版本的类库，即 Win32 Debug 和 Win32 Release 版本。在 VC++中创建一个工程时，可以建立这两个版本。

① Release 版本是当程序完成后，准备发行时用来编译的版本。它对可执行程序的二进制代

码进行了优化，但是其中不包含任何的调试信息。

② Debug 版本是用在开发过程中进行调试时所用的版本。其中包含着 Microsoft 格式的调试信息，不进行任何代码优化。

新建立的工程默认的是 Debug 版本。可以选择 Build 菜单→Set Active Configure 命令，弹出 Set Active Project Configuration 对话框，选择设置 Release 版本。

用户可以自定义每个版本的配置信息。选择 Project 菜单→Settings 命令，弹出 Project Settings 对话框，如图 9-10 所示。

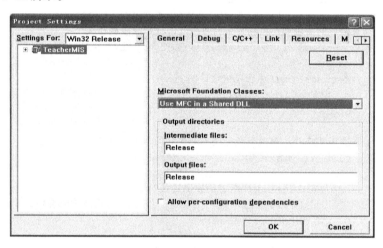

图 9-10 "Project Settings" 对话框

在 General 属性页的 Microsoft Foundation Classes 列表框中选择 Use MFC in a Shared DLL，输出文件夹为 Release。单击 OK 按钮，完成设置。

在 VC++的工具栏中选择 Win32 Release，将要打包的项目在 Release 模式下重新编译。这样在应用程序目录下增加了 Release 目录，里面有将要发行的可执行文件。.

9.4.2 使用 InstallShield for VC++工具打包发布

在安装 VC++时，选择 Other Microsoft Tools。即可安装 InstallShield for VC++。可以在 VC++中，选择 TOOLS 菜单→InstallShield Wizard 命令，也可以利用 InstallShield for VC++6 工具打包发布。下面介绍如何创建教职工信息管理系统的安装程序。。

① 单击"开始"→"程序"→InstallShield for Microsoft VC++6，运行 InstallShield 程序，如图 9-11 所示。

② 双击 Project Wizard，打开安装项目向导的"欢迎"界面，输入有关信息，如应用程序的名称、公司名称、开发环境、应用类别、版本号以及应用程序的执行文件，如图 9-12 所示。

③ 单击"下一步"，打开选择对话框。用户可以选择在安装程序中需要使用的对话框，例如欢迎信息、软件许可协议等，采用默认设置。

④ 单击"下一步"，打开选择目标平台对话框，采用默认设置。

⑤ 单击"下一步"，打开选择语言种类对话框，采用默认设置。

⑥ 单击"下一步"，打开选择安装类型对话框，采用默认设置。

⑦ 单击 "下一步", 打开选择安装组件对话框, 如图 9-13 所示。采用默认设置。安装组件是应用程序的一部分, 通常包括应用程序文件、示例文件、帮助文件和共享 DLL 文件等。单击 Add 按钮, 可以添加新的组件, 单击 Delete 按钮, 可以删除选择的组件。

⑧ 单击 "下一步", 打开选择文件组对话框。如图 9-14 所示。文件组是应用程序文件的逻辑集合, 在安装过程中, 用户可以选择下列缺省文件组, 即应用程序可执行文件、应用程序 DLL 文件、示例文件、帮助文件和共享 DLL 文件等。

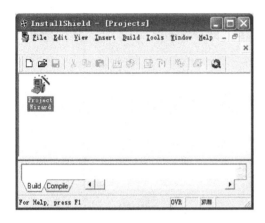

图 9-11 InstallShield 应用程序界面

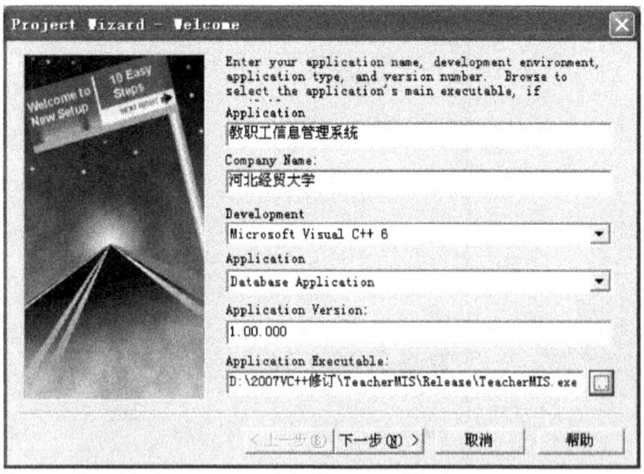

图 9-12 输入发布程序的基本信息

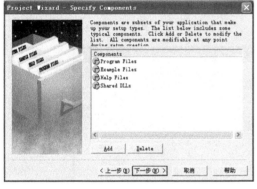

图 9-13 选择安装组件

图 9-14 选择文件组

⑨ 单击 "下一步", 进入摘要对话框, 其中显示了安装程序的摘要信息。

⑩ 单击 "完成", 开始创建安装项目的框架, 同时该项目的所有内容都被放在缺省的 c:\My Installations\Your Application Name 文件夹中。同时打开安装脚本文件, 如图 9-15 所示。

在安装项目的工作区, 有 7 个页面, 分别是:

- Scripts: 对 Setup.rul 文件进行管理。
- Setup Types: 对安装类型 (推荐、典型、定制) 进行管理。
- Setup Files: 对安装文件, 例如安装程序的 Splash Screen 欢迎界面的图片等进行管理。
- File Groups: 对文件组进行管理。当要在程序文件夹下添加可执行文件、文件夹、其他文件, 或在系统 SYSTEM32 文件夹下添加 DLL 文件时, 选择 File Groups。

- Components：对安装组件进行管理，与文件组相对应。如配置组件及其包含的文件将要安装的目的目录等。
- Resources：对资源文件进行管理。如设置桌面快捷方式，开始菜单中的程序菜单中的菜单项和菜单命令的快捷方式等。
- Media：对安装媒体进行管理。

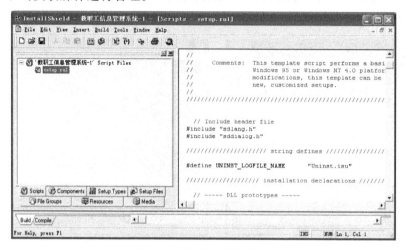

图 9-15　默认的安装脚本

⑪ 对文件组进行设置。在安装项目的工作区，选择 File Groups 选项卡，可以查看文件组信息。如图 9-16 所示。

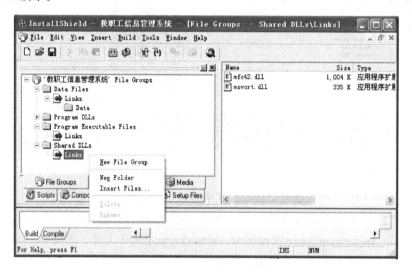

图 9-16　查看文件组信息

- 添加可执行文件。展开 Program Execute Files ，选择 Links 结点并右击，在弹出菜单中选择 Insert Files 命令，弹出 Insert file link(s) to File Group 对话框，如图 9-17 所示。选择应用程序的可执行文件 TeacherMIS.exe，然后单击"打开"按钮，将其添加到安装程序文件列表中。

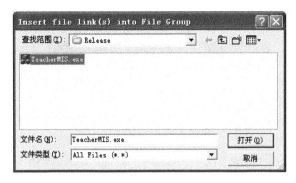

图 9-17　添加可执行文件

- 添加新的文件组，用于分发数据库。在工作区窗口的空白处右击，在弹出菜单中选择 Insert File Group 命令，添加一个新的文件组 Data Files，用来存放软件系统需要数据库文件。选择 Links 结点，右击，在弹出菜单中选择 New Folder 命令，添加一个文件夹 Data，选择文件夹 Data，右击，在弹出菜单中选择 Insert Files 命令，打开 Insert file link(s) to File Group 对话框，将教职工系统的数据库 Teacher.mdb 添加到 Data 下的文件列表中。

- 添加共享的 DLL 文件。展开 Shared DLLs，选择 Links 结点，右击，在弹出菜单中选择 Insert Files 命令，打开 Insert file link(s) to File Group 对话框，将 c:\windows\system32\mfc42.dll 与 c:\windows\system32\msvcrt.dll 添加到文件列表中。也可以新建文件夹 DLLs，在文件夹中插入有关的 DLLs 文件。需要注意的是，将 Shared DLLs 的属性 Shared 设置为 yes，Self-Registered 设置为 No，Compressed 设置为 Yes，其他采用默认值。

⑫ 设置安装程序的组件信息。在工作区中选择 Components 选项卡，可以查看和设置安装程序的组件信息，如图 9-18 所示。

图 9-18　查看组件信息

组件可以与文件组相对应，可以指定相关文件组复制的位置。右击一个组件结点，选择 Property 命令，打开属性窗口。选 Included File Group 选项卡，单击 Add 按钮可以添加对应的文件组到组件中，单击 Remove 按钮可以将文件组移去。如图 9-19 所示。

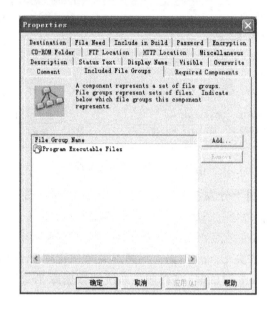

图 9-19　组件的属性设置

选择一个组件，可以在右侧窗格中查看它的属性。Destination 属性定义了组件文件复制到运行机器中的硬盘的位置，比如<WINSYSDIR>或者<TARGETDIR>。共享 DLL 文件需要安装在系统目录下，双击 Destination 属性，选择 Windows System Folder 后，单击"确定"按钮，则 DLL 的目标目录为<WINSYSDIR>。其他文件通常需要复制到应用程序目录下，目标目录为<TARGETDIR>。

⑬ 资源的设置与管理。选择工作区的 Resource 标签，设置桌面快捷方式、开始程序菜单的程序文件夹以及菜单的快捷方式等，如图 9-20 所示。

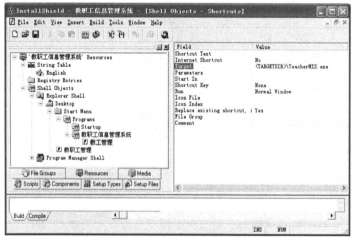

图 9-20　设置桌面与开始程序菜单的快捷方式

- 桌面快捷方式。选择 Shell Objects→Explorer Shell→Desktop 命令，右击 New 命令，弹出 ShortCut 对话框，输入桌面快捷方式名称，如"教职工信息管理系统"；在 ShortCut

对话框，选择 Target，右击，弹出属性对话框，在 Target 编辑框中输入：<TARGETDIR>\
TeacherMIS.exe

- 开始程序菜单。选择 Shell Objects→Explorer Shell→Start Menu→Programs 命令，右击弹
  出 New 命令→Folder 命令，输入应用程序在开始菜单中的文件夹名"教职工管理系统"；
  选择"教职工管理系统"，右击弹出 New 命令→ShortCut，输入快捷方式名称，如"教职
  工管理"；在 ShortCut 对话框，选择 Target 并右击，弹出属性对话框，如图 9-21 所示。
  在 Target 编辑框中输入：<TARGETDIR>\ TeacherMIS.exe。

⑭ 设置安装时的欢迎界面图片。选择 Setup Files 选项卡，在 Splash Screen/ Language Indepent
将按自己的风格制作好的一幅 BMP 图片更名为 Setup.BMP ，插入到列表中，

⑮ 设置安装程序的介质信息。选择 Media 选项卡，来查看和设置安装程序的介质信息。 单
击 Media Build Wizard 结点，打开 Media Build Wizard 对话框。在 Media Name 中输入介质名称，如
"教职工信息管理系统"，如图 9-22 所示。

图 9-21　设置快捷方式的目标执行文件

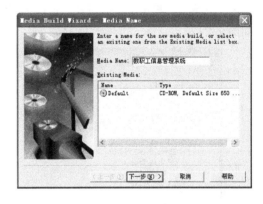

图 9-22　创建新介质

单击"下一步"，打开选择磁盘类型对话框，如图 9-23 所示。通常选择 CD-ROM, Default Size
650 Mbytes 选项，然后单击"下一步"，打开选择创建类别对话框，如图 9-24 所示。

图 9-23　选择介质类型

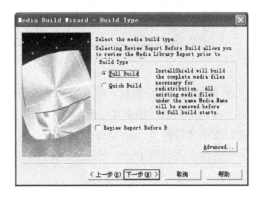

图 9-24　选择创建类别

通常选择 Full Build，然后单击"下一步"，打开编辑介质信息对话框，如图 9-25 所示。输入公司名称、应用程序名称、版本号和产品类型等信息。完成后，单击"下一步"，打开选择介质发布平台对话框，如图 9-26 所示。

图 9-25　编辑介质信息　　　　　　　　　图 9-26　选择介质发布平台

保持缺省设置，单击"下一步"按钮，打开摘要信息对话框，单击"完成"按钮，开始制作安装程序。完成后，单击 Finish 按钮，可以在安装项目的 Disk1 看到新建的介质目录以及安装文件。如图 9-27 所示。

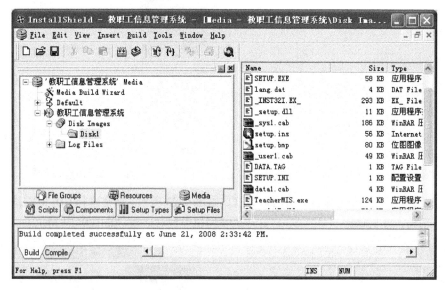

图 9-27　制作好的发布文件

⑯ 制作安装盘。最后，需要将介质发布程序发布到指定位置，可以是硬盘或光盘。选择工作区中"教职工信息管理系统"选项，右击弹出→Send Media To 命令，将安装程序相关文件（夹）复制到指定文件夹下，如 D:\TeacherMIS。自动在该文件夹下创建 Disk1，如图 9-28 所示，Disk1即为安装盘。可以将 Disk1 下的所有文件复制到光盘，即为安装盘。

⑰ 安装与卸载。执行安装盘中的 Setup.exe 进行安装。卸载。控制面板---添加/删除程序。

图 9-28　安装盘中的信息

实验指导九

【实验目的】

以小组为单位，按照软件工程的方法和技术，完成一个 MIS 系统的开发，培养学生的软件开发能力和团队合作精神，从而提高学生综合运用所学知识的能力。

【实验内容】

1. 基本实验

完成教职工信息管理系统的开发，并在教职工基本信息管理模块中添加一个功能：实现基本信息的报表设计。

2. 拓展与提高

在教职工信息管理系统的基础上，加入"科研管理"模块，以实现对教职工的科研工作进行管理。科研信息应包含以下数据：职工编号、职工姓名、成果类别（获奖、课题、著作、论文）、成果名称、单位（颁奖单位、批准单位、出版社、发表刊物）、时间（颁奖时间、批准时间、出版时间、发表时间）、署名位次等。

实现步骤请参考其他模块。

参 考 文 献

［1］杨永国，等.Visual C++ 6.0 实用教程[M].北京：清华大学出版社，2007.

［2］李涛，等.Visual C++ + SQL Server 数据库开发与实例[M].北京：清华大学出版社，2006.

［3］张荣梅，等.Visual C++ 6.0 实用教程[M].北京：冶金出版社，2004.

［4］袁丁，傅一平，等.Visual C++精彩实例详解[M].北京：机械工业出版社，2004.

［5］C L RICHARD，T ARCHER 著.VisualC++ 6 宝典[M].北京：电子工业出版社，2001.

［6］邹筝.Visual C++ 6.0 实用教程[M].北京：电子工业出版社，2008.

［7］[美]GEORGE，SCOT，WINGO.深入解析 MFC.北京：中国电力出版社，2003.

［8］杨庚，王汝传.面向对象程序设计与 C++语言[M].北京：人民邮电出版社，2002.

［9］启明工作室.Visual C++ + SQL Server 数据库开发与实例[M].北京：人民邮电出版社，2004.